基础生物信息学

分析实践教程

◎黄 君 主编

中国农业科学技术出版社

图书在版编目（CIP）数据

基础生物信息学分析实践教程／黄君主编.—北京：中国农业科学技术出版社，2021.7

ISBN 978-7-5116-5333-8

Ⅰ.①基⋯　Ⅱ.①黄⋯　Ⅲ.①生物信息论-教材　Ⅳ.①Q811.4

中国版本图书馆 CIP 数据核字（2021）第 102354 号

责任编辑　于建慧　张诗瑶
责任校对　马广洋
责任印制　姜义伟　王思文

出 版 者	中国农业科学技术出版社
	北京市海淀区中关村南大街 12 号　邮编：100081
电　　话	（010）82109708（编辑室）　（010）82109702（发行部）
	（010）82109709（读者服务部）
传　　真	（010）82106650
网　　址	http://www.castp.cn
经 销 者	各地新华书店
印 刷 者	北京中科印刷有限公司
开　　本	710mm×1 000mm　1/16
印　　张	16
字　　数	292 千字
版　　次	2021 年 7 月第 1 版　2021 年 7 月第 1 次印刷
定　　价	68.00 元

◆◆◆　版权所有·翻印必究　◆◆◆

《基础生物信息学分析实践教程》
编 委 会

主 编：黄 君

副主编：王 波　连腾祥　张雪海

编 委：　黄 君　华南农业大学
　　　　　　王 波　华南农业大学
　　　　　　连腾祥　华南农业大学
　　　　　　张雪海　河南农业大学
　　　　　　孙 伟　仲恺农业工程学院
　　　　　　杨美艳　华南农业大学
　　　　　　程蛟文　华南农业大学
　　　　　　宫庆友　珠海市现代农业发展中心
　　　　　　廖长见　福建省农业科学院

前　言

　　生物信息学是生命科学、信息科学、计算机科学和数学等多学科相互融合的一门交叉学科，至今已广泛应用于医学、植物学、动物学和微生物学等研究的各个方面，是生命科学在后基因组时代研究不可或缺的研究工具，目前已成为生命科学研究领域之一。序列比对、引物设计、进化分析、全基因组关联分析是广大生命科学领域研究生、科研工作者必不可少的技能。然而，由于擅长领域不同，有的研究者面对大量的生物信息学分析软件显得无所适从。目前国内已有相当多的生物信息学教材出版，但多数教材以理论讲解为主，应用实例对相关软件进行操作讲解的较少。基于以上考虑，编者在多年从事生物信息学数据分析的基础上，编写了这本以介绍分析实践为主，适用于理、工、农、医等相关专业本科生、研究生以及科研工作者的基础生物信息学分析入门书籍——《基础生物信息学分析实践教程》。

　　本教程首先对基本的生物信息学数据库和常用的软件进行了介绍；其次，从基因组层面对基因表达集合进行基因本体论（GO）注释和所参与的代谢通路（KEGG）进行富集分析，对作物常见的数据库 Ensembl Plants 进行了简单的介绍。考虑到部分读者对基因组、转录组大数据拼接和注释的关注，本书对 Linux 系统及常见的编程进行了简单的介绍，对基因组测序数据从下机开始进行数据预处理、测序质量评估及重头拼接过程进行了演示，对转录组数据重头拼接、表达量计算和可视化等方面进行了介绍；考虑到部分读者主要从事全基因组关联分析研究，本书尤其对关联分析的原理、应用、影响因素和软件操作流程进行了讲解。

　　本书编写分工：连腾祥编写第 1 章、第 7 章部分内容和第 13 章；黄君编写第 2 章、第 8 章和第 14 章部分内容；王波编写第 3 章、第 4 章、第 9 章、第 11 章和第 12 章；孙伟编写第 5 章；杨美艳编写第 6 章；程蛟文编写第 10 章；张雪海编写第 16 章；宫庆友编写第 7 章的部分内容；廖长见编写第 14 章的部分内容；全书由黄君统稿，连腾祥协助校对，黄君、王波、连腾祥和张雪海审校样稿。

  生物信息学作为近年发展起来的新兴学科，伴随着分子生物学技术、高通量测序技术和信息技术的发展而日新月异。新概念、新技术、新方法、新软件不断更替，虽然编者在教程编写过程中力求反映最新的研究进展，但作者水平有限，难免存在不足之处，恳请各位专家、同行及读者批评指正。

编 者
2021 年 6 月 广州

目 录

1 美国国家生物技术信息中心（NCBI）网站相关应用 ……………… (1)
   1.1 美国国立生物技术信息中心（NCBI）简介 ………………… (1)
   1.2 NCBI 数据库和软件 ………………………………………… (2)
   1.3 应用 NCBI 查找基因信息 …………………………………… (3)
   1.4 NCBI 比对序列 ……………………………………………… (5)
   1.5 NCBI 上传原始数据 ………………………………………… (7)
   参考文献 ………………………………………………………… (12)

2 BLAST 同源序列比对 …………………………………………… (13)
   2.1 BLAST 比对 ………………………………………………… (13)
   2.2 运用在线 BLAST 进行目标序列的同源性搜索 …………… (17)
   2.3 运用在线 BLAST 进行多序列比对 ………………………… (20)
   2.4 运用 Clustal X 进行多序列比对 …………………………… (22)
   参考文献 ………………………………………………………… (25)

3 多序列比对及其功能域预测 ……………………………………… (27)
   3.1 多序列比对及其功能域简介 ………………………………… (27)
   3.2 软件及序列材料 ……………………………………………… (29)
   3.3 分析方法与步骤 ……………………………………………… (29)
   参考文献 ………………………………………………………… (40)

4 系统发育树构建 …………………………………………………… (42)
   4.1 系统发育树简介 ……………………………………………… (42)
   4.2 系统发育树构建软件 ………………………………………… (44)
   4.3 软件下载、安装及序列文件准备 …………………………… (45)
   4.4 利用 MEGA 开展多序列比对与系统进化分析 …………… (46)
   4.5 常用多序列比对和系统进化分析服务器及软件 …………… (51)
   参考文献 ………………………………………………………… (52)

5 PCR 引物设计及评价 …………………………………………… (53)
   5.1 PCR 引物设计简介 ………………………………………… (53)
   5.2 分析方法与步骤 ……………………………………………… (55)

参考文献 …………………………………………………………………… (63)
6 荧光定量 PCR 分析基因表达量 ……………………………………… (64)
6.1 实时荧光定量 PCR 原理 ………………………………………… (64)
6.2 实时荧光定量 PCR 仪的工作部件 ……………………………… (65)
6.3 影响荧光定量 PCR 仪实验的影响因素 ………………………… (66)
6.4 实时荧光定量 PCR 技术的定量方法 …………………………… (66)
6.5 实时荧光定量 PCR 技术的具体操作 …………………………… (67)
6.6 实时荧光定量 PCR 技术的应用 ………………………………… (72)
参考文献 …………………………………………………………………… (72)
7 基因预测分析 ………………………………………………………… (75)
7.1 基因预测简介 …………………………………………………… (75)
7.2 基因数目预测的主流软件 ……………………………………… (76)
7.3 基因预测的基本方法和步骤 …………………………………… (76)
7.4 基因预测的基本分析内容 ……………………………………… (78)
7.5 基因预测示例 …………………………………………………… (80)
7.6 总　结 …………………………………………………………… (85)
参考文献 …………………………………………………………………… (85)
8 RNA 二级结构分析 …………………………………………………… (87)
8.1 RNA 结构简介 …………………………………………………… (87)
8.2 使用 RNAstructure 对 RNA 二级结构进行分析预测 ………… (87)
8.3 使用 Vienna RNA Package 进行 RNA 二级结构预测 ………… (91)
参考文献 …………………………………………………………………… (99)
9 蛋白质分析及结构预测 ……………………………………………… (100)
9.1 蛋白质结构预测简介 …………………………………………… (100)
9.2 软件和数据库 …………………………………………………… (102)
9.3 蛋白质的一级结构预测 ………………………………………… (102)
9.4 蛋白质的二级结构预测 ………………………………………… (105)
9.5 蛋白质的三级结构预测 ………………………………………… (108)
9.6 常用蛋白质分析服务器 ………………………………………… (110)
参考文献 …………………………………………………………………… (110)
10 GO 分析基因功能 …………………………………………………… (112)
10.1 GO 简介 ………………………………………………………… (112)
10.2 软件和数据库 …………………………………………………… (113)
10.3 AmiGO 2 在线浏览和搜索 …………………………………… (113)

10.4　DAVID 注释分析 …………………………………………………………………（118）
　　10.5　AgriGO 在线分析 ………………………………………………………………（122）
　　10.6　常用功能富集分析服务器或语言包 ……………………………………………（125）
　　参考文献 …………………………………………………………………………………（126）
11　KEGG 等代谢通路专业数据库 ………………………………………………………（127）
　　11.1　代谢通路数据库简介 ……………………………………………………………（127）
　　11.2　软件和数据库 ……………………………………………………………………（128）
　　11.3　KEGG 数据库简介 ………………………………………………………………（128）
　　11.4　KEGG PATHWAY 子数据库 ……………………………………………………（129）
　　11.5　整合表达谱数据 KEGG 通路可视化 ……………………………………………（135）
　　11.6　KEGG 通路注释及富集分析 ……………………………………………………（139）
　　11.7　MetaboAnalyst ……………………………………………………………………（147）
　　参考文献 …………………………………………………………………………………（154）
12　作物专属基因组数据库及其应用 …………………………………………………（155）
　　12.1　作物专属基因组数据库简介 ……………………………………………………（155）
　　12.2　Ensembl Plants 数据库介绍 ……………………………………………………（156）
　　12.3　Ensembl Plants 数据库基因组下载 ……………………………………………（161）
　　12.4　Ensembl Plants 数据库数据查询 ………………………………………………（165）
　　12.5　其他常用的作物基因组数据库 …………………………………………………（172）
　　参考文献 …………………………………………………………………………………（179）
13　Linux 系统入门及编程基础 ………………………………………………………（180）
　　13.1　Linux 操作系统概述 ……………………………………………………………（180）
　　13.2　Linux 实战安装操作 ……………………………………………………………（181）
　　13.3　文件和目录基本操作命令 ………………………………………………………（183）
　　13.4　文件和目录权限管理 ……………………………………………………………（184）
　　13.5　Linux 的基本网络配置 …………………………………………………………（185）
　　13.6　Web 服务器的配置和管理 ………………………………………………………（187）
　　参考文献 …………………………………………………………………………………（189）
14　基因组从头拼接 ……………………………………………………………………（191）
　　14.1　测序数据简介 ……………………………………………………………………（191）
　　14.2　测序数据预处理 …………………………………………………………………（193）
　　14.3　用 FastQC 软件对测序数据进行质量评估 ……………………………………（194）
　　14.4　利用 FASTX_Toolkit 对测序 Reads 进行处理 …………………………………（199）
　　14.5　基于 SOAPdenovo 软件的基因组拼接 …………………………………………（203）

参考文献 ……………………………………………………………………（206）
15 转录组数据从头拼接 ……………………………………………………（207）
15.1 Trinity 软件的下载和安装 ……………………………………………（207）
15.2 Trinity 使用的常用例子及相应的参数 …………………………………（208）
15.3 利用 RSEM 软件进行表达量计算 ………………………………………（213）
15.4 使用 Transdecoder 预测蛋白编码区 ……………………………………（215）
15.5 IGV 查看 ………………………………………………………………（218）
参考文献 ……………………………………………………………………（218）
16 全基因组关联分析 ………………………………………………………（219）
16.1 关联分析概念与优势 …………………………………………………（219）
16.2 关联分析研究策略及应用 ……………………………………………（220）
16.3 群体结构对关联分析影响及对策 ……………………………………（222）
16.4 关联分析模型发展与模型选择 ………………………………………（224）
16.5 GWAS 数据分析流程 …………………………………………………（227）
16.6 GWAS 操作演示 ………………………………………………………（227）
16.7 结论与展望 ……………………………………………………………（243）
参考文献 ……………………………………………………………………（243）

1 美国国家生物技术信息中心（NCBI）网站相关应用

http://inongxue.castp.cn/audio_video/books_video_detail.html?id=5526821759911936

1.1 美国国立生物技术信息中心（NCBI）简介

美国国立生物技术信息中心（National Center for Biotechnology Information，NCBI），由美国国立图书馆于1988年建立，位于马里兰州贝塞斯达。经过30余年的发展，NCBI已经成为目前生物科学领域应用最为广泛的数据库之一。而对于广大科研人员来说，NCBI也是不可或缺的网络工具之一。它的使命包括四项任务：一是建立关于分子生物学、生物化学、遗传学知识的存储和分析的自动系统；二是实行关于用于分析生物学重要分子和复合物的结构和功能的基于计算机的信息处理的先进方法的研究；三是加速生物技术研究者和医药治疗人员对数据库和软件的使用；四是促进全世界范围内的生物技术信息收集的合作。目前，NCBI提供的资源有 Entrez、Entrez Programming Utilities、My NCBI、PubMed、PubMed Central、Entrez Gene、NCBI Taxonomy Browser、BLAST、BLAST Link（BLink）、Electronic PCR 等36种功能，在NCBI的主页（www.ncbi.nlm.nih.gov）上都可以找到相应链接，其中超过半数的功能是由BLAST功能发展而来。

NCBI有一个多学科的研究小组包括计算机科学家、分子生物学家、数学家、生物化学家、实验物理学家和结构生物学家，集中于计算分子生物学的基础研究和应用研究。这些研究者不仅在基础科学上作出重要贡献，而且通常会成为应用研究活动产生新方法的源泉。他们一起用数学和计算的方法研究在分子水平上基本的生物医学问题，包括基因的组织、序列的分析结构的预测等。目前一些有代表性的研究计划为检测和分析基因组织、重复序列形式、蛋白 domain 和结构单元、建立人类基因组的基因图谱、HIV 感染的动力学数学模型、数据库搜索中的序列错误影响的分析、开发新的数据库搜索和多重序列对齐算法、建立非冗余序列数据库、序列相似性的统计显著性评估的数学模型和文本检索的矢量模型。另外，NCBI 研究者还坚持推动与美国国立卫生研究院（National Institutes of Health，NIH）内部其他研究所及许多科学院和政府的研究实验室合作。

1.2 NCBI 数据库和软件

Nucleotide 数据库由国际核苷酸序列数据库成员美国国立卫生研究院 GenBank、日本 DNA 数据库（DDBJ）和英国 Hinxton Hall 的欧洲分子生物学实验室数据库（EMBL）三部分数据组成。这 3 个组织联合组成国际核苷酸序列数据库协作体，每天交换各自数据库中的新增序列记录实现数据共享。其中的序列数据也通过与基因组序列数据库（GSDB）合作获取；专利序列数据通过与美国专利与商标局、国际专利局合作获取。

Genome 是基因组数据库，提供了多种基因组、完全染色体、Contiged 序列图谱及一体化基因物理图谱。

Structures 即结构数据库或称分子模型数据库（MMDB），包含来自 X 线晶体学和三维结构的实验数据。MMDB 的数据从（Protein Data Bank，PDB）获得。NCBI 已经将结构数据交叉链接到书目信息、序列数据库和 NCBI 的 Taxonomy 中运用 NCBI 的 3D 结构浏览器和 Cn3D，可以很容易地从 Entrez 获得分子的分子结构间相互作用的图像。

Taxonomy 是生物学门类数据库，可以按生物学门类进行检索或浏览其核苷酸序列、蛋白质序列结构等。

PopSet 包含研究一个人群、一个种系发生或描述人群变化的一组组联合序列。PopSet 既包含核酸序列数据又包含蛋白质序列数据。

Entrez 是 NCBI 的为用户提供整合的访问序列、定位、分类和结构数据的搜索和检索系统。Entrez 同时也提供序列和染色体图谱的图形视图。Entrez 是一个用以整合 NCBI 数据库中信息的搜寻和检索工具，这些数据库包括核酸序列、蛋白序列、大分子结构、全基因组和通过 PubMed 检索的 MEDLINE。Entrez 具有强大的检索相关的序列、结构和参考文献的能力。杂志文献通过网络搜索界面 PubMed 获得，因其可以提供对在 MEDLINE 上的 900 万种期刊引用的访问，包含了链接到参与的出版商网络站点的全文文章。

BLAST 是 NCBI 开发的序列相似性检索程序，有助于鉴定基因和遗传特征。BLAST 可以在不到 15s 的时间内对整个 DNA 数据库执行序列搜索。NCBI 提供的其他软件工具包括 Open Reading Frame Finder（ORF Finder）、Electronic PCR 和序列提交工具 Sequin 及 BankIt。所有 NCBI 的数据库和软件工具都可以从万维网（World Wide Web，WWW）或文件传输协议（File Transfor Protocol，FTP）获得。NCBI 还有电子邮件服务器，提供访问数据库进行文本搜索或序列相似性搜索的替代方法。

1.3 应用 NCBI 查找基因信息

首先，创建一个 NCBI 的账户，申请方法十分简单，点击 NCBI 网页右上角的 "Sign in to NCBI"，进入新的页面后点击 "Register for an NCBI account"，然后按照提示申请账户即可。完成账户申请后，点击进入 "My NCBI"，My NCBI 功能是为了方便用户存储个人配置信息，如搜索条件、LinkOut 参数或文件出处等。用户登录自己的 NCBI 账号后，就可以进行保存搜索、设置管理、操作邮件等的操作。My NCBI 中的 Collections 功能允许用户存储搜索结果并记录结果。My NCBI 共分成了 5 个版块内容，分别是搜索界面、参考书目、最近活动、保存的搜索和数据收集。这里不再详细说明每个模块的操作过程。

下面将详细介绍如何搜索基因信息。可以通过获得的基因简称或者 NCBI 登录号，如 "LOC100811796"，基因信息搜索结果会出现一些基因的基本信息，如核苷酸序列、氨基酸序列、基因组信息及相关文献的报道链接等（图 1-1）。

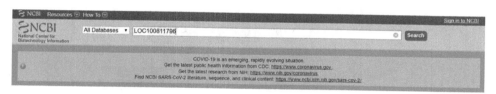

图 1-1　NCBI 登录号搜索基因信息

点击 GENE 下面的 LOC 号可以进入基因的基本信息界面，在 Summary 栏目能够看到该基因的基本描述。登录号为 LOC100811796，基因描述为 Zinc finger protein *GIS*3，Locus tag 为 GLYMA_10G272300，基因类型为 Protein coding，来源的物种为 Glycine max（栽培大豆），以及一些相关描述。Genomic context 往下的界面信息可以看到基因在染色体的位置以及外显子的数量。在 "Genomic regions, transcripts, and products" 栏目下面便是基因表达框在染色体的位置，转录信息和翻译的蛋白信息。若该基因有前人研究，界面会有相关文章在 PubMed 的报道链接（图 1-2）。

返回基因搜索界面，在 "Literature" 栏目点击 "PubMed" 或者 "PubMed Central" 便可打开基因相关文章的链接。此外，还有 "Genes" "Proteins" "Genomes" "Clinical" "PubChem" 栏目，用户可以根据需求和感兴趣的方向去找到基因的基因组信息和翻译的蛋白信息等（图 1-3）。

图 1-2　NCBI 登录号搜索基因信息

图 1-3　NCBI 登录号搜索基因信息

如有需求，想要找到某些感兴趣的文章，可以在 PubMed 界面搜索相关信息，如 GIS3 基因，点击"Search"，在搜索的结果中可以看到已报道的文章，根据需求点击链接，可以看到该基因发表文章的相关信息（图 1-4）。

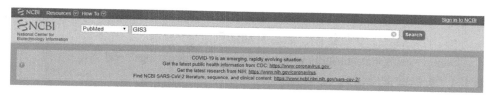

图 1-4　基因名称搜索基因信息

1.4　NCBI 比对序列

1.4.1　NCBI-Blast+的下载安装

下载地址：

ftp：//ftp. ncbi. nlm. nih. gov/blast/executables/blast+/2. 8. 0alpha/

1.4.1.1　建立库文件

下载 Swiss-Prot 的蛋白序列并构建 Blast 数据库。

下载地址：

wget ftp：//ftp. uniprot. org/pub/databases/uniprot/current_release/knowledgebase/

complete/uniprot_sprot. fasta. gzgzip -d uniprot_sprot. fasta. gz

1.4.1.2　建立数据库

makeblastdb -in uniprot. fasta -dbtype prot -parse_seqids -hash_index -out uniprot

-in，后接输入数据库文件。

-dbtype，后接序列类型蛋白库用 prot，核酸用 nucl。

-out，所建数据库的名称。

-parse_seqids，序列分列。

-hash_index，创建哈希序列。

1.4.2　将数据库的文件加入特定位置

vim ~/. ncbirc

[BLAST]

#BLAST 数据库的存放位置

BLASTDB=/home/wei/database/

#BLASTDB_PROT_DATA_LOADER=//home/wei/database
#BLASTDB_NUCL_DATA_LOADER=//home/wei/database

1.4.3 提供的脚本下载数据库

#展示可以下载的所有数据库
update_blastdb.pl --showall
#自动在后台下载数据库，然后自动解压
nohup perl update_blastdb.pl --decompress nr >out.log 2>&1 &

1.4.4 查看数据库信息

指令：

blastdbcmd -db 16SMicrobial -dbtype nucl -info
blastdbcmd -db 16SMicrobial -dbtype nucl -entry all | head
blastdbcmd -db 16SMicrobial -dbtype nucl -entry NR_118889.1 | head

1.4.5 数据的比对

指令：

blastp -query pritein.fasta -db uniprot -evalue 1e-5 -out blast.xml
-outfmt 5 -num_alignments 10 -num_threads 4 [-remote]

参数说明如下。

-query，输入要比对的文件路径。

-db，格式化后的数据库名称。

-evalue，设定输出结果中的 e-value（阈值）。

-out，输出文件名。

-num_alignments，输出比对上的序列的最大值条目数。

-num_threads，线程数。

-num_descriptions，序列描述信息，一般跟 tabular 格式连用。

-remote，在联网状态下会利用 NCBI 的服务器来进行比对。

-outfmt　0 = pairwise,
　　　　　1 = query-anchored showing identities,
　　　　　2 = query-anchored no identities,
　　　　　3 = flat query-anchored, show identities,
　　　　　4 = flat query-anchored, no identities,
　　　　　5 = XML Blast output, 输出的信息最全,
　　　　　6 = tabular, 表格的格式,
　　　　　7 = tabular with comment lines,
　　　　　8 = Text ASN.1,

9 = Binary ASN. 1,

10 = Comma-separated values。

1.5 NCBI 上传原始数据

首先按照 1.3 的步骤申请 NCBI 账号登录，新申请的账号需要登录邮箱验证后才能提交。准备需要上传的原始数据，上传 rawdata 文件下每个样品内的 FQ 格式文件（图 1-5）。

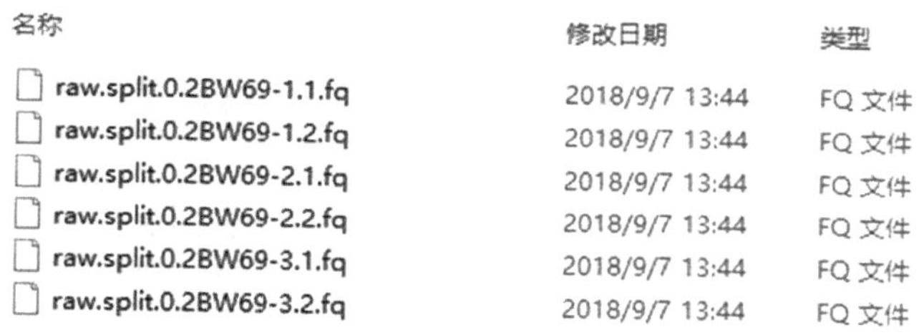
名称
修改日期
类型
raw.split.0.2BW69-1.1.fq
2018/9/7 13:44
FQ 文件
raw.split.0.2BW69-1.2.fq
2018/9/7 13:44
FQ 文件
raw.split.0.2BW69-2.1.fq
2018/9/7 13:44
FQ 文件
raw.split.0.2BW69-2.2.fq
2018/9/7 13:44
FQ 文件
raw.split.0.2BW69-3.1.fq
2018/9/7 13:44
FQ 文件
raw.split.0.2BW69-3.2.fq
2018/9/7 13:44
FQ 文件

图 1-5 上传的原始数据

为研究申请一个 BioProject 号，格式为 PRJNA *****，申请链接为 https://submit.ncbi.nlm.nih.gov/subs/bioproject/，登录 BioProject 界面，点击 "New Submission"（图 1-6）。

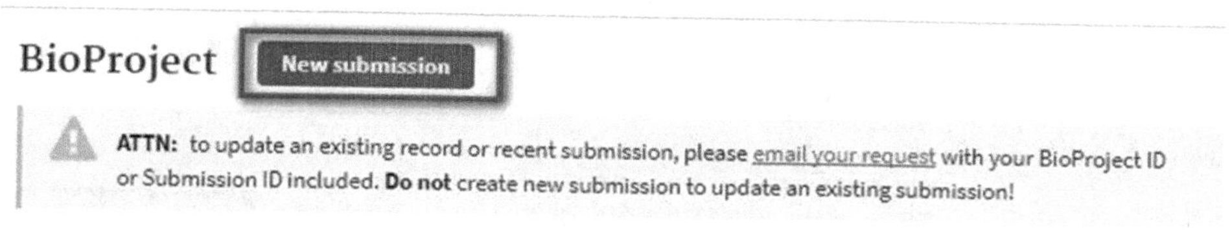
BioProject
New submission
ATTN: to update an existing record or recent submission, please email your request with your BioProject ID or Submission ID included. Do not create new submission to update an existing submission!

图 1-6 BioProject 界面

填写提交人信息，* 号必填，填完后点击 "Continue"（图 1-7）。

按第 1~6 步的提示逐一填写完成后，在第 7 步仔细检查并提交（图 1-8）。

一般 1~2 个工作日后 BioProject 上传成功，格式为 PRJNA ****。

接下来为生物样本申请一个 BioSample 号，格式为 SAMN *****，申请链接为 https://submit.ncbi.nlm.nih.gov/subs/biosample/，登录 Biosample 界面，同样点击 "New Submission"（图 1-9）。

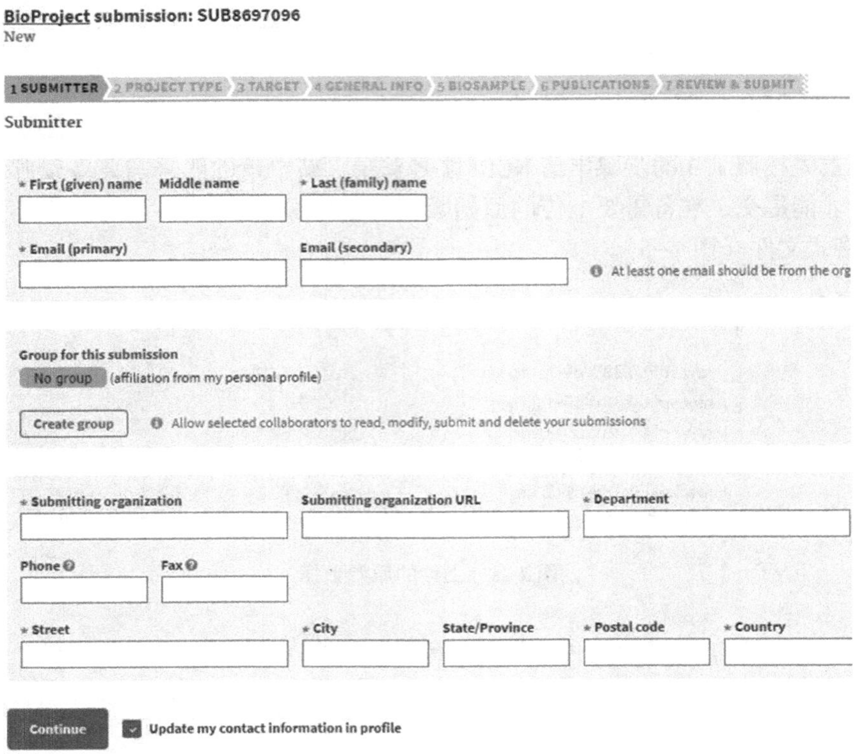

图 1-7 提交人信息填写

图 1-8 Bioproject 号申请

注意：Biosample 和 Bioproject 可同时分别申请，以节约时间。

填写提交人信息，*号必填，填完后点击"Continue"（图 1-10）。

填写过程注意释放日期和测序样品类型的选择，每一步具体参照网页描述选择，按第 1~3 步的提示逐一填写完成后，在第 4 步的 Attributes 界面下载

BioSample 模板表格（图 1-11）。

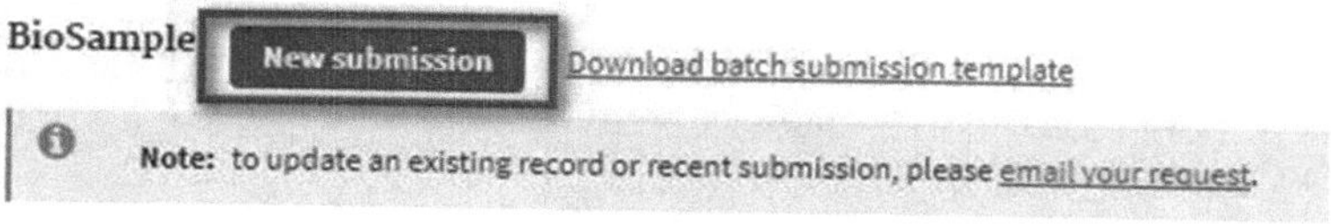

图 1-9　BioSample 号申请

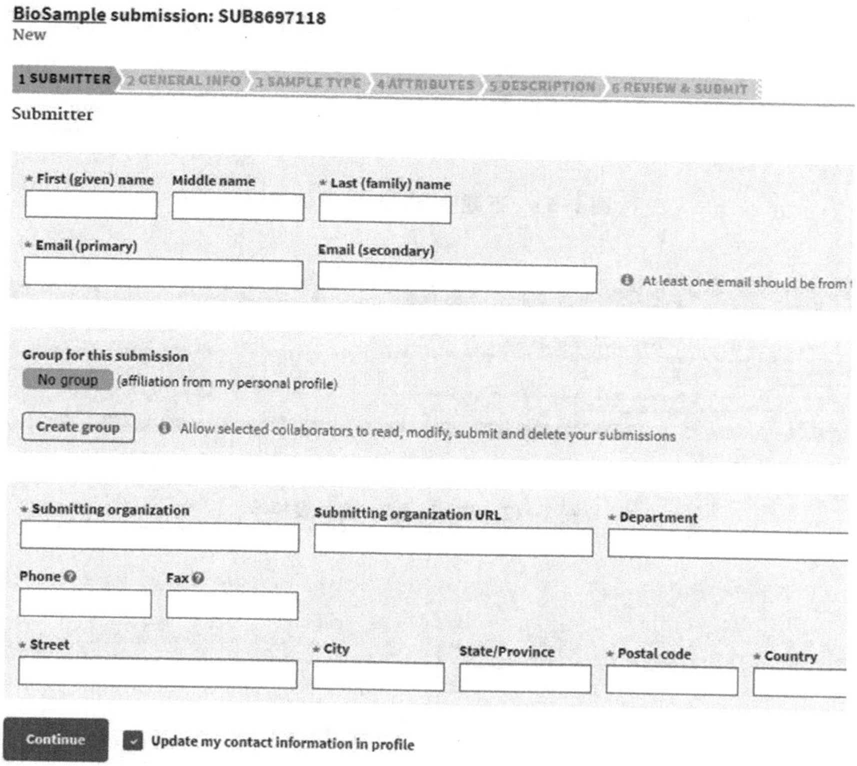

图 1-10　提交人信息填写

打开下载的模板表格，填写前阅读上方的注意事项。按要求根据自己的样品信息逐一填写完成后要改为 tsv 格式上传（图 1-12）。

填写完成后，在第 6 步仔细核查提交信息，然后点击"Submit"提交。

Biosample 申请成功格式为 SAMN ****（图 1-13）。

接下来创建 SRA（Sequence Read Archive）数据提交，网址为 https://www.ncbi.nlm.nih.gov/Traces/sra_sub/（图 1-14）。

Attributes

图 1-11　下载 BioSample 模板表格

图 1-12　BioSample 模板表格

图 1-13　提交申请

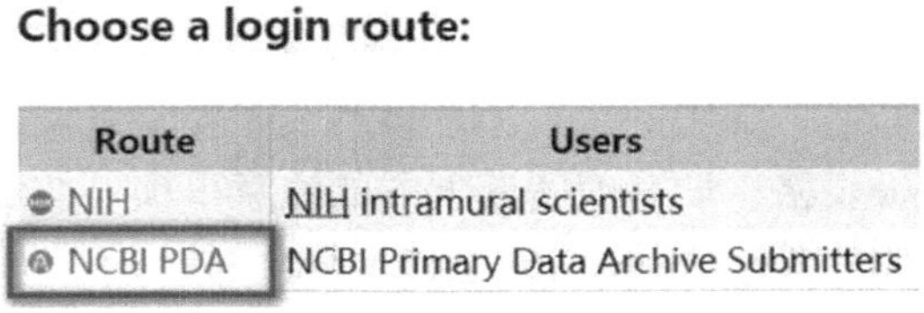

图 1-14　创建 SRA

点击"Create new submission"填写提交人信息，*号必填，填完后点击

1 美国国家生物技术信息中心（NCBI）网站相关应用

"Continue"；下一步勾选"Yes"，并填写申请的 BioProject 号。数据释放日期建议文章发表前不要释放（图 1-15）。

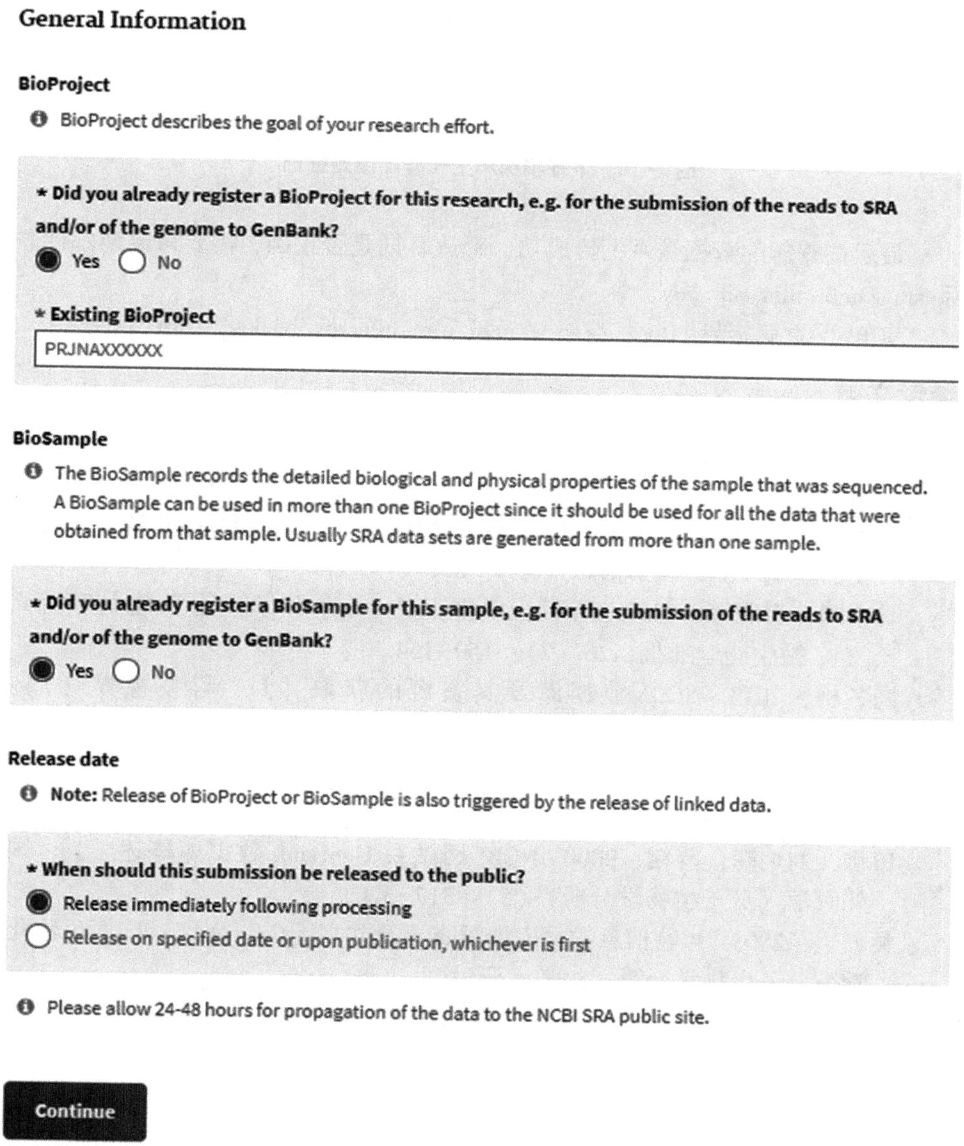

General Information

BioProject

ⓘ BioProject describes the goal of your research effort.

* **Did you already register a BioProject for this research, e.g. for the submission of the reads to SRA and/or of the genome to GenBank?**
● Yes ○ No

* **Existing BioProject**
PRJNAXXXXXX

BioSample

ⓘ The BioSample records the detailed biological and physical properties of the sample that was sequenced. A BioSample can be used in more than one BioProject since it should be used for all the data that were obtained from that sample. Usually SRA data sets are generated from more than one sample.

* **Did you already register a BioSample for this sample, e.g. for the submission of the reads to SRA and/or of the genome to GenBank?**
● Yes ○ No

Release date

ⓘ Note: Release of BioProject or BioSample is also triggered by the release of linked data.

* **When should this submission be released to the public?**
● Release immediately following processing
○ Release on specified date or upon publication, whichever is first

ⓘ Please allow 24-48 hours for propagation of the data to the NCBI SRA public site.

[Continue]

图 1-15 SRA 数据提交

接下来在第 3 步和第 4 步，分别下载模板和上传样品原始数据（图 1-16）。

Sequence Read Archive (SRA) submission: SUB8697157
New

1 SUBMITTER　2 GENERAL INFO　3 SRA METADATA　4 FILES　5 REVIEW & SUBMIT

图 1-16　下载模板和上传样品原始数据

最后核查您的数据是否上传成功，释放日期是否正确，需要修改请邮件联系 sra@ncbi.nlm.nih.gov。

NCBI 网页版指导 https：//www.ncbi.nlm.nih.gov/books/NBK47529/。

参考文献

李晓玲，2002. 美国 NCBI 网站基因组数据库使用和检索 [J]. 现代图书情报技术，92（2）：42-43.

李轶，张雪梅，2014. 如何利用 NCBI 的资源与工具检索基因/基因编码产物的功能 [J]. 医学信息（39）：2.

马东晖，崔晓晖，1999. 国际互联网上的 NCBI 分子生物学数据库简介 [J]. 微生物学通报，26（2）：150-154.

饶冬梅，2013. NCBI 数据库及其资源的获取 [J]. 科技视界（7）：53-54.

沈翀，2010. 美国国立生物技术信息中心推出图像资料库 [J]. 中国医疗设备（11）：159.

田耕，刘炯晖，蓝翎，2000. NCBI 网站及 GenBank 数据库概述 [J]. 国外医学（分子生物学分册）（5）：317-320.

吴耀生，2005. 生物信息数据库资源查寻及共享 [C]. 南宁：广西生物化学与分子生物学会第六次学术研讨会.

熊筱晶，2010. NCBI 高通量测序数据库 SRA 介绍 [J]. 生命的化学，30（6）：959-963.

2 BLAST 同源序列比对

随着测序技术的飞速发展，基因和蛋白质序列的数量呈爆炸式增长。在序列分析的早期，人们发现相关蛋白质的基因序列相似，也就是当把这些序列进行比对时，许多对应的碱基相同。通过序列的比对，可以推测基因和蛋白质的进化演变规律，或者推测基因和蛋白质的结构和功能。序列比对（Sequence Alignment）也称联配、对排，是生物信息学中最常用和最经典的研究手段。它可以包含两个或两个以上的序列，其中，两个序列之间的比对，称为双序列比对或成对比对；多个序列之间的比对，则称为多序列比对。

本实验主要介绍序列比对工具 BLAST 和 Clustal X 的基本原理和使用方法。

2.1 BLAST 比对

基本局部比对搜索工具（Basic Local Alignment Search Tool，BLAST）是一种序列类似性检索工具。NCBI 提供了网络版 BLAST 搜索在线服务（http://www.ncbi.nlm.nih.gov/BLAST/），这是用户最经常用到的 BLAST 服务之一。网络版本的 BLAST 服务非常方便，容易操作，而且数据库同步更新，其缺点是不利于操作大批量数据，同时也不能自己定义搜索的数据库。

NCBI 还提供 BLAST 搜索程序和所有 BLAST 序列数据库的下载接口，可以从下载服务器（ftp://ftp.ncbi.nlm.nih.gov/BLAST/）上获得单机版，安装在本地计算机上，包括 Windows 系统和 UNIX 系统的各种版本。对核酸序列数据库而言，不论用哪种方式，都需要很大的磁盘空间，同时，程序运行时需要有较大的内存和较快的运算速度，因此，必须使用高性能的服务器。

BLAST 作为一种碱基局部对准检索工具，实质上是一种序列类似性检索工具，它运行 BLASTN、BLASTP、BLASTX、tBLASTN、tBLASTX 等 5 种子程序的启发式检索算法，这 5 种程序是利用改进的 Karlin 和 Altschul 的统计学方法来描述检索结果的显著性。因此，根据查询的目的及序列选择合适的 BLAST 程序，有助于获得最佳的检索结果。但这些程序不支持主题形式检索，也就是不支持主题词、自由词、文本词等的检索。

2.1.1 BLAST 包含的程序

（1）BLASTP。蛋白序列到蛋白库中的一种查询。库中存在的每条已知序列将逐一地同每条所查序列作一对一的序列比对。

（2）BLASTX。核酸序列到蛋白库中的一种查询。先将核酸序列翻译成蛋白序列（1条核酸序列会被翻译成可能的6条蛋白），再对每条作一对一的蛋白序列比对。

（3）BLASTN。核酸序列到核酸库中的一种查询。库中存在的每条已知序列都将同所查序列作一对一地核酸序列比对。

（4）TBLASTN。蛋白序列到核酸库中的一种查询。与BLASTX相反，它是将库中的核酸序列翻译成蛋白序列，再同所查序列作蛋白与蛋白的比对。

（5）TBLASTX。核酸序列到核酸库中的一种查询。此种查询将库中的核酸序列和所查的核酸序列都翻译成蛋白（每条核酸序列会产生6条可能的蛋白序列），这样每次比对会产生36种比对阵列。

通常根据查询序列的类型（蛋白或核酸）来决定选用何种BLAST。假如是作核酸—核酸查询，有两种BLAST供选择，通常默认为BLASTN。也可以用TBLASTX，但此时不考虑缺口。

2.1.2 BLAST相应的数据库

BLAST相应的数据库也有10余种，描述如下。

-nr，All GenBank+RefSeq Nucleotides+EMBL+DDBJ +PDB sequences(excluding HTGS0, 1, 2, EST, GSS, STS, PAT, WGS)，No longer "non-redundant"，所有GenBank的核酸序列+参考序列中的核酸序列+EMBL+DDBJ+PDB核酸序列（但不包括HTG，EST，GSS等序列）。

-refseq_rna，RNA entries from NCBI's Reference Sequence project，NCBI参考序列中的核酸序列。

-refseq_genomic，Genomic entries from NCBI's Reference Sequence project，NCBI参考序列中的基因组序列。

-est，Database of GenBank+EMBL+DDBJ sequences from EST Divisions，来自GenBank+EMBL+DDBJ的EST序列。

-est_human，Human subset of est，人的EST序列。

-est_mouse，Mouse subset，小鼠的EST序列。

-est_others，Non-Mouse，non-Human subset of est，除人与小鼠外的EST序列。

-gss，Genome Survey Sequence，includes single-pass genomic data，exon-trapped sequences and Alu PCR sequences，基因组研究序列，包括single-pass基因组序列，外显子捕获序列以及Alu PCR序列。

-htgs，Unfinished High Throughput Genomic Sequences：phases 0, 1 and 2 (finished, phase 3 HTG sequences are in nr),未发布的高通量的基因组测序。

-pat, Nucleotides from the Patent division of GenBank,专利的核酸序列。

-pdb, Sequences derived from the 3-dimensional structure from Brookhaven Protein Data Bank, PDB 核酸序列。

-month, All new or revised GenBank+EMBL+DDBJ+PDB sequences released in the last 30 days, 一个月内新增的核酸序列。

-dbsts, Database of GenBank+EMBL+DDBJ sequences from STS Divisions, STS 数据库。

-chromosome, A database with complete genomes and chromosomes from the NCBI Reference Sequence project, NCBI 参考序列计划中所有的完整基因组和染色体序列。

-wgs, A database for whole genome shotgun sequence entries, 基因组鸟枪法测序得到的序列。

-env_nt, Nucleotide sequences from environmental samples, including those from Sargasso Sea and Mine Drainage projects.

BLAST 采用统计学记分系统，能将真正配对的序列同随机产生的干扰序列区别开来；同时采用启发式算法系统，即采用局部比对算法（Local Alignment Algorithm），而不是全局比对算法（Glolal Alignment Algorithm）。全局比对算法是在搜索结果中两个被比较序列所有片断均参与比对，并贯穿整个序列长度；而局部比对算法是找出两个被比较序列的"最类似"片断，即优先寻找这些局部区域而不是将对位排列延伸到全序列。

BLAST 算法首先找出代查序列和目标序列间所有匹配程度超过一定阈值的序列片段对，然后对具有一定长度的片段对根据给定的相似性阈值延伸，得到一定长度的相似性片段，称高分值片段对（High-Scoring Pair, HSP），这是无空位的 BLAST 比对算法的基础，也是 BLAST 输出结果的特征。首先确定终止值 S、步长参数 ω 和阈值 T，然后软件会在考虑搜索背景性质的基础上计算出合适的 S 值，使要比对的序列中包含一个分值不小于 S 的 HSP。BLAST 的一项创新就是引入邻近字串的思想，即不需要字串确切地匹配，当有一个字串的分值高于 T 时，BALST 就宣称找到了一个选中的字串。为了提高速度，允许较长的字串长度 ω。ω 值很少变化，这样，T 值就成为权衡速度和敏感度的参数。一个字串选中后，程序会进行没有空位的局部寻优，比对的最低分值是 S，当比对延伸时会遇到些负的分值，使得比对的分值下降，当下降的分值小于 S 时，命中的延伸就会终止。这样系统会减少消耗于毫无指望的选中延伸的时间，使系统的性能得以改进。比对的质量用打分（Score）来评价，其算法就是打分矩阵（Scoring Matrix）。如果两序列在同一位置上的残基相同，则+1.0分；若不同，则为0分。或者按在同一位置是嘌呤与嘌呤、嘧啶与嘧啶之间的转换（Transition），或者嘌呤与嘧啶之间的颠换（Transversion）关系来打分。有时序列比对时会产生空位（Gap）现象，即所谓序列中断的情况。由于空位的出现并不代表真实的进化事件，因此必须对其罚分（Penalty）。空位罚分的值一般作负值处理。比对结果的统计学显著性以 E 值（Expect Value）来衡量。E 值的意义是在选定数据库中搜索目标序列的概率。当 E 值趋向于 0 时，说明比对结果越显著；E 值趋向于 1，则表明比对结果很可能来自其他生物序列，而且是随机产生。有时可以给 E 设定一个阈值（Threshold），缺省值是 10，意思是发现 10 个匹配的概率。比特分值（Bit Score）表明序列比对的得分，数值越高，两序列越相似（Dumontier 和 Hogue，2002）。

2.1.3 BLAST 高级检索参数设置

为得到满意的结果，可以通过设置参数限制 BLAST 搜索条件。对于 BLAST 基本检索，系统预设置的默认参数可满足需要，不需要重新设置。但是对于 BLAST 高级检索，可以选择下面 9 个参数进行设置，也可在输入框增加其他参数（Dereeper et al.，2010；Fokkens et al.，2010）。

（1）直方图（Histogram）。有 yes 和 no 两种选择，默认值为 yes。

（2）描述（Descriptions）。限定描述性类似序列的条数，有 default、0、10、50、100、250 和 500 等 7 种选择，默认值为 100。

（3）比对（Alignments）。限定检出 HSP 的数据库序列的条数，有 default、0、10、50、100、250 和 500 等 7 种选择，默认值为 50。如果检索到的数据库序列超出设定值，BLAST 仅显示最具统计学意义的配对序列，直到设定值。

（4）期望值（Expect Value，E 值）。它是期望数据库中具有某一统计学意义的配对序列的值。有 default、0.001、0.01、0.1、1、10、100 和 1 000 等选择值，默认值为 10，一般期望值越低，限制越严格，甚至会导致无随机配对序列。

（5）剪切值（Cutoff）。设定 HSP 的 Cutoff 值，有 default、60、70、80、90、100 和 110 等 7 种选择值，其默认值般通过期望值来计算得出。通常 Cutoff 值越高，其限制就越严格，甚至会导致无随机配对序列。

（6）矩阵（Matrix）。为 BLAST、BLASTX、tBLASTN 和 tBLASTX 程序指定一个交替记分矩阵。其默认值为 BLOSUM62，有 PAM40、PAM120、PAM250 和 IDENTITY 等 4 种有效选择，但交替记分矩阵对 BLASTN 无效。

（7）链（Strand）。把 BLASTN 检索限定在数据库序列链的首端或末端，或者把 BLASTN、BLASTX、tBLASTX 检索限定在查询序列链的首端或末端的机读部分。

（8）过滤器（Filter）。过滤器可以过滤查询序列中低成分复杂性（Low

Compositional Complexity）片段。它只过滤查询序列及其转录产物中的低成分复杂性片段，而不能过滤数据库序列中的低成分复杂性片段。用户可以在 BLAST 和 BLAST 2.0 的高级检索中选择相应的过滤程序以消除对检索结果的干扰，若不用过滤功能则选择"NONE"。但在 BLAST 和 BLAST 2.0 的基本检索中，系统对不同的 BLAST 程序设定了默认值。例如，对于 BLASTN 程序，其默认值为"DUST"，对于其他程序，默认值为"SEG"，所以用户只需选择用不用过滤功能，而不必设定过滤程序。值得注意的是，过滤器中的 SEG 和 XUN 程序不能过滤 Swiss-Prot 数据库中的低复杂性片段，因此，虽然过滤器可以应用于 Swiss-Prot 数据库序列，但并未起作用。

（9）NCBI-GI。在输出结果中除存取号和位点名称（Locus Name）外，还可以选择 NCBI-GI 标识号。有"Yes"和"No"两种选择，其默认值为"No"。

2.2 运用在线 BLAST 进行目标序列的同源性搜索

2.2.1 打开 BLAST 主页

打开 BLAST 主页（https://blast.ncbi.nlm.nih.gov/Blast.cgi），点击"Nucleotide BLAST"按钮，跳转至图 2-1 界面。

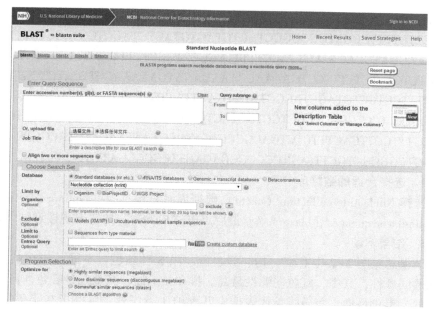

图 2-1 BLAST 主页界面

2.2.2 输入序列

将 fasta 格式的序列输入到序列框中,如图 2-1 中 Enter Query Sequence 框所示,也可以直接输入序列的 NCBI 登录号。本实验以控制玉米籽粒稃壳有无的 *tga1* 基因部分序列为例进行演示,其序列信息如下。

>NC_050099.1: 46648115-46652648 Zea mays cultivar B73 chromosome 4, Zm-B73-REFERENCE-NAM-5.0, whole genome shotgun sequence
CTCCGAAGCAGCAGGCAGCAGCTGCATCGCACCTCACACCTCTCGTGTCCATCGA
TCCAGCCGCCGCCGCAGCTGCAGCTCTCACTTCACTGTTGCTGTGCCACCTCCTCG
TCGCCTGTAGTGTCTGTCGATAGATAAACGCCCGCGGAATGAGAGGGAAGGAGC
GGAAGCTGCAGCGGGCGCGCGCGTGCAAGGGCTAGGACTAGCGGTTGCAACGTC
GGCGCGCGCGGCGTACGTCGGGCATGGATTGGATCTCAACGCGGCGGGCGCGT
GGGACCTCGCGGAGCTGGAGCGGGACCACGCGGCCGCGGCGCCGTCGTCGGGGG
GCCACGCCGCCAATGCTGCCGCGGCGGGCACGGGACGGAGAGCCGCCCGCCGG
CGCCCGGGGCAGCAGGGGCACCCGCCGAGTGCTCCGTGGACCTGAAGCTGGGCG
GGATGGGCGAGTGCGAGCCCGGCGCGGCCCGCAGGGAGAGGGAGGCCGCGGCG
GGGGCGGCGAAGCGGCCGCGCCCCGCCGGGCCCGGCGGGCAGCAGCAGCAGCA
GCAGTGCCCGTCGTGCGCGGTGGACGGTGCAGGCGGACCTGGGCAAGTGCCG
CGACTACCACCGGCGGCACAAGGTGTGCGAGGCGCACTCCAAGACCCCCGTCGT
CGTCGTCGCCGGCCGCGAGATGCGCTTCTGCCAGCAGTGCAGCAGGTAGTATCCC
CGCCTTCTTTTCCCATGGGGGCTGGTGTAGTGTAGTGTAGCTCGTCCCTGTCTCG
TTTCAAGGATGCACAACTTTACCTTTTCCGGCTTGCCTTTTTTTTTTCGTTATCTTT
TTTCTCTCTCTCTTTTTCCTGAAAACCAAAGAGATGAAAAACCTTCATCTCGTTCG
TTCGTTTCCTCCTGTAGCTACGGTACCTGAATTATTGGCACGCCTTTTCCTTTCTCC
CGGCCTCCTCCTGCGCTCGCTGCTGCTGCTGCACACTGCTCTCAGGCAGGCCTAGC
GTTCGTTTCCTTCACTTTCTCTGACGCCCTGATGCGAATTAACATCTGCGCTCCTCC
TCTAGTCGGCGCTGCTTGCTTCCCGGCGACAGTTCGCGCGATTCT

2.2.3 选择合适的数据库

选择 Nucleotide collection (nr/nt) 数据库,程序选择 "Optimize for Somewhat similar sequences (blastn)",最后点击 "BLAST" 按钮出现搜索结果。

2.2.4 结果解读

结果总览图 2-2 中有红、粉、绿、蓝、黑 5 种颜色,不同的颜色代表了不同的同源性,其中,红色同源性最高,排在最上面,其他几种颜色同源性逐渐降低,黑色最低。每条线条代表搜索匹配的 1 条序列,鼠标指在哪条带上,图最上面的框中就显示该带所代表的基因名词,并显示打分值(Score),其上半部是转录产物序列，下半部是基因序列。

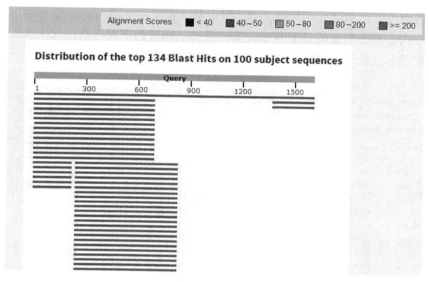

图 2-2 BLAST 结果

序列比对结果的描述见图 2-3。与目标序列同源性最高的结果［Select seq AY883559.2 Zea mays cultivar inbred line B73 teosinte glume architecture 1

Description	Scientific Name	Max Score	Total Score	Query Cover	E value	Per. Ident	Acc. Len	Accession
Zea mays cultivar inbred line B73 teosinte glume architecture 1 (tga1) gene, complete cds	Zea mays su...	2892	2892	100%	0.0	99.88%	169976	AY883559.2
Zea mays teosinte glume architecture1 (tga1), mRNA	Zea mays	1256	1256	43%	0.0	100.00%	1756	NM_001362259.1
Zea mays subsp. mexicana isolate TI28 TGA1 (tga1) gene, exon and partial cds	Zea mays su...	1243	1243	43%	0.0	99.71%	1830	KR261104.1
Zea mays subsp. parviglumis isolate TA012 TGA1 (tga1) gene, exon and partial cds	Zea mays su...	1243	1243	43%	0.0	99.71%	1824	KR261098.1
Zea mays clone 278288 mRNA sequence	Zea mays	1231	1231	43%	0.0	99.14%	1761	EU964361.1
Zea mays subsp. mexicana isolate s0149 TGA1 (tga1) gene, exon and partial cds	Zea mays su...	1214	1214	43%	0.0	98.85%	1818	KR261105.1
Zea mays subsp. mexicana isolate s0190 TGA1 (tga1) gene, exon and partial cds	Zea mays su...	1198	1198	42%	0.0	98.13%	2556	KR261106.1
Zea mays subsp. parviglumis isolate TA74 TGA1 (tga1) gene, exon and partial cds	Zea mays su...	1174	1174	43%	0.0	97.55%	1730	KR261099.1
Zea mays subsp. parviglumis isolate TA076 TGA1 (tga1) gene, exon and partial cds	Zea mays su...	1108	1108	43%	0.0	95.53%	1814	KR261101.1
Zea mays subsp. mexicana isolate s0897 TGA1 (tga1) gene, exon and partial cds	Zea mays su...	1106	1106	43%	0.0	95.39%	1805	KR261107.1
Zea mays subsp. huehuetenangensis isolate s1663 TGA1 (tga1) gene, exon and partial cds	Zea mays su...	1104	1104	43%	0.0	93.64%	1765	KR261108.1
Zea mays subsp. parviglumis isolate TA175 TGA1 (tga1) gene, exon and partial cds	Zea mays su...	1090	1090	43%	0.0	94.96%	1722	KR261102.1
Zea mays subsp. parviglumis isolate TA176 TGA1 (tga1) gene, exon and partial cds	Zea mays su...	1085	1085	43%	0.0	94.81%	1810	KR261103.1
Zea mays subsp. parviglumis isolate TA75 TGA1 (tga1) gene, exon and partial cds	Zea mays su...	1075	1075	43%	0.0	94.40%	1719	KR261100.1
Zea mays cultivar NRC-SAN329 teosinte glume architecture 1 (tga1) gene, exon 1, intron 1...	Zea mays su...	1065	1065	36%	0.0	100.00%	590	AY883475.1
Zea mays cultivar NCGRP-MAG450 teosinte glume architecture 1 (tga1) gene, exon 1, intr...	Zea mays su...	1056	1056	36%	0.0	99.66%	590	AY883470.1
Zea mays cultivar INIFAP-PUE32 teosinte glume architecture 1 (tga1) gene, exon 1, intron ...	Zea mays su...	1052	1052	36%	0.0	99.66%	589	AY883478.1
Zea mays cultivar INIFAP-MEX48 teosinte glume architecture 1 (tga1) gene, exon 1, intron ...	Zea mays su...	1049	1049	36%	0.0	99.49%	586	AY883477.1

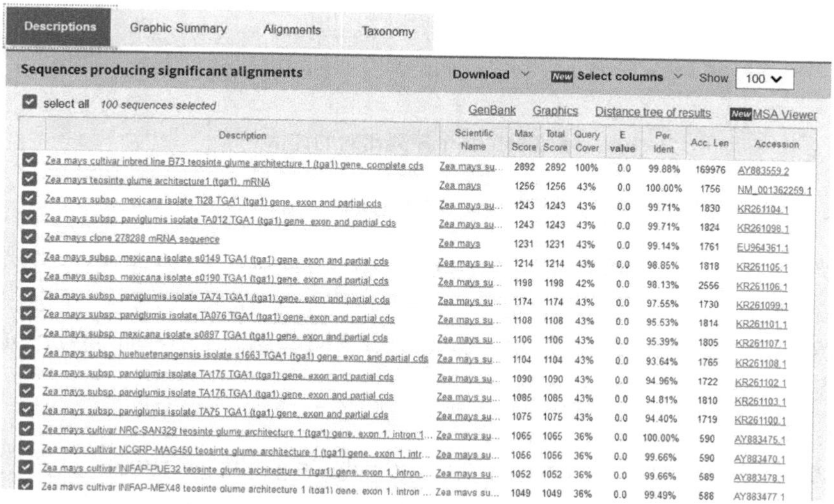

图 2-3 序列比对结果描述

(*tga1*) gene，complete cds]在最上面，其 E 值为 0.0，最大打分值是 2892。点击序列号可以查看详细信息，点击打分值可打开对应的比对详细信息。

各个序列比对的详情见图 2-4。因申请者提交的要求不同，行列输出有不同的形式，系统默认的是配对行列输出格式，即查询序列与数据库中匹配的序列垂直对应。空位部分代表查询序列与检索匹配序列不一致。

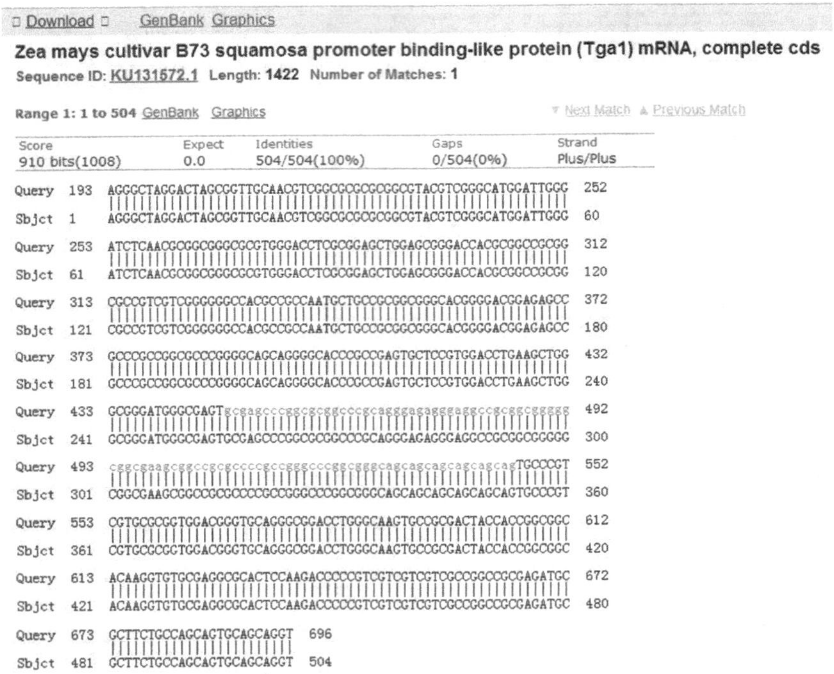

图 2-4 各个序列比对的详情

2.3 运用在线 BLAST 进行多序列比对

为研究 *tb1* 基因在玉米（登录号 U94494.1）和水稻（登录号 AY043215.1）mRNA 中的保守性，二者之间是否存在内部倒位、异位、部分序列重复等现象，针对分析目的，本实验对这两条序列进行全面的双序列比对和显著性分析。

2.3.1 打开 BLAST 主页

访问 BLAST 主页（https：//blast.ncbi.nlm.nih.gov/Blast.cgi），点击"Nucleotide BLAST"按钮，继续将"Align two or more sequences"选项打钩（图 2-5）。

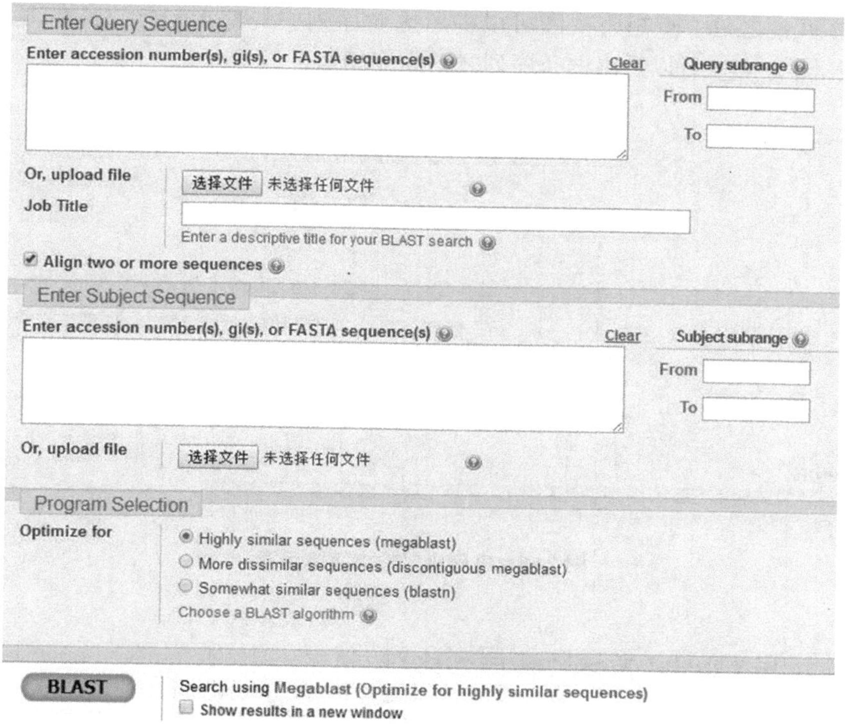

图 2-5　多序列在线比对主页面

2.3.2　提交序列及参数设置

将提前下载好的玉米及水稻 *tb1* 基因序列粘贴到 Enter Query Sequence 和 Enter Subject Sequence 框中。

系统会给出 3 个程序选项，分别是高度相似性序列（Highly Similar Sequences megaBLAST）、更多不相似序列（More Dissimilar Dequences Discontiguous megaBLAST）、某些相似序列（Somewhat Similar Sequences BLASTn），分别适用于高度相似（相似性 95% 以上）的长序列片断、差异比较大的序列以及某些相似序列。选取程序选项，根据具体情况而定。

本实验选择"Highly similar sequences（megaBLAST）（高度相似性序列）"选项，其他使用默认参数，并点击页面下方的"BLAST"按钮提交。

2.3.3　比对结果解读

比对结果分别给出了 Descriptions（描述）、Graphic Summary（图示总览）、Alignments（比对）和 Dot Plot（点矩阵图）等信息。在点矩阵视图中，横坐标是目的序列，纵坐标是参考序列。连续线表示两序列匹配之处，缺口表明两序列不匹配之处。点矩阵视图可以揭示比对序列中局部形似性之间的复杂关系。从图 2-6 中可以看出两条序列之间高度相似。

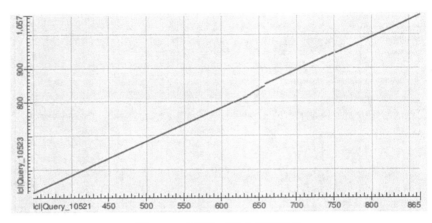

图 2-6　序列比对的点矩阵示意

2.4　运用 Clustal X 进行多序列比对

多序列比对（Multiple Alignment）是核酸和蛋白质序列分析的重要内容之一，借助多序列比对，可以找出序列的保守区域，可以为分子进化分析提供依据。Clustal 有多个操作系统的版本，包括 Linux 版本、Mac OS 版本和 Windows 版本，其中 Windows 平台下有命令行操作的 Clustal W 和窗口化操作的 Clustal X（Thompson et al.，2002）。本实验用的 Clustal X 版本为 2.0.12，可以从官方网站（http：//www.clustal.org）下载。

Clustal X 采用的是渐进比对法，其运算流程大致如下。将所有序列逐一进行双序列比对，并得到距离矩阵；根据距离矩阵，以邻接法（Neighbor-Joining Method，NJ）构建成一个有根的系统发育树（向导树）来指导多序列比对。本实验主要介绍使用 Clustal X 进行多序列比对。

2.4.1　载入目标序列

本实验以 155 份玉米自交系的基因型数据为例进行多序列比对。

运行 Clustal X2.1，根据分析目的选择默认的"Multiple Alignment Mode"（多序列比对模式），依次打开主菜单"File""Load Sequence"即可载入序列，Clustal X 默认可以识别输入 7 种格式的序列文件，分别是 NBRF/PIR、EMBL/Swiss-Prot、FASTA、Clustal、GCG/MSF、GCG9 RSF 和 GDE 格式文件

（图2-7）。

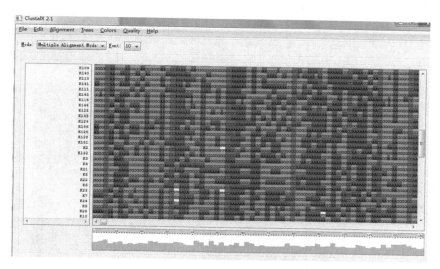

图2-7 Clustal X 载入序列界面

2.4.2 参数设置

可以根据分析要求设置相应的比对参数。通常情况下，可以使用默认参数。比对参数主要有6个，分别是 Reset New Gaps before Alignment（比对前重置新空位）、Reset All Gaps before Alignment（比对前重置所有空位）、Pairwise Alignment Parameters（双序列比对参数）、Multiple Alignment Parameters（多序列比对参数）、Protein Gap Parameters（蛋白空位）、Secondary Structure Parameters（二级结构参数）（图2-8）。

修改参数只需要点击相应标签，本实验选择"Pairwise Alignment Parameters"进行调整，弹出参数设置窗口。双序列比对主要有两种模式：一种是基于动态规划算法的"Slow-Accurate"模式，运算速度慢，但结果准确；另一种是基于K串法的"Fast-Approximate"模式，运算速度快，但结果较粗略。本实验序列条数未超过100条且长度小于1 000个字母，故采用"Slow-Accurate"式，其他参数设置使用默认值。

2.4.3 选择完全比对

返回菜单栏选择"Complete Alignment"标签，此时会弹出输出文件路径的设置窗口，设置 Output Guide Tree（输出向导树或指导树）、Output Alignment File（输出比对文件）的保存位置（存放路径），点击"OK"按钮，程序自动开始序列的完全比对，比对所需时间因序列文件大小和序列长度、计算机性能而异（图2-9）。

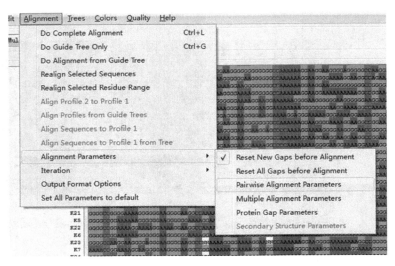

图2-8　比对参数设置

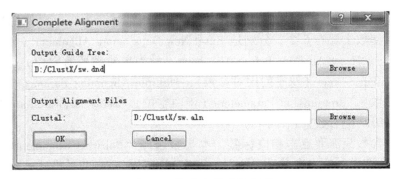

图2-9　输出文件路径设置

2.4.4　结果输出

当主界面的左下角状态栏出现"CLUSTAL-Alignment File created［*，aln］"的提示时，说明比对已经完成，这时文件保存位置的目录下会生成两个文件，文件扩展名分别为 aln 和 dnd（图2-10）。

同时，可以将比对好的文件另存为 PHYLIP、NEXUS 或者 CLUSTAL 格式，用于后续系统发育树的构建（图2-11）。

2 BLAST 同源序列比对

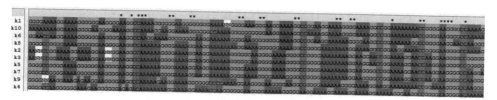

图 2-10 序列比对结果展示

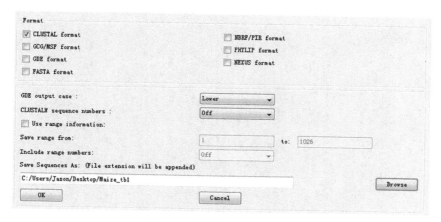

图 2-11 输出文件格式选择

参考文献

孙啸，陆祖宏，谢建明，2005. 生物信息学基础 [M]. 北京：清华大学出版社.

ALTSCHUL S F, GISH W, MILLER W, et al., 1990. Basic local alignment search tool[J]. Journal of Molecular biology, 215(3): 403-410.

CHENNA R, SUGAWARA H, KOIKE T, et al., 2003. Multiple sequence alignment with the Clustal series of programs[J]. Nucleic Acids Research, 31(13): 3 497-3 500.

DEREEPER A, AUDIC S, CLAVERIE J M, et al., 2010. Blast-explorer helps you building datasets for phylogenetic analysis[J]. BMC Evolutionary Biology, 10: 8.

DUMONTIER M, HOGUE C W, 2002. NBLAST: a cluster variant of BLAST for NxN comparisons[J]. BMC Bioinformatics, 3: 13.

FOKKENS L, BOTELHO S, BOEKHORST J, et al., 2010. Enrichment of homologs in insignificant BLAST hits by co-complex network alignment [J]. BMC Bioinformatics, 11: 86.

LARKIN M A, BLACKSHIELDS G, BROWN N P, et al., 2007. Clustal W and Clustal X version 2.0[J]. Bioinformatics, 23(21): 2 947-2 948.

THOMPSON J D, GIBSON T J, PLEWNIAK F, et al., 1997. The CLUSTAL_X windows interface: flexible strategies for multiple sequence alignment aided by quality analysis tools[J]. Nucleic Acids Research, 25(24): 4 876-4 882.

3 多序列比对及其功能域预测

3.1 多序列比对及其功能域简介

序列比对一般分为两两比对和多序列比对。两两比对比较两个序列之间的相似片段和保守位点，研究同源结构，分析生物进化、遗传和变异等问题。多序列比对则是在两两比对上发展而来，多序列比对（Multiple Sequence Alignment，MSA）主要用于描述一组序列之间的相似性关系，以便了解一个基因家族的基本特征，寻找基序、保守功能结构域等。用于描述同源序列之间的相似性关系以及亲缘关系的远近，是构建系统发育树的基础。序列比对的基本思想是基于序列决定结构，结构决定功能的生物学理论，将核酸序列和蛋白质序列的一级结构均视为字符串研究对象，研究序列之间的同源关系，探索不同序列之间蕴含的进化密码。

同种不同个体的基因组存在基因突变，最常见的是单核苷酸多态性分析，可以用来分析同一种系不同个体基因组中单个核苷酸的变异，包括置换、缺失和插入，多序列比对可以对其进行鉴定。根据进化学说相关理论，相似物种往往具有序列的相似性，因为他们往往由同一种祖先进化而来。序列相似和序列同源有着本质的不同。序列相似是指序列本身存在相似性，而序列同源则指序列间存在生物进化关系。通过大量序列比对的实验分析经验，一般认为如果序列之间的相似性超过30%，那么它们就很可能具有进化同源性。另外，需要指出的是，蛋白质序列的结构和功能比一级结构序列具有更高的保守性，因为蛋白质在空间中以折叠形式存在，结构和功能不相似的蛋白质序列有可能在一级结构投影上有着相同的序列信息。

蛋白质功能域（Domain）一般是指一条蛋白质序列中一段保守的区域，该区域能够独立行使功能、进化等。在蛋白质结构中，功能域是指一个蛋白质结构的一部分，它能形成一个紧密的三级结构，能独立折叠且结构稳定，同样具有独立功能和进化等特征。许多蛋白质序列包含若干结构功能域（一般1条蛋白质序列包含3个功能域）。在分子进化上，不同功能域可以作为一个单元被重组，产生新的蛋白质序列，行使不同的功能，因此，一个功能域可能在许多不同蛋白质序列中存在。功能域长度不一，25~500个氨基酸。由此可见，功能域可以从序列和结构两个水平上来定义和研究。在序列水平上，基序是指一小段连续的氨基酸或核苷酸序列，它是构成功能域的功能单元。在蛋白质结构水平上，基序可以通过三维结构组成的氨基酸短序列，而这些氨基酸并不一定相邻。一般一个蛋白质功能域由若干个基序串联构成。

了解多序列比对的相关概念，掌握多序列比对软件的使用方法和技巧，通过序列比对从大量的序列信息中获取基因结构、功能和进化等知识，有助于阐明一组相关序列的重要生物学模式。序列比对根据同时进行比对的序列数目分为双序列比对（Pair-wise Sequence Alignment）和多序列比对（Multiple Sequence Alignment）。序列比对从比对范围考虑也可分为全局比对（Global Alignment）和局部比对（Local Alignment），全局比对是从头到尾全序列比较，考虑序列的整体相似性，可以鉴别或证明新序列与已有序列家族的同源性，帮助预测新蛋白质序列的二级和三级结构。局部比对考虑序列部分区域的相似性，局域比对的生物学基础是蛋白质功能位点是由较短的序列片段组成，尽管在序列的其他部位可能有插入、删除或突变，但是这些序列片段具有相当大的保守性。此时，局域比对往往比全局比对具有更高的灵敏度，其结果更具生物学意义。

目前，国际上最具代表性的两类启发式多序列比对算法，即渐进比对（Progressive Alignment）和迭代比对（Iterative Alignment）。

渐进比对算法是最常用的、简单而又有效的启发式多序列比对方法，它所需要的时间较短、所占内存较少；基于渐进比对算法并被广泛使用且成为多序列比对标准方法的软件有 ClustalW 和 T-Coffee 等。ClustalW 采用了一些启发式方法来选择参数以便最大化地利用序列信息，如根据残基的具体位置而动态地调整空位罚分根据不同阶段比对序列的相似程度而自动选择不同的分值矩阵。一般情况下，当系统发育树比较均匀密集，没有明显的长分支时，比对的性能较好，但是对于具有长的空位插入的情况下，比对的准确率明显降低，作为程序的一部分，可以输出用于构建进化树的数据。T-Coffee 采用基于相容的优化目标函数，即对于给定的一个序列集，它以理想的多序列比对应该定义为与所有可能的优化双序列比对保持相容作为优化的目标函数。它们之间的主要不同点在于 T-Coffee 中，利用扩展库取代 ClustalW 中的替代矩阵进行渐近比对，使得在每步渐近比对过程中用到的打分信息都是取自于所有序列之间的关系信息，而不是只考虑当前要比对的序列，从而最小化了渐进比对算法所带来的贪婪性影响，在一定程度上提高了比对准确率，尤其是在比对初期，可以减少比对错误的概率。由于在扩展库中考虑到局域比对和全局比对两方面的情况，预处理了所有双序列比对数据，较好地处理了来源于各种相异资源的比对信息，这样的结果比单一方法更为准确。对于相似水平较低的序列集，尤其是存在大量空位插入的情况，会得到较高的比对准确率。

迭代比对是另一类有效的多序列比对策略。它基于一个能产生比对的算法，并通过一系列的迭代方式改进多序列比对，直到比对结果不再改善为止，是一个基于渐进与迭代混合的多序列比对方法。MultAlin 它是以渐进比对方法构造多序列比对，与不同之处在于它是以层次聚类方法来构建指导树。在迭代过程中不断地利用上一步的多序列比对结果重算距离矩阵，并重建指导树，改善渐进比对结果直到进化树不再发生变化或是达到某一指定迭代次数为止，用层次聚类方法为多个序列构建指导树是以双序列比对分值作为两个序列的相似性索引来完成的。它的基本原则从最相似的两个序列开始，创建一个聚类再将较相似的序列添加进来，形成新的聚类直到所有序列都聚类在一起。MUSCLE 是一个新的渐进比对和迭代比对的综合算法，主要由两部分组成。第一部分是迭代渐进比对第一次渐进比对的目的是快速产生一个多序列比对而不强调准确率，以此为基础再对渐进比对进行改良，经过两次的渐进比对，形成一个相对准确的多序列比对；第二部分是迭代比对，该过程类似于经过不断的迭代，逐步优化最终比对结果。

3.2 软件及序列材料

EBI 在线多序列比对工具（https://www.ebi.ac.uk/Tools/msa/）。
NCBI 中获取目的序列（https://www.ncbi.nlm.nih.gov/）。

3.3 分析方法与步骤

3.3.1 准备序列

本实验准备的序列见表 3-1。

表 3-1 准备的序列

物种	序列号	重命名
青蒿 *Artemisia annua*	PWA95842	P450_artemisia
向日葵 *Helianthus annuus*	KAF5812715	P450_sunflower
金盏花 *Tanacetum cinerariifolium*	GEX28490	P450_calendula
紫花苜蓿 *Lactuca sativa*	XP_023742032	P450_alfalfa
刺苞菜蓟 *Cynara cardunculus var. scolymus*	KVH90886	P450_Cardoon
葡萄 *Vitis vinifera*	XP_019075552	P450_grape
茶 *Camellia sinensis*	XP_028127669	P450_tea
拟南芥 *Arabidopsis thaliana*	NP_192967	P450_arabidopsis

3.3.2 在线多序列比对

欧洲生物信息研究所（EBI）在线多序列比对（https://www.ebi.ac.uk/Tools/msa/）工具包括 Clustal Omega、EMBOSS Cons、Kalign、MUSCLE、MAFFT、MView、T-Coffee、WebPRANK。Clustal Omega 利用指导树和 HMM profile-profile 方法进行序列比对。MUSCLE 比 Clustal 和 T-Coffee 在运行速度和准确度上更占有优势。MAFFT 也是常用的运行速度较快的序列比对工具，其准确性比 MUSCLE 更好。WebPRANK 利用系统进化算法（Phylogeny-Aware Algorithm）开展多序列比对，并根据系统进化信息调整序列的插入或缺失。

3.3.2.1 Clustal Omega

打开 Clustal Omega（https://www.ebi.ac.uk/Tools/msa/clustalo/），在 STEP 1 对话框中选择序列类型（蛋白、DNA 或者 RNA），并输入 FASTA 格式的序列信息。在 STEP 2 中调整比对参数设置，点击"Submit"。比对结果包括 8 个不同的选项 Alignments、Result Summary、Guide Tree、Phylogenetic Tree、Results Viewers、Submission Details、Download Alignment File 和 Show Colors。Alignments 显示了多序列比对的结果，根据序列比对的特征分别用"*"或者":"或者"."标注（图3-1）。其中，"*"表示序列完全一致，而":"或者"."表示具有相似性特征的氨基酸。Show Colors，可以在输出结果中进行颜色标记，Download Alignment File 下载并保存序列比对结果。Result Summary 是比对结果的具体介绍（图3-2），其中包括了比对过程中产生的指导树、系统进化树和同一性矩阵（Percent Identity Matrix）（图3-3）。Phylogenetic Tree 默认采用 NJ 法建树，查看进化树的结果（图3-4）。Submission Details 是详细的原始序列数据以及参数设置信息。

图 3-1 利用 Clustal Omega 进行多序列比对分析 Alignments 界面

3 多序列比对及其功能域预测

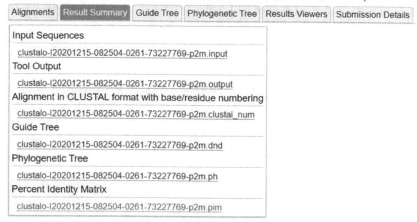

图 3-2 利用 Clustal Omega 进行多序列比对分析 Result Summary 界面

```
#
#
# Percent Identity Matrix - created by Clustal2.1
#
#
     1: P450_arabidopsis  100.00   44.60   44.49   44.58   46.23   46.06   51.28   50.69
     2: P450_Cardoon       44.60  100.00   62.74   46.64   65.10   60.34   52.16   52.76
     3: P450_alfalfa       44.49   62.74  100.00   65.78   67.06   65.90   54.44   54.35
     4: P450_calendula     44.58   46.64   65.78  100.00   69.63   64.36   51.53   51.90
     5: P450_artemisia     46.23   65.10   67.06   69.63  100.00   71.37   55.36   55.80
     6: P450_sunflower     46.06   60.34   65.90   64.36   71.37  100.00   53.32   54.03
     7: P450_grape         51.28   52.16   54.44   51.53   55.36   53.32  100.00   65.66
     8: P450_tea           50.69   52.76   54.35   51.90   55.80   54.03   65.66  100.00
```

图 3-3 利用 Clustal Omega 进行多序列比对分析产生的同一性矩阵

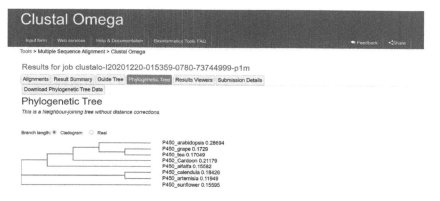

图 3-4 利用 Clustal Omega 进行多序列比对分析 Phylogenetic Tree 界面

此外，在 Clustal（http://www.clustal.org/）的主页可以下载本地版本的 Clustal 软件，其中包括最新版本的 Clustal Omega 及经典版 ClustalW 或者 ClustalX。与经典版相比，Clustal Omega 采用 HMM 比对的算法，具有较快的速度和较高的准确性。

3.3.2.2 MAFFT 在线版

打开 MAFFT（https://www.ebi.ac.uk/Tools/msa/mafft/）页面，在 STEP 1 对话框中输入 FASTA 格式的序列信息（图 3-5）。STEP 2 选择数据输出格式、算法矩阵等信息（图 3-6），点击"Submit"开始多序列比对分析。MAFFT 在线版的结果显示方式与 Clustal Omega 相同。

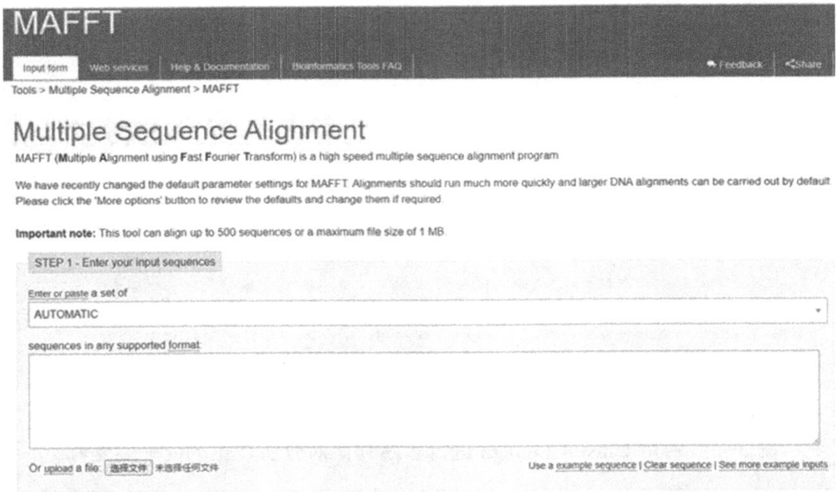

图 3-5 利用 MAFFT 网页版进行多序列比对 STEP 1 界面

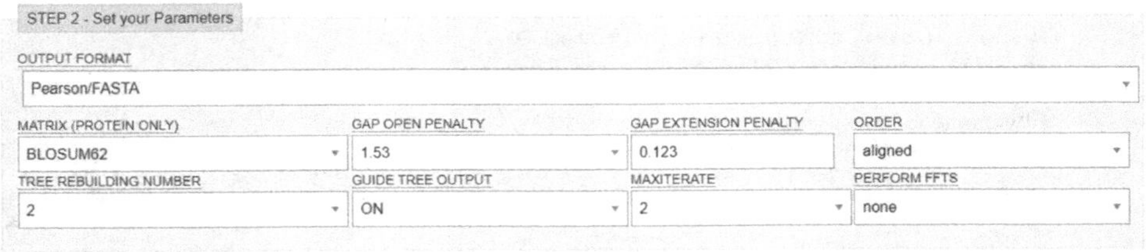

图 3-6 利用 MAFFT 网页版进行多序列比对 STEP 2 参数设置界面

3.3.2.3　webPRANK 在线版

打开 webPRANK（https://www.ebi.ac.uk/goldman-srv/webprank/）在线版首页（图 3-7），采用默认参数设置，点击"Start Alignment"即可开始多序列比对。结果见图 3-8，webPRANK 的多序列比对结果中，左侧为指导树，右侧为指导树对应的序列。该在线软件提供了多种序列比对结果的格式（PRANK HSAML、FASTA、PAML、Phylip、Nexus），其中指导树及相关的命令行也可以下载。

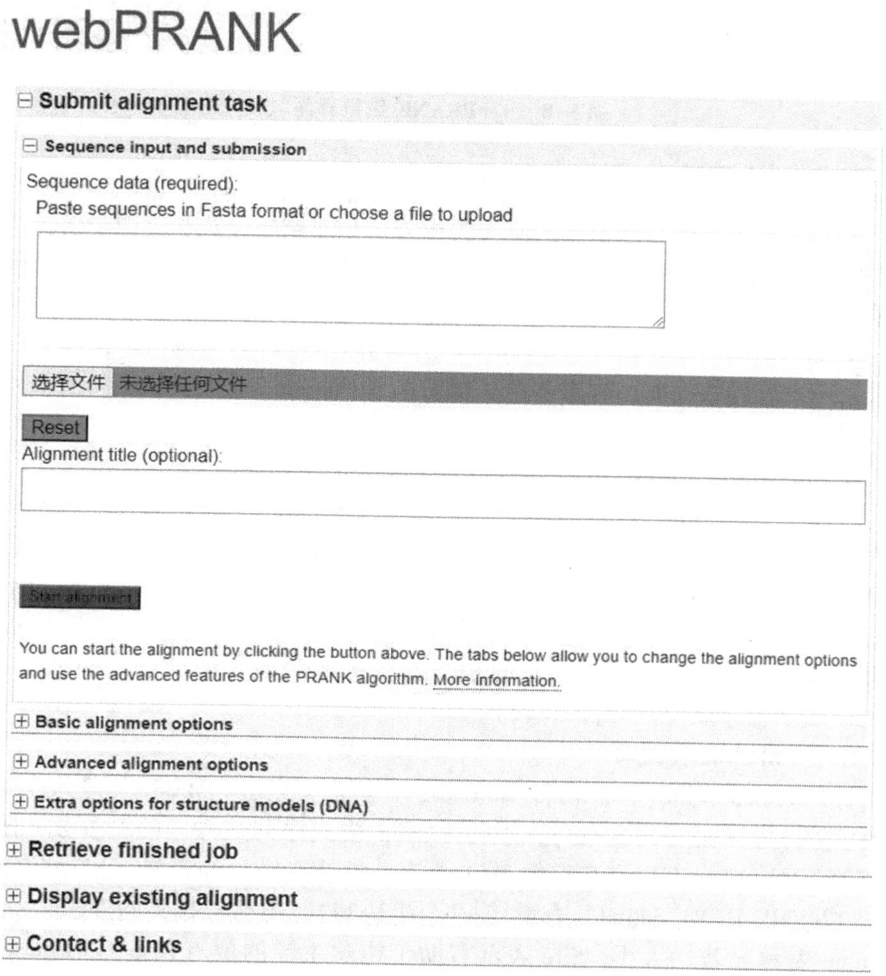

图 3-7　webPRANK 在线版首页

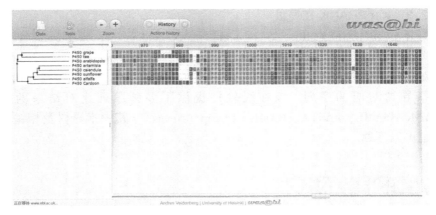

图 3-8　webPRANK 结果界面

3.3.3　蛋白质序列功能域分析

由于功能域直接与基因蛋白质功能相关，功能域的查找和应用吸引了大量生物信息学家进行研究，并将发现的基因功能域收集起来，构建蛋白质功能域数据库，目前这些数据库在基因功能预测等方面发挥着重要作用，特别是 Prosite、Pfam 和 MEME 等数据库。Prosite 是蛋白质家族和结构域的数据库；Pfam 是蛋白质家族的数据库，根据多序列比对结果和隐马尔可夫模型，将蛋白质分为不同的家族；MEME 是一个 Motif 分析的工具箱，提供了多种相关工具。

3.3.3.1　Pfam 在线版

打开 Pfam（http：//pfam.xfam.org/）页面（图 3-9），点击"Search"，进入 Search Pfam 界面（图 3-10），然后上传序列文件，采用默认参数，点击"Submit through the Hmmer Website"。任务完成后自动进入 Results Summary（图 3-11），点击"show"可以查看每条序列的详细匹配信息，Score 界面对结果预览，Coiled-coil 代表 α 螺旋相互缠绕形成的超二级结构，tm & signal peptide 表示信号肽位点（图 3-12）。

3.3.3.2　MEME 在线版

打开 Prosite（http：//meme-suite.org/）页面，点击"MEME"进入序列上传及参数设置界面（图 3-13），上传 FASTA 格式序列文件，设置参数，比如 Motif 在序列上的分布以及查找的 Motif 数目，然后点击"Start Search"。完成后点击"MEME HTML output"查看结果（图 3-14），包括查找到的 Motifs 序列，E-value 表示显著性大小，Site 表示有助于构建主题的位点数量，Width 表示 Motif 的宽度，More 可以获得更详细的 Motif 信息，"Submit/Download"可以保存 Motif 图片，Motif Locations 为 Motif 在序列上的分布（图 3-15）。

3 多序列比对及其功能域预测

图 3-9 Pfam 数据库首页

图 3-10 Pfam 数据库 Search 对话框

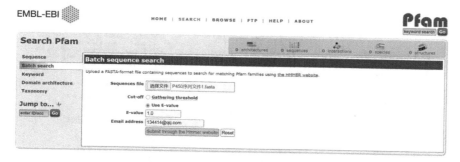

图 3-11 Pfam 数据库序列匹配结果

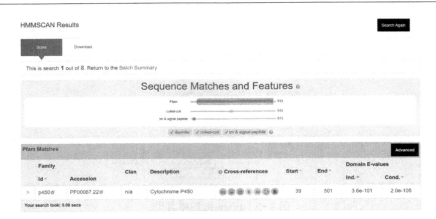

图 3-12 Pfam 数据库序列匹配详细信息

图 3-13 MEME 序列上传及参数设置界面

3 多序列比对及其功能域预测

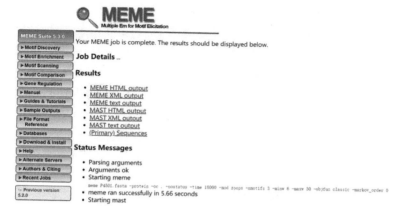

图 3-14 MEME 查找完成结果界面

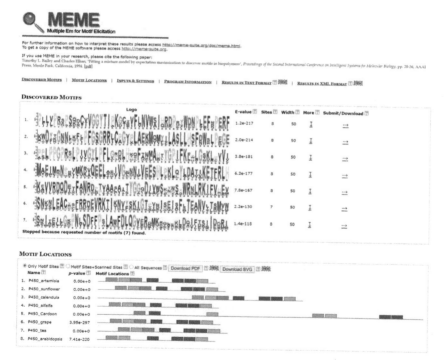

图 3-15 MEME Motif 查找结果输出界面

3.3.3.3 Prosite 在线版

打开 Prosite（https：//prosite.expasy.org/）页面（图 3-16），首页主要包

括 Search、Browse、Quickly Scan mode of ScanProsite 和 Other tools。Search 可以通过基因或者蛋白名称进行搜索，Browse 可以输入文件进行浏览，Quickly Scan mode of ScanProsite 通过上传蛋白序列查找 Motif，Other tools 可以生成个性化的图案。将序列上传到 Quickly Scan mode of ScanProsite 对话框，点击"Scan"，进入 ScanProsite results views（图 3-17）。点击"Individual view"可以查看每个序列的结果信息（图 3-18）。

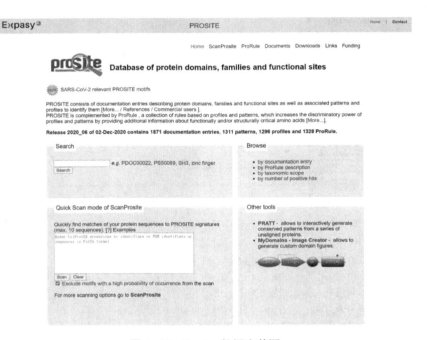

图 3-16　Prosite 数据库首页

3.3.4　常用多序列比对服务器及软件

3.3.4.1　多序列比对在线分析及软件

　　EMBL-ENA，https://www.ebi.ac.uk/Tools/msa/。
　　NCBI-COBLT，https://www.ncbi.nlm.nih.gov/tools/cobalt/cobalt.cgi。
　　GenomeNet，https://www.genome.jp/tools-bin/clustalw。

3.3.4.2　蛋白序列结构功能域分析及在线软件

　　Pfam，http://pfam.xfam.org/。
　　Prosite，https://prosite.expasy.org/。
　　MEME，http://meme-suite.org/。

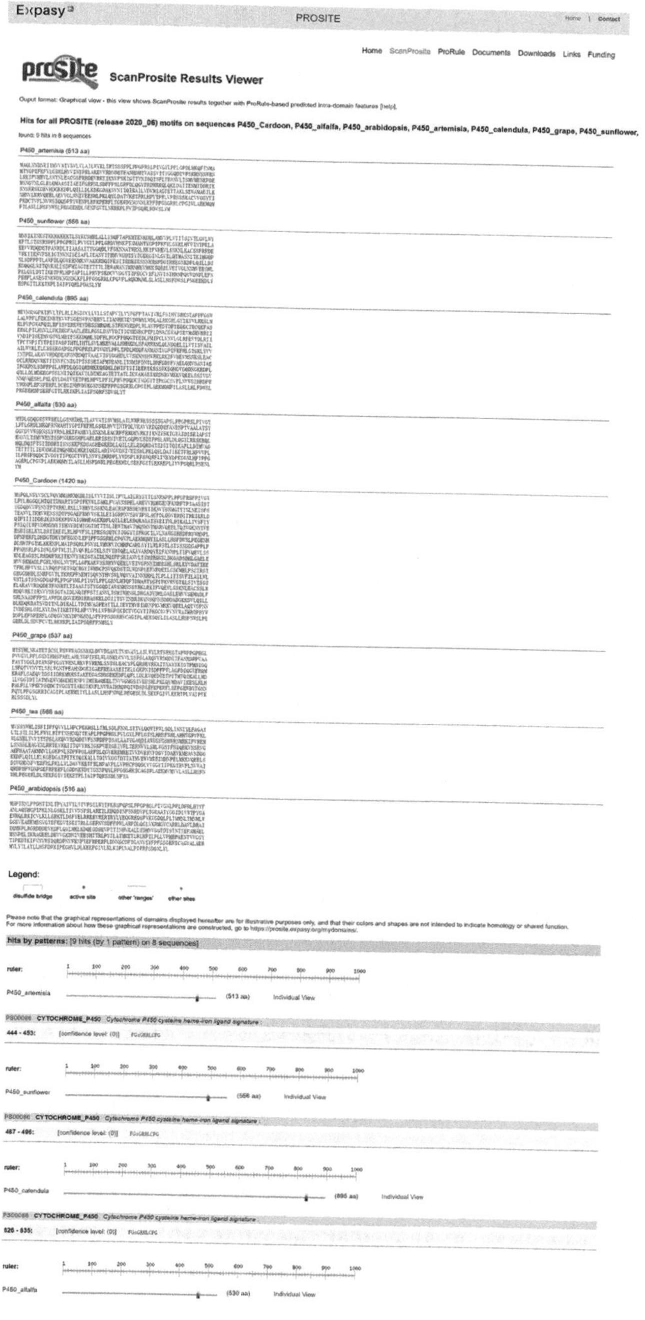

图 3-17　ScanProsite 结果查看界面

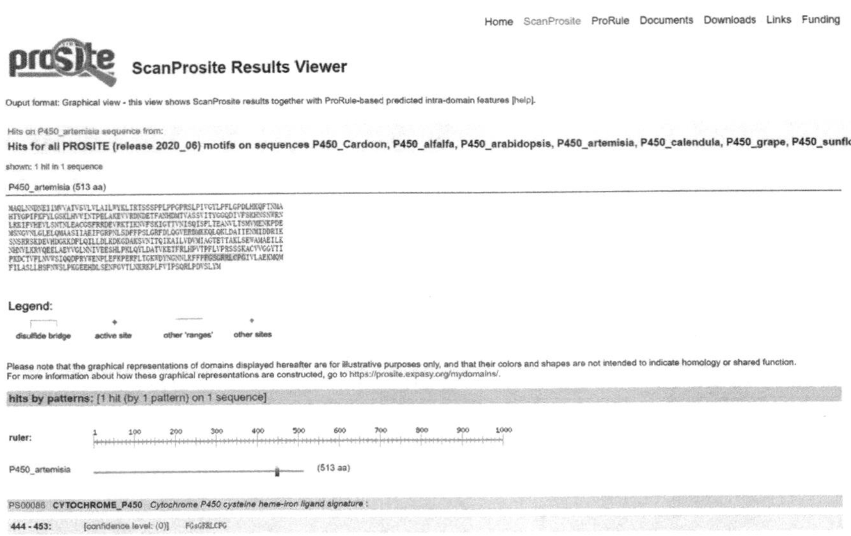

图 3-18 单个序列结果查看界面

ProDom，https：//bio.tools/prodom#!。

SMART，http：//smart.embl-heidelberg.de/。

TIGRfam，https：//www.ncbi.nlm.nih.gov/genome/annotation_prok/tigrfams/。

参考文献

张敏，2005. 生物信息学中多序列比对等算法的研究 [D]. 大连：大连理工大学.

何万双，2006. 双序列比对算法研究 [D]. 长沙：国防科学技术大学.

唐玉荣，2004. 生物信息学中的序列比对算法研究 [D]. 北京：中国农业大学.

CORPET F, 1988. Multiple sequence alignment with hierarchical clustering [J]. Nucleic Acids Research, 16 (22): 10 881-10 890.

DINIZ W J, CANDURI F, 2017. Bioinformatics: an overview and its applications[J]. Genetics and Molecular Research, 16(1): 16019645.

EDGAR R C, 2004. MUSCLE: a multiple sequence alignment method with reduced time and space complexity[J]. BMC bioinformatics, 19(5): 113.

KATOH K, MARTIN C F, 2012. Adding unaligned sequences into an existing alignment using MAFFT and LAST[J]. Bioinformatics, 28: 3 144-3 146.

LöYTYNOJA A, GOLDMAN N, 2010. webPRANK: a phylogeny-aware multiple sequence aligner with interactive alignment browser[J]. BMC Bioinformatics, 11(1): 579.

MISTRY J, CHUGURANSKY S, Williams L, et al., 2021. Pfam: The protein families database in 2021[J]. Nucleic Acids Research, 49: 412-419.

NOTREDAME C, DESMOND G H, Jaap H, 2000. T-coffee: a novel method for fast and accurate multiple sequence alignment[J]. Journal of Molecular Biology, 302(1): 205-217.

SIEVERS F, DESMOND G. H, 2018. Clustal Omega for making accurate alignments of many protein sequences[J]. Protein Science, 27: 135-145.

SIGRIST C J A, CASTRO E, CERUTTI L, et al., 2013. New and continuing developments at PROSITE[J]. Nucleic Acids Research, 41: 344-347.

4 系统发育树构建

4.1 系统发育树简介

分子进化理论是研究 DNA、RNA 以及蛋白质序列等生物大分子所包含的物种进化信息。系统发育树，又称为分子进化树，是基于某一个特定分子在不同物种中的序列差异来构建系统发育树。系统发育树有两个基本条件：第一是 DNA、RNA 或蛋白质序列包含了物种的所有进化史信息；第二是分子钟理论，一个特定基因或蛋白质的进化变异速度在不同物种中是基本恒定的。所谓变异速度是指一定时间内不同碱基或氨基酸突变的个数。这个进化变异速度被认为是恒定的，跟物种没有关系。所以，以蛋白质为例，两个蛋白质在序列上越相似，它们距离共同祖先就越近。只有接受这两个假设，分子进化理论才能得以实施，才能依据系统发育树判断其亲缘关系和进化顺序。

当得到了一个新的基因或蛋白质序列，可以通过 BLAST 获得一些已知的同源序列，然后用它们构建一棵系统发育树。以基因为例，如果在树上与新基因关系十分密切的基因功能已知，那么这个已知的功能可以被延伸到这个新基因上。构建系统发生树还有助于预测一个分子功能的走势，也就是从树上可以看出某个基因是正在走向辉煌还是在逐渐衰落。最后，系统发生树还能帮助人们追溯一个基因的起源。甚至当它从一个物种"跳"到另一个物种上，也就是发生了水平基因转移时，系统发育树都可以很好地展示出来。

构建系统发育树的基本步骤如下。一是准备数据。构建进化树常用的数据包括形态数据和分子数据。二是拼接序列。为了提高序列的准确性，需要对正反向序列进行拼接。三是序列比对。为了保证序列的同源性和进化树的可靠性，需要对原始序列进行比对和校正。四是校正有争议的序列位点。五是替代模型的选择。在建树之前，选择最佳的建树程序。熟悉建树模型的优缺点，根据序列的特点选择模型，可以减少建树过程中出现的偏差。六是选择建树方法。最常用的建树方法有距离法、最大简约法、最大似然法和贝叶斯法。七是树的美化。

建立一个替代模型的基本步骤如下。选择合适的比对程序，然后从比对结果中提取系统发育的数据集。至于如何提取有效数据，取决于所选择的建树程序如何处理容易引起歧义的比对区域和插入/删除序列（即所谓的空位状态）。首先需要确定遗传模型，遗传模型在系统发育树构建中非常重要，因为距离计算等建树过程必须在一定的遗传假设下才可能进行。目前主要遗传进化模型包括 Jukes-Cantor 模型、Kimura 模型、Felsenstein 模型和 Hasegawa-Kishino-Yano（HKY）模型。以下主要介绍在 DNA 序列距离计算中最为常用的 3 个模型。

Jukes-Cantor 模型，通常又称为单参数进化模型。在分子进化研究中，通常假设序列是同源的，它们具有单一祖先序列，且这一组先序列在进化过程中发生了一系列的核苷酸突变。在该假设基础上，Jukes 和 Cantor（1969）进一步假设每种碱基具有同等概率突变为另外 3 种碱基，其频率常数为 $\mu/3$，μ 为碱基替换频率。

Kimura（1980）考虑到转化（Transition，两种嘧啶或两种嘌呤碱基之间的突变）和颠换（Transversion，一个嘧啶和一个嘌呤碱基之间的突变）具有不同的发生频率（α 和 β），提出一种新的模型。该模型由于考虑到了转换率和颠换率的不同，又通常称为两参数进化模型。

Felsenstein（1981）模型是 Jukes-Cantor 模型的另外一种推广模式。该模型满足稳态概率分布 $q_A+q_G+q_C+q_T=1$，当取 $q_A=q_G=q_C=q_T=1/4$ 时，该模型即简化为 Jukes-Cantor 模型。Hasegawa 等 1985 年提出的 HKY 模型则是对 Felsenstein 模型的进一步推广，类似于 Kimura 模型对 Jukes-Cantor 模型的推广，即对碱基转换和颠换突变进行了区分。此外，核苷酸替代模型还有许多，包括 1986 年 Tavaré 提出的 GTR（Generalised Time-Reversible）模型、1992 年 Tamura 和 1993 年 Tamure 和 Nei 提出的模型 Tamura 等。

基于分子水平的系统发育构建方法可以分为两大类，即基于离散特征和距离的方法。基于离散特征的系统发育树重构算法通过搜索各种可能的树，从中选出最能够解释物种之间进化关系的系统发育关系树，这类方法利用统计技术定义一个最优化标准，对树的优劣进行评价，包括最大简约法（Maximum Parsimony Methods）、最大似然法（Maximum Likelihood Methods）和贝叶斯法（Bayesian Methods），这类方法首先构造一个距离矩阵来表示每两个物种之间的进化距离，然后基于这个距离矩阵，采用聚类算法对研究的物种进行分类。通过不断的合并距离最小的两个节点和构建新的距离矩阵，最终得出进化树。

距离法包括非加权组平均（Unweighted Pair-Group Method with Arithmetic Mean，UPGMA）、邻接法（Neighbor-Joining，NJ）、距离变换法（Transformed Distance Method）和邻接关系法（Neighbors Relation Method）等。非加权组平均法比较简单，得出的系统发育树不可加和，现在很少使用，常用邻接法来构建系统发育树。Kidd 和 Sgaramelh-Zonta（1971）最早提出基于距离数据的系

统发育树重构算法，从所有可能的进化树中选择进化分支长度总和最小的那棵树，距离法通常不能找到精确的最小进化树，只能找到近似的最小进化树，但是它的计算速度非常快，而且准确率较高，被广泛应用于系统发育分析。当可操作单元数量较多时，这种方法的计算量会大增，因此，又提出了启发式搜索算法，从一个距离矩阵开始，采用一定的准则，递归地合并矩阵中距离最短的节点，并重构新的距离矩阵，直到只剩下最后一个分类单元为止。

4.2 系统发育树构建软件

目前有很多软件包可以进行系统发生树推断及可靠性检验，网站 http://evolution.genetics.washington.edu/phylip/software.html 列出了 150 多种相关软件包，并可以对软件进行按类别查询，如按软件的运行系统、使用的算法等进行查询，对软件进行简单介绍同时提供了下载的链接。具体使用时可按需求用不同的软件，简单介绍 3 种最常用的软件。

4.2.1 PHYLIP

PHYLIP（Phylogeny Inference Package）是由美国华盛顿大学 Felsenstein 用 C 语言编写的系统发生推断软件包，它提供免费的源代码，支持 Windows 和 Linux 等多种系统。在 3.69 版本中，由 35 个子程序组成，可以实现最大似然法、最大简约法和距离法建树。最大似然法有两类程序，带生物钟的建树子程序（Dnamlk、Promlk）（可对进化似然距离进行估计）和不带生物钟建树程序（Dnaml、Proml）。最大简约法也有带分子钟建树子程序（Dnapennys），（可以对进化距离进行估计）和不带生物钟的建树子程序（Dnapars、Protpars）。距离法建树由 Dnadist、Prodist、Fitch、Kitsch、Neighbor 等子程序组成，Dnadist 和 Prodist 可实现 F84 模型、Kimura 模型、Jukes-Cantor 模型、LogDet 模型计算距离矩阵，fitch 子程序可实现不带分子钟的 Fitch-Margoliash 法建树，而 Neighbor 子程序带有邻接法和非加权组平均法两种建树方法。每种建树方法都带有各自许多不同的选项供研究人员根据自己研究的目的进行选择优化。软件包带有建树的子程序可以建三角形有根树及矩形有根树（Drawgram），也可以建无根树（Drawtree）。子程序 seqboot 使用自举检验法或刀切法对构建的树进行标准误估计及可靠性检验，提供分析报告。此程序包还可以实现一致树的构建（Consensus）及树的重构（Retree）等。唯一不方便的是该程序包基于命令行形式，操作界面不够友好。

4.2.2 MEGA

MEGA（Molecular Evolutionary Genetics Analysis）是由美国宾夕法尼亚州立大学 MasatoshiNei 等编写的进行分子进化遗传分析的软件包。它能对核酸及氨基酸序列进行系统发生分析。在建树方法上，提供了距离法中的非加权组平均和邻接法及 MP 法，最新版本还提供了最大似然法算法，对构建的树可进行自举检验及标准误估计的可靠性检验，并提供分析报告。该软件不仅可以对本地序列文件进行分析，而且可 Web 在线搜索分析，可以分析 NCBI 数据库中的序列文件来重建进化树。该软件可以建矩形、三角形、圆形等多种形状的系统发育树。

4.2.3 MrBayes

MrBayes（Bayesian Inference of Phylogeny）是由 John Huelsenbeck 等编写，使用马尔可夫链方法来估计参数模型的后验概率分布。该软件采用命令行形式，支持 Windows 和 UNIX 等多种系统，能够处理核苷酸、氨基酸、限制性酶切位点和形态数据等多种数据，同时集成了多物种溯祖算法，支持正向、负向和总线形拓扑结构，支持 BEAGLE 数据库，在使用兼容的硬件（NVIDIA 图形卡）条件下可以提高运行速度。

4.3 软件下载、安装及序列文件准备

在 MEGA（https://megasoftware.net/）主页下载最新版本 MEGA 软件。根据指引，在 Windows 系统中安装。其次，准备 FASTA 格式的序列文件。以 C2H2 锌指蛋白为例，本实验从 NCBI 数据库中获取了拟南芥、水稻、小麦、茶、咖啡、葡萄、烟草、棉花、青蒿、生菜和橡胶树的 C2H2 氨基酸序列信息（表 4-1）。将所获得的 C2H2 序列信息汇总、重命名并保存在一个 FASTA 格式的文件中。

表 4-1　NCBI 中获取 C2H2 序列信息

物种	序列号	重命名
拟南芥 *Arabidopsis thaliana*	OAP11441	C2H2_arabidopsis
小麦 *Triticum aestivum*	KAF7065766	C2H2_wheat
水稻 *Oryza sativa Japonica Group*	XP_015623899	C2H2_rice
茶 *Camellia sinensis var. sinensis*	THF98407	C2H2_tea
咖啡 *Coffea arabica*	XP_027066598	C2H2_coffea
葡萄 *Vitis vinifera*	RVW18122	C2H2_grape
烟草 *Nicotiana tabacum*	XP_016450445	C2H2_tabacco
棉花 *Gossypium hirsutum*	XP_016680360	C2H2_cotton
青蒿 *Artemisia annua*	PWA63042	C2H2_artemisia
生菜 *Lactuca sativa*	XP_023756772	C2H2_lettuce
橡胶 *Hevea brasiliensis*	KAF2289530	C2H2_rubber

4.4 利用 MEGA 开展多序列比对与系统进化分析

4.4.1 多序列比对分析

打开 MEGA，将 C2H2.FASTA 文件拖拽到 MEGA 中，根据提示选择 Align，呈现序列比对的对话框。MEGA X 版本中有在 Alignment 里面有 Alignment by ClustalW 和 Alignment by Muscle 两个选项，可以根据序列进行选择。点击"Alignment"，选择"Align by MUSCLE"，采用默认参数设置，并点击"OK"进行多序列比对。比对结束后，从 Data 中点击"Export Alignment"，选择数据输出格式，保存多序列比对结果（图4-1），文件命名为 C2H2.meg。

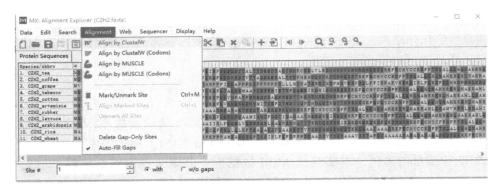

图 4-1 MEGA 序列比对界面

4.4.2 评估最优替代模型选择

在序列比对的界面，Data 选项中，点击"Phylogenetic Analysis"（图4-2），然后进入 MODELS 选项，选择"Find Best DNA/Protein Models（ML）"进行模型匹配分析（图4-3）。MEGA X 会根据数据特征，选择最适合的替代模型，以提高系统进化树的精确度。

运行结果见图4-4，BIC（Bayesian Information Criterion）值越低代表模型越好。本实验的结果显示 Dayhoff+G 模型的 BIC 值最低，然而 MEGA X 软件不支持许多组合模型，因此，本实验选择 MEGA X 软件支持的模型中 BIC 分数最小的 Dayhoff 模型。

4.4.3 系统进化分析

在 MEGA 主界面中，将比对后的序列文件 C2H2.meg 拖拽进来。选择"Phylogeny"，可以发现 MEGA X 版本提供了 5 种构建系统进化树的方法（图4-5），包括最大似然法（Maxium Likelihood Tree）、邻接法（Neighbor-Joining

4 系统发育树构建

Tree)、最小进化法（Minimum-Evolution Tree)、非加权平均连接聚类法（UPGMA Tree）、最大简约法（Maximum Parsimony Tree）。本实验以最大似然法为例，构建系统进化树。

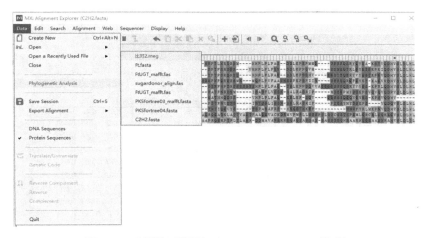

图 4-2 序列比对界面 Phylogenetic Analysis 选项

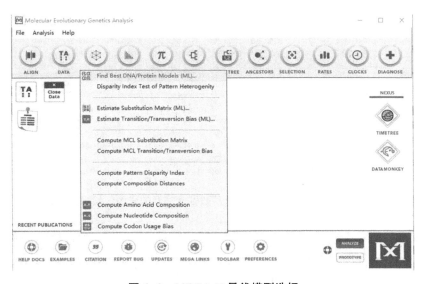

图 4-3 MEGA X 最优模型选择

选择"Construct/Test Maximum Likelihood Tree"，进入到参数设置界面（图 4-6）。参数设置中罗列出了所采用的的算法，其中，Test of Phylogeny 是

· 47 ·

建树的自我检验方法，可以计算置信度，用以检验建树的质量。MEGA X 中检验方法为自展检验（Bootstrap Method）。可设置自展值 1 000 次，以获得可靠的置信度。氨基酸替代模型（Substitution Model）选择上述评估的 Dayhoff 模型。Gaps/Missing Data Treatment 中可以选择删除多序列比对中含有较多空位的列。

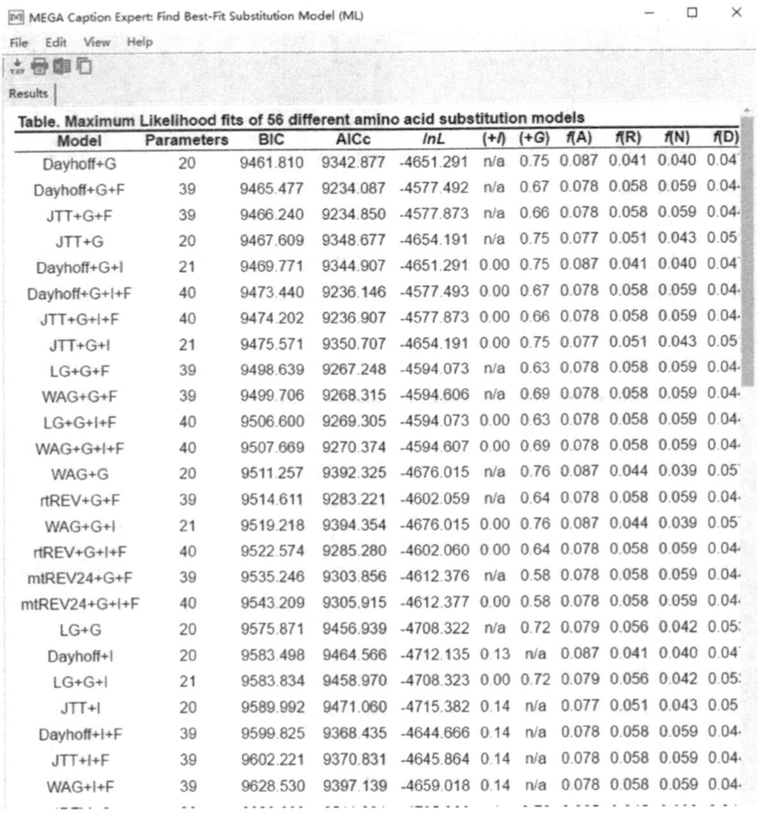

Table. Maximum Likelihood fits of 56 different amino acid substitution models

Model	Parameters	BIC	AICc	*lnL*	(+*I*)	(+G)	*f*(A)	*f*(R)	*f*(N)	*f*(D)
Dayhoff+G	20	9461.810	9342.877	-4651.291	n/a	0.75	0.087	0.041	0.040	0.04
Dayhoff+G+F	39	9465.477	9234.087	-4577.492	n/a	0.67	0.078	0.058	0.059	0.04
JTT+G+F	39	9466.240	9234.850	-4577.873	n/a	0.66	0.078	0.058	0.059	0.04
JTT+G	20	9467.609	9348.677	-4654.191	n/a	0.75	0.077	0.051	0.043	0.05
Dayhoff+G+I	21	9469.771	9344.907	-4651.291	0.00	0.75	0.087	0.041	0.040	0.04
Dayhoff+G+I+F	40	9473.440	9236.146	-4577.493	0.00	0.67	0.078	0.058	0.059	0.04
JTT+G+I+F	40	9474.202	9236.907	-4577.873	0.00	0.66	0.078	0.058	0.059	0.04
JTT+G+I	21	9475.571	9350.707	-4654.191	0.00	0.75	0.077	0.051	0.043	0.05
LG+G+F	39	9498.639	9267.248	-4594.073	n/a	0.63	0.078	0.058	0.059	0.04
WAG+G+F	39	9499.706	9268.315	-4594.606	n/a	0.69	0.078	0.058	0.059	0.04
LG+G+I+F	40	9506.600	9269.305	-4594.073	0.00	0.63	0.078	0.058	0.059	0.04
WAG+G+I+F	40	9507.669	9270.374	-4594.607	0.00	0.69	0.078	0.058	0.059	0.04
WAG+G	20	9511.257	9392.325	-4676.015	n/a	0.76	0.087	0.044	0.039	0.05
rtREV+G+F	39	9514.611	9283.221	-4602.059	n/a	0.64	0.078	0.058	0.059	0.04
WAG+G+I	21	9519.218	9394.354	-4676.015	0.00	0.76	0.087	0.044	0.039	0.05
rtREV+G+I+F	40	9522.574	9285.280	-4602.060	0.00	0.64	0.078	0.058	0.059	0.04
mtREV24+G+F	39	9535.246	9303.856	-4612.376	n/a	0.58	0.078	0.058	0.059	0.04
mtREV24+G+I+F	40	9543.209	9305.915	-4612.377	0.00	0.58	0.078	0.058	0.059	0.04
LG+G	20	9575.871	9456.939	-4708.322	n/a	0.72	0.079	0.056	0.042	0.05
Dayhoff+I	20	9583.498	9464.566	-4712.135	0.13	n/a	0.087	0.041	0.040	0.04
LG+G+I	21	9583.834	9458.970	-4708.323	0.00	0.72	0.079	0.056	0.042	0.05
JTT+I	20	9589.992	9471.060	-4715.382	0.14	n/a	0.077	0.051	0.043	0.05
Dayhoff+I+F	39	9599.825	9368.435	-4644.666	0.14	n/a	0.078	0.058	0.059	0.04
JTT+I+F	39	9602.221	9370.831	-4645.864	0.14	n/a	0.078	0.058	0.059	0.04
WAG+I+F	39	9628.530	9397.139	-4659.018	0.14	n/a	0.078	0.058	0.059	0.04

图 4-4　最大似然 56 中不同氨基酸替代模型的最大似然拟合结果

在系统进化分析的结果中，有原始树（Original Tree）和自展检验保守树（Bootstrap Consensus Tree）两种形式，其中原始树中分支的长短代表了进化距离的远近，而自展检验保守树仅仅反映进化关系，与进化距离无关。在节点处的数字表示对应分支的置信度（图 4-7）。在 File 中点击“Export Current Tree（Newick）”可以保存 NWK 格式的文件。在 Image 中可以下载不同格式的图片。在 Caption 中获取对应的标题、建树方法等说明以及相应的参考文献信息。

4 系统发育树构建

图 4-5　MEGA X 版本系统进化树算法选择

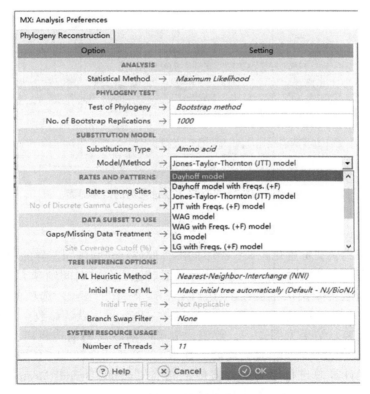

图 4-6　系统进化树的参数设置页面

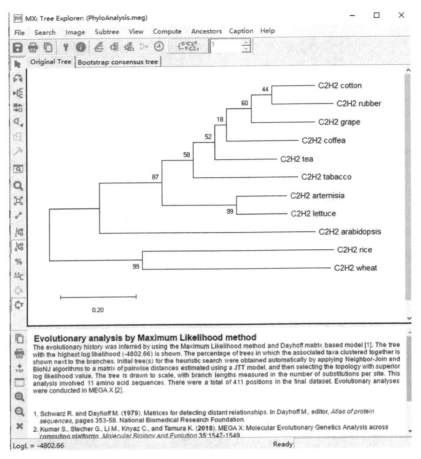

图 4-7 MEGA X 构建系统进化树的结果界面

4.4.4 计算基因遗传距离

遗传距离，又称进化距离，指不同的种群或种之间基因差异的程度。通常是进化速率乘以分歧时间。因此，亲缘关系越远，分歧时间则越大。MEGA X 提供了基因遗传距离的推测工具 DISTANCE。在 DISTANCE 选项的下拉菜单中，点击"Compute Pairwise Distance"（图 4-8），采用默认参数，计算两两之间的遗传距离。结果见图 4-9，数值代表了两两之间的遗传距离，比如水稻 C2H2 和小麦 C2H2 之间的遗传距离为 0.801。除两两之间的遗传距离计算外，还可以选择计算总进化树的平均遗传距离（Compute Overall Mean Distance），系统进化树分支之间的遗传距离（Compute Within Group Mean Distance）。另外，遗传距离的表格可以点击"Export distances to a file"，导出并保存 EXCEL

等格式的文件。

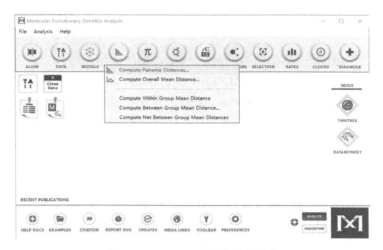

图 4-8 MEGA X 计算遗传距离

MX: Pairwise Distances (PhyloAnalysis.meg)

File Display Average Caption Help

	1	2	3	4	5	6	7	8	9	10	11
1. C2H2 tea											
2. C2H2 coffea	0.332										
3. C2H2 grape	0.329	0.311									
4. C2H2 tabacco	0.424	0.426	0.438								
5. C2H2 cotton	0.342	0.379	0.267	0.479							
6. C2H2 artemisia	0.476	0.484	0.517	0.494	0.508						
7. C2H2 rubber	0.394	0.392	0.342	0.473	0.282	0.573					
8. C2H2 lettuce	0.486	0.531	0.492	0.544	0.484	0.257	0.569				
9. C2H2 arabidopsis	0.799	0.711	0.666	0.757	0.648	0.753	0.654	0.749			
10. C2H2 rice	0.843	0.811	0.796	0.873	0.829	0.875	0.782	0.882	0.880		
11. C2H2 wheat	0.843	0.840	0.799	0.887	0.883	0.893	0.798	0.876	1.029	0.861	

d [11,10] (C2H2 wheat-C2H2 rice) / Amino: Poisson correction

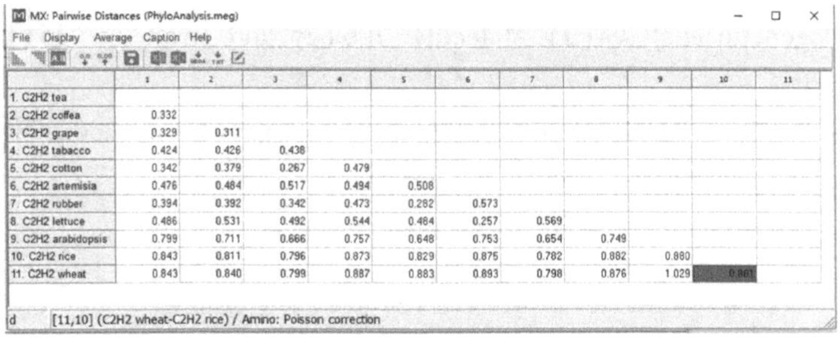

图 4-9 MEGA X 计算遗传距离结果

4.5 常用多序列比对和系统进化分析服务器及软件

4.5.1 系统进化分析

Phylogeny. fr，http：//www. phylogeny. fr/。

Phylip，https：//evolution. genetics. washington. edu/phylip. html。

PhyloSuite，https：//dongzhang0725. github. io/。

FastTree，http：//www. microbesonline. org/fasttree/。

MrBayes，http：//evomics. org/learning/phylogenetics/mrbayes/。

4.5.2 系统进化树可视化工具

GeneDoc，http：//nrbsc. org/gfx/genedoc。

TreeView,https://www.treeview.co.uk/。

ITOL,https://itol.embl.de/。

参考文献

樊龙江, 2017. 生物信息学 [M]. 杭州: 浙江大学出版社.

BRUNO W J, SOCD N D, HALPERN A L, 2000. Weighted neighbor joining: a likelihood-based approach to distance-based phylogeny reconstruction[J]. Molecular Biology and Evolution, 17(1): 189-197.

CRISCUOLO A, GASCUEL Q, 2008. Fast NJ-like algorithms to deal with incomplete distance matrices[J]. BMC Bioinformatics, 9(1): 166-18.

HALL B G, 2013. Building phylogenetic trees from molecular data with MEGA [J]. Molecular Biology and Evolution, 30(5): 1 229-1 235.

KUMAR S, STECHER G, LI M, et al., 2018. MEGA X: Molecular evolutionary genetics analysis across computing platforms[J]. Molecular Biology and Evolution, 35(6): 1 547-1 549.

RUSSO CADM, SELVATTI A P, 2018. Bootstrap and rogue identification tests for phylogenetic analyses[J]. Molecular Biology and Evolution, 35(9): 2 327-2 333

ZHANG S B, LAI J H, 2010. Bioinformatics approach for molecular evolution research[J]. Computer Science, 37(8): 47-51.

http://inongxue.castp.cn/audio_video/
books_video_detail.html?id=
5526870934849536

5　PCR 引物设计及评价

5.1　PCR 引物设计简介

引物，是指在核苷酸聚合作用起始时，刺激合成的一种具有特定核苷酸序列的大分子，与反应物以氢键形式连接，这样的分子称为引物。引物通常是人工合成的两段寡核苷酸序列，一个引物与靶区域一端的一条 DNA 模板链互补，另一个引物与靶区域另一端的另一条 DNA 模板链互补，其功能是作为核苷酸聚合作用的起始点，核酸聚合酶可沿其 3′端开始合成新的核酸链。体外人工设计的引物被广泛用于聚合酶链反应、测序和探针合成等。

在细胞内，DNA 只能沿着已存在的核苷酸链从 5′→3′方向延伸合成新链，不能直接从头合成 DNA 链。而在真核细胞的 DNA 复制过程中，RNA 聚合酶会合成一段具有 3′端自由羟基（3′-OH）的 RNA 来作为引物的一部分，剩余的引物序列由 DNA 序列补充。之后 DNA 聚合酶再以这段引物起始复制过程，不断延伸合成新链，最后在 DNA 新链延伸完毕后，通过一系列的其他酶将作为起始链的 RNA 链替换为 DNA。在体外的聚合酶链式反应（PCR）中，需要人工设计合成的引物来代替 RNA 聚合酶行使其作为核苷酸聚合作用的起始点的功能。PCR 技术中，引物是人工合成的两段寡核苷酸序列，一个引物与目的基因一端的一条 DNA 模板链互补，另一个引物与目的基因另一端的另一条 DNA 模板链互补。在 PCR 中，已知一段目的基因的核苷酸序列，根据这一序列合成特异性引物。利用 PCR 扩增技术，目的基因的双链 DNA 受热变性后解链为单链，引物与单链相应互补序列结合，然后在耐高温 DNA 聚合酶作用下进行延伸，如此重复循环，延伸后得到的产物同样可以和引物结合。

引物分为天然引物和人工合成引物。自然界中生物体内的 DNA 复制引物（RNA 引物）是天然引物，体外 PCR 中的引物（通常为 DNA 引物）是人工合成引物。通常所说的引物一般就是指 PCR 中人工合成的引物，多指 DNA 引物。

5.1.1　PCR 引物设计的基本原则

PCR 引物设计的目的是找到一对合适的核苷酸片段，使其能有效地扩增模板 DNA 序列。引物的优劣直接关系 PCR 的特异性和成功与否。对引物的设计不可能有一种包罗万象的规则来确保 PCR 的成功，但遵循某些原则，则有助于引物的设计。引物设计有 3 条基本原则。

（1）引物与模板的序列要紧密互补。
（2）引物与引物之间或引物自身避免形成稳定的二聚体或发夹结构。
（3）引物不能在模板的非目的位点引发 DNA 聚合反应（即错配）。

具体实现这 3 条基本原则需要考虑到诸多因素，如引物长度（Primer Length）、产物长度（Product Length）、序列 T_m 值（Melting Temperature）、引物与模板形成双链的内部稳定性（Internal Stability，用 ΔG 值反映）、形成引物二聚体（Primer Dimer）及发夹结构（Duplexformation and Hairpin）的能值、在错配位点（False Priming Site）的引发效率、引物及产物的 GC 含量（Composition）等。根据实际试验需求，必要时还需要对引物进行修饰，如增加限制性内切酶位点、引进突变等。

5.1.2 PCR 引物设计的具体原则

5.1.2.1 引物的特异性

引物应该在核酸序列保守区内设计并具有特异性。使用 NCBI 的 Primer Blast 功能来比对引物序列特异性，引物与非特异扩增序列的同源性不要超过 70% 或有连续 8 个互补碱基同源。

5.1.2.2 避开产物的二级结构

某些引物无效的主要原因是引物重复区 DNA 二级结构的影响，选择扩增片段时最好避开二级结构区域。用有关计算机软件可以预测估计 mRNA 的稳定二级结构，有助于选择模板。试验表明，待扩区域自由能（ΔG）小于 58.61kJ/mol 时，扩增往往不能成功。若不能避开这一区域时，用 7-deaza-2′-脱氧 GTP 取代 dGTP 有助于扩增成功。

5.1.2.3 引物长度

寡核苷酸引物长度为 15～30bp，一般为 20～27mer（Monomeric Unit，单体单元）。因为如果引物过长，其最适延伸温度会超过 Taq DNA 聚合酶的最适温度（72℃），难以保证产物的特异性。

5.1.2.4 引物的 GC 含量

GC 含量一般为 40%～60%。引物的 T_m 值是寡核苷酸的解链温度，即在一定盐浓度条件下，反应体系中 50% 寡核苷酸双链解链的温度，也叫有效启动温度，其在数值上一般高于 T_m 值 5～10℃。若按公式 $T_m = 4(G+C) + 2(A+T)$ 估计引物的 T_m 值，则有效引物的 T_m 为 55～80℃，其 T_m 值最好接近 72℃，以使复性条件最佳。

5.1.2.5 碱基随机分布

引物中 4 种碱基的分布最好是随机的,不要有多个连续的嘌呤或连续的嘧啶的存在。尤其 3′端不应超过 3 个连续的 G 或 C,因为这样会使引物在 GC 富集序列区发生错误结合。

5.1.2.6 引物自身不能有连续 4 个碱基的互补

引物自身不应存在互补序列,否则引物自身会折叠成发夹状结构,影响引物本身的复性过程。这种二级结构会因为空间位阻的存在而影响引物与模板的复性结合。若采用人工判断的方法,则引物自身连续互补碱基不能大于 3bp。

5.1.2.7 引物之间不能有 4 个碱基的互补

上下游引物之间不应具有互补性,尤应避免 3′端的互补重叠以防引物二聚体的形成。一对引物间不应多于 4 个连续碱基的同源性或互补性。

5.1.2.8 引物的 3′端不可以修饰

引物的延伸是从 3′端开始的,不能进行任何修饰。3′端也不能有形成任何二级结构可能。在等位基因特异性 PCR(Allele Specific PCR,AS-PCR)反应中,对引物 3′端的特异性要求更高。

5.1.2.9 引物的 5′端可以修饰

引物的 5′端限定了 PCR 产物的长度,它对扩增特异性影响不大。因此,引物 5′端可以被修饰而不影响扩增的特异性。引物 5′端修饰包括加限制性酶切位点、生物素标记、荧光标记、地高辛标记、引入蛋白质结合 DNA 序列、引入突变位点、插入与缺失突变序列和引入启动子序列等。

5.1.2.10 引物 3′端要避开密码子的第 3 位

密码子的第 3 位易发生简并。在引物设计中,如果 3′端在密码子的第 3 位,可能会形成错误的碱基配对,从而降低引物特异性。

5.2 分析方法与步骤

引物设计的原则看似纷繁复杂,但在计算机技术高速发展的今天,人们可以利用 Primer3Plus、CE Design、NCBI 等各种软件来轻松获得所需要的、符合设计原则的引物。下面以 Primer3Plus 为例介绍引物设计方法。

5.2.1 进入 Primer3Plus 主页

用浏览器进入 Primer3Plus 主页,再进入(www.Primer3Plus.com)界面(图 5-1)。

5.2.2 输入基因序列

在空白框中粘贴所需设计引物的基因序列(图 5-2)。

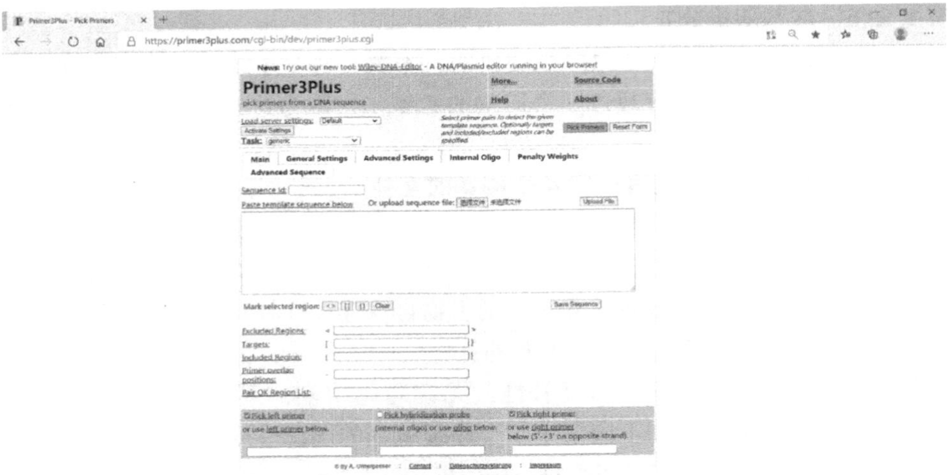

图 5-1　Pick Primer3Plus 界面

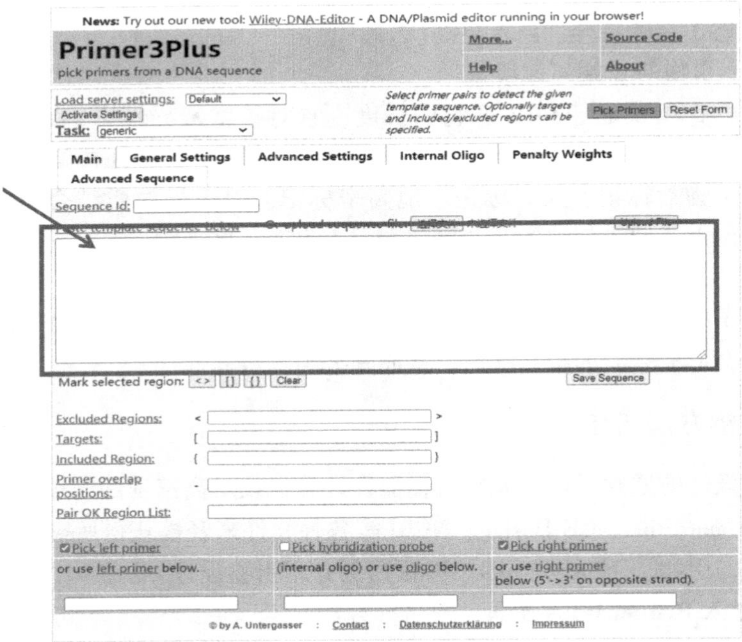

图 5-2　Primer3Plus 输入序列界面

5.2.3　选择引物类型

在 Task 下拉框中选择需要设计的引物类型（图 5-3）。

5 PCR 引物设计及评价

图 5-3 Primer3Plus 任务选择

5.2.4 设置引物参数

可以根据不同的需求设置不同的引物参数，一般情况下，如没有特殊要求，使用默认参数即可（图 5-4）。

5.2.5 查看引物序列

点击"Pick Primers"即可跳转到结果网页查看引物序列（图 5-5）。

网站会给出最适合的前三对引物序列，一般情况下，第一对就是最合适的引物（图 5-6）。

在某些情况下，即使是网站给出的最适引物序列也存在问题，尤其是如存在发夹结构的问题，则可以考虑更换策略（图 5-7）。例如，不用完整的基因序列来设计引物，可以"掐头去尾"，即尝试删去基因开头或结尾的几个碱基再按照上述方法设计引物直至问题解决。但不要忘记在后续的试验设计中要把删掉的碱基重新补回。

图 5-4　Primer3Plus 参数设置

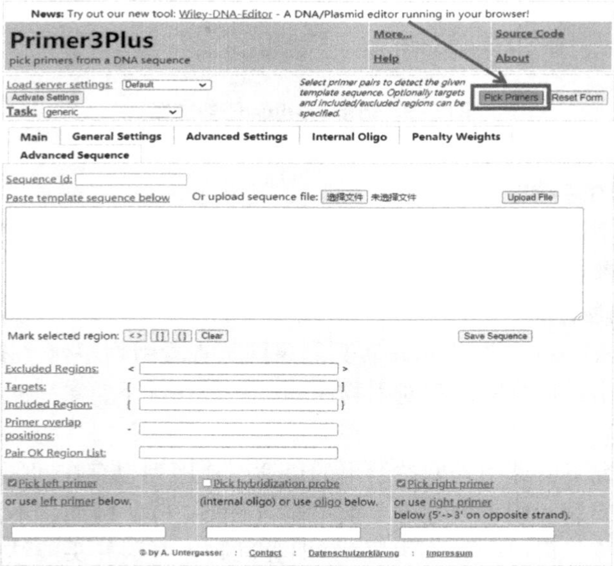

图 5-5　Primer3Plus 提交界面

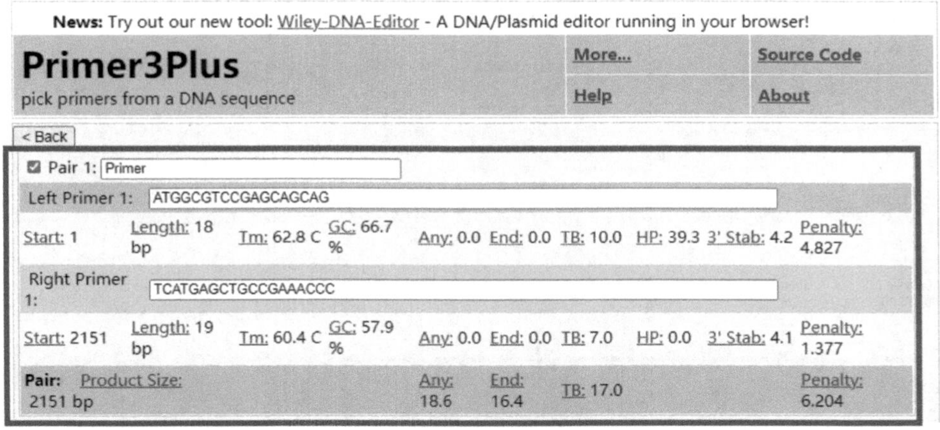

5 PCR 引物设计及评价

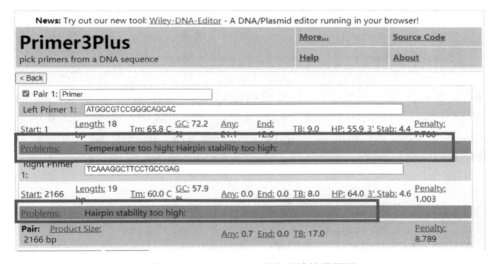

图 5-6 Primer3Plus 结果初步预览

图 5-7 Primer3Plus 引物设计结果页面

5.2.6 特异性检验

引物设计完成以后，需要检验序列与模板结合的特异性。打开 NCBI 的 Primer Blast 站点，在下图所示位置输入已经获得的正反引物（图 5-8）。

如果事先没有输入引物，而是在 "PCR Template" 下面的文本框输入 FASTA 格式的目标模板序列，或者直接输入基因的 Accession Number，那么会对输入的基因进行引物设计。Primer-BLAST 就会根据所输入的序列设计特异性引物,并且在目标数据库(在 Specificity Check 区选择)是唯一的。

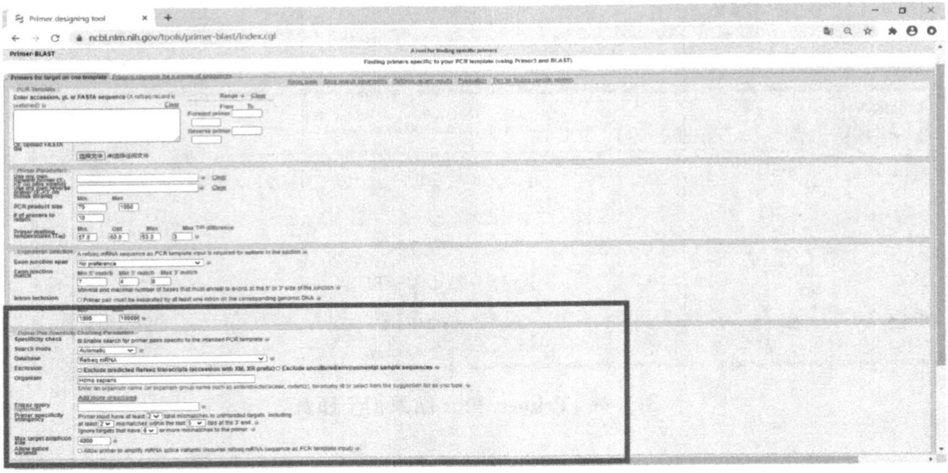

图 5-8 NCBI 的 primer Blast 页面

然后找到 Primer Pair Specificity Checking Parameters 栏。

本试验需要选择设计引物或验证引物特异性时所用的目标数据库和物种范围及其他的参数(图 5-9)。如果模板是 cDNA 序列,就选择 Refseq mRNA(针对 mRNA)或 Refseq RNA(针对 mRNA 和 lncRNA);若模板是基因组 DNA 序列,则应该选择 Refseq representative genomes。在 Exclusion 项中,可以排除其他序列的干扰。

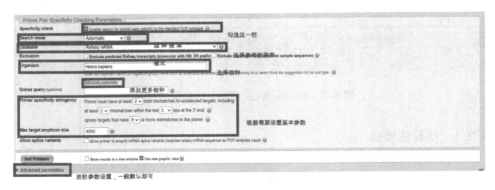

图 5-9 NCBI primer Blast 设置页面

设定好一系列参数之后点击页面左下角的"Get Primers",网页跳转,系统进行分析，耐心等待一段时间后会进入图 5-10 页面（以水稻 cDNA 为模板设计的一对引物为例）。图中的"点"代表该位置的序列和模板完全互补配对，如果"点"的位置被碱基（A、T、C、G）所代替，说明该位置与模板不匹配，属于有潜在的非特异性扩增结果。

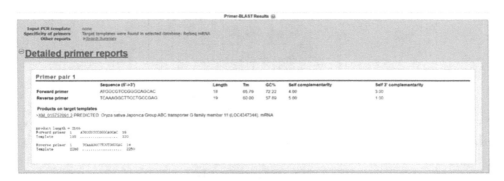

图 5-10　NCBI primer Blast 结果页面

另外，对于常规 PCR，产物可以通过凝胶电泳对非特异性条带进行分离。对于 SYBR Green 染料法荧光定量 PCR，引物的特异性则非常重要。此外，并不是说预测出了非特异结果，引物的性质就一定不好，需要具体情况具体对待。首先，引物的 3'端对扩增效率的影响是非常大的，如果预测出的非特异性结果中，引物 3'端存在非匹配碱基，说明即使引物能够结合模板，但 3'端无法与模板形成双链结构，导致无法扩增，这一类的非特异结果可以忽略。当然，任何引物工具或者软件，都是根据一定的参数和算法进行预测，结果只是起到了参考、建议的作用，并不能代表该引物的实际使用情况。特性好的引物在实际使用过程中不一定表现优秀，反之预测特性不好的引物也不一定不能使用。一对引物究竟好不好用，最终还是要通过试验来验证。其次，PCR 的产物大小是有限制的，尤其对于 qPCR，由于延伸时间非常有限，大于 1 000bp 的产物是基本上无法扩增出来的，如果非特异性产物远大于目的产物大小，这种非特异性结果也是可以忽略的。但这也不是说 Primer-Blast 一点实际意义没有，平时在选择使用引物时结合工具或者软件给出的分析会给得到很多参考和帮助。

如果要进行重组克隆试验的引物设计，可以参考"CE Design"软件进行引物设计（图 5-11）。打开已经安装好的 CE，本实验以单片段克隆双酶切线性化为例。首先选择"单片段克隆"（图 5-12）。

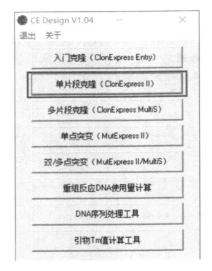

图 5-11　CE 打开界面

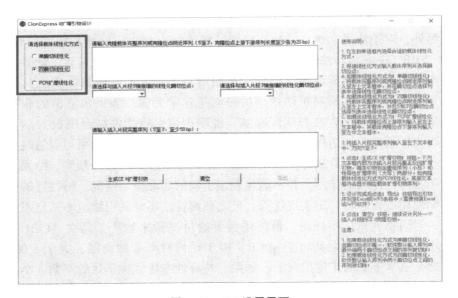

图 5-12　CE 设置界面

然后在左侧选择载体线性化方式，并且在右侧空白文本框按照 5′→3′ 方向输入相应的克隆载体序列和插入片段序列（图 5-12）。接着在酶切位点选择列表中选择相应酶切位点，在选择相应酶切位点时要注意保证片段插入后的方向

（起始密码子至终止密码子）要与所选克隆载体上启动子的方向保持一致。最后点击"输出 CE Ⅱ 扩增引物"即可获得所需引物。

参考文献

尤超，赵大球，梁乘榜，等，2011，PCR 引物设计方法综述［J］. 现代农业科技（17）：48-51.

叶子弘，2011. 生物信息学［M］. 杭州：浙江大学出版社.

UNTERGASSER A, NIJVEEN H, RAO X, et al., 2007. Primer3Plus, an enhanced web interface to Primer3[J]. Nucleic acids research, 35(Web Server issue)：71-74.

UNTERGRASSER A, CUTCUTACHE I, KORESSAAR T, et al., 2012. Primer3—new capabilities and interfaces［J］. Nucleic acids research, 40（15）：115.

6 荧光定量PCR分析基因表达量

聚合酶链式反应（Polymerase Chain Reaction，PCR）是一种在体外模拟体内放大扩增特定的DNA片段的分子生物学技术，它可看作是生物体外的特殊DNA复制。通过以少量的DNA分子为模板，经过变性—退火—延伸的多次循环，以接近指数扩增的形式产生大量的目标DNA分子。1983年美国MµLlis首先提出设想，1985年由其发明了聚合酶链反应，即简易DNA扩增法，意味着PCR技术的真正诞生。至今，PCR方法已成为分子生物学及其相关领域的经典试验方法。而能够提供PCR反应条件，自动完成PCR反应的仪器称PCR仪。近年来，该技术在越来越多研究人员的推进下不断发展，可靠性不断提高，其中以实时荧光定量PCR技术的方法应用最为广泛，已成为分子生物学研究的基本操作技术，通过将此技术应用于病原体检测与定量、基因表达差异分析、SNP（单核苷酸多态性）基因分型、基因突变扫描、染色体易位分析、Micro RNA表达分析和CHIP等多种研究已取得了众多成果，得到了国际相关领域专业人士的认可。

6.1 实时荧光定量PCR原理

所谓实时荧光定量PCR技术（Real-Time Fluorescent Quantitative PCR，FQ-PCR），是一种在DNA扩增反应中，以荧光化学物质测每次聚合酶链式反应（PCR）循环后产物总量的方法。具体是指在PCR反应体系中加入荧光基团，利用荧光信号积累实时监测整个PCR进程，最后通过内参或者外参法对待测样品中的特定DNA序列进行定量分析的方法。其检测方法一般有两种，一种为SYBRGreen I法，即在PCR反应体系中，加入过量SYBR荧光染料，SYBR荧光染料选择性地掺入DNA双链后，发射荧光信号，而不掺入链中的SYBR染料分子不会发射任何荧光信号，从而保证荧光信号的增加与PCR产物的增加完全同步；另一种为TaqMan探针法，即探针完整时，报告基团发射的荧光信号被淬灭基团吸收；PCR扩增时，Taq酶的5'-3'外切酶活性将探针酶切降解，使5'端标记的荧光报告基团和3'端标记的荧光淬灭基团分离，从而荧光监测系统可接收到荧光信号，即每扩增一条DNA链，就有一个荧光分子形成，实现了荧光信号的累积与PCR产物的形成完全同步。

6 荧光定量PCR分析基因表达量

整个过程随着PCR反应的进行，PCR反应产物不断累计，荧光信号强度也等比例增加。每经过一个循环，收集一个荧光强度信号，这样就可以通过荧光强度变化监测产物量的变化，从而得到一条荧光扩增曲线图。一般而言，荧光扩增曲线可以分成3个阶段，即荧光背景信号阶段、荧光信号指数扩增阶段和平台期。在荧光背景信号阶段，扩增的荧光信号被荧光背景信号所掩盖，无法判断产物量的变化。而在平台期，扩增产物已不再呈指数级的增加，PCR的终产物量与起始模板量之间没有线性关系，根据最终的PCR产物量也不能计算出起始DNA拷贝数。只有在荧光信号指数扩增阶段，PCR产物量的对数值与起始模板量之间存在线性关系，可以选择在这个阶段进行定量分析。

将标记有荧光素的Taqman探针与模板DNA混合后，完成高温变性，低温复性，适温延伸的热循环，并遵守聚合酶链反应规律，与模板DNA互补配对的Taqman探针被切断，荧光素游离于反应体系中，在特定光激发下发出荧光，随着循环次数的增加，被扩增的目的基因片段呈指数规律增长，通过实时检测与之对应的随扩增而变化荧光信号强度，求得Ct值。Ct值是实时荧光定量PCR技术中一个非常重要的计算工具，C代表Cycle，t代表Threshold，Ct值的含义是每个反应管内的荧光信号到达设定的域值时所经历的循环数。而荧光阈值（threshold）的设定是将PCR反应的前15个循环的荧光信号作为荧光本底信号，荧光阈值的设置是3~15个循环的荧光信号标准偏差的10倍，即threshold = $10 \times SD_{cycle3-15}$。之前的研究表明，每个模板的Ct值与该模板的起始拷贝数的对数存在线性关系，计算公式为$Ct = -1/\lg(1+Ex) \times \lg X_0 + \lg N/\lg(1+Ex)$，

其中，n为扩增反应的循环次数，X_0为初始模板量，Ex为扩增效率，N为荧光扩增信号达到阈值强度时扩增产物的量。从公式可以看出，起始拷贝数越多，Ct值越小。利用已知起始拷贝数的标准品可作出标准曲线，其中横坐标代表起始拷贝数的对数，纵坐标代表Ct值。因此，只要获得未知样品的Ct值，即可从标准曲线上计算出该样品的起始拷贝数。

6.2 实时荧光定量PCR仪的工作部件

荧光定量PCR主要部件包括产生温度梯度的热循环系统、进行荧光激发的激发光源、对发射光进行检测的部件以及数据获取分析软件工作站组成。因为热循环系统控制着DNA的解链延伸，所以是荧光定量PCR仪最为关键的技术部位，目前实验室常用的PCR仪按热循环系统大致可分为水浴式、气流式和半导体式3种。其中应用最广的是半导体式PCR仪，其热循环系统结构为半导体制冷片均匀地串联平铺，用以加热制冷，其上方为一个带96孔的金属块基座，为保证基座各孔的温度均匀，其下方紧贴一块散热片并安装风扇。通

常在制冷片与基座和散热片之间的接触面上均匀涂抹一层薄的导热胶，以减小热阻。荧光定量 PCR 仪不仅要合理设计硬件电路，还需要在软件算法上仔细研究、合理设计才能很好地完成 PCR 的控温任务。

6.3 影响荧光定量 PCR 仪实验的影响因素

引物的设计和选择符合荧光 PCR 的探针对于实时荧光 PCR 尤其重要。不合理的设计肯定会导致实验失败。但合理的设计也不一定会出现好的实验结果，影响荧光 PCR 的因素主要概括为引物退火温度、引物浓度、探针的纯度和稳定性、热启动、模板质量及浓度等。

对于引物退火温度来说，当 50% 的引物和互补序列表现为双链 DNA 分子时的温度。熔解温度（T_m）对于设定 PCR 退火温度是必需的。从试验来看，退火温度一般 55~70℃，既要设置够低保证有效退火，也要设计够高减少非特异性结合。对于引物浓度来说，最佳的引物浓度一般在 0.1~0.5μmol/L，因为较高的引物浓度会影响特异性。确定引物的精确浓度必须使用计算的消光系数。对于探针的纯度和稳定性来说，探针即寡核苷酸进行荧光基团的标记，标记本身有效率的区别。探针标记后需要进行纯化，因为纯度高、标记效率高的探针不仅荧光值高，且保存时间高达 1 年以上。不同的生物公司探针标记效率和纯度有很大的区别。反复冻融还易导致探针降解，因此建议稀释分装后，避光保存。对于热启动来说，除了设计好的引物外，热启动 PCR 也是提高 PCR 特异性最重要的方法之一。这是因为 Taq DNA 聚合酶在室温下仍有活性，从而导致在配置 PCR 反应体系过程中，会产生非特异性的产物。这些非特异性产物产生后在整个 PCR 过程中也会被有效扩增。一般来说，减少非特异性产物的产生可以通过在冰上配制 PCR 反应体系来限制 Taq DNA 聚合酶活性，并将其置于预热的 PCR 仪。如定点突变、表达克隆或用于 DNA 工程的遗传元件的构建和操作，热启动 PCR 尤为有效。对于模板质量及浓度来说，模板 DNA 样品若存在有一种或多种污染物均会抑制 PCR 过程，从而影响最终产量。起始模板的量对于获得高产量是很重要的，对于一般的检测样品，10~100ng 的量就足够检测了。当然对模板做一个梯度稀释，对于定量 PCR 而言是非常容易，且能分析扩增效率。

6.4 实时荧光定量 PCR 技术的定量方法

实时荧光定量 PCR 技术的定量方法可分为"绝对定量"与"相对定量"，研究人员往往根据自身研究要求来选择其中一种定量方法。

绝对定量法也称作标准曲线法，是一种利用已知浓度的标准品绘制标准曲线来定量未知样本的方法。质粒 DNA 和体外转录的 RNA 常作为绝对定量的标准品。将标准品稀释至不同浓度,作为模板进行实时荧光定量 PCR 扩增,以目的模板初始拷贝数的对数为横坐标,检测到的 Ct 值为纵坐标绘制标准曲线,得到线性回归方程,值得注意的是作绝对定量其标准曲线需要在 5 个点以上。对未知样品进行定量时,将未知样本的 Ct 值代入该方程即可计算出样品的拷贝数,绝对定量最突出的优点就是稳定和准确。标准曲线的各项指标,斜率、扩增效率(E)、相关系数(R^2)、间距均需进行严格评价,从而确保该标准曲线的可用性。各点间距应相等,间距以及斜率的绝对值应满足 3.1~3.582,相关系数 $R^2>0.99$,扩增效率(E)为 90%~110%。扩增效率、斜率以及间距三者之间的关联为扩增效率 $(E)=10^{(-1/\text{斜率})}-1$,斜率的绝对值恰是各点之间的平均间距。通过关联式可知扩增效率越低,斜率的绝对值越大,间距越宽;扩增效率越高,斜率的绝对值越小,间距越窄。扩增效率过低可以是由于酶的活性出现了问题,若扩增效率过高,反应管内可能存在目的基因扩增之外的其他非特异扩增,需要对引物进行一个溶解曲线的检测,优化反应体系以及反应程序。对于标准品的选择,如果用 cDNA 或 PCR 产物作为标准品,虽然制备简单易于保存,但是将会因为标准品无法准确指示样品反转录效率,而给最终定量起始拷贝数带来影响,因此最好是体外转录的 RNA。绝对定量存在一定的缺陷就是标准品的稳定保存很难获得成功。如水、缓冲液、仪器性能和核酸的抽提过程都会影响到结果的稳定性。

比较标准曲线的相对定量法。它可以分析某一靶基因在不同样品之间、同一样品的不同部位之间以及某一样品的某一部位在不同动态时期之间的 mRNA 水平上表达量的比值,也可分析靶基因与内参基因在同一样品中拷贝数的比值。在采用该方法过程中,计算出未知样品的量是相对于某个参照物的量而言,所以较容易绘制定量标准曲线,只要将标准品稀释度确定便可进行对比分析。在试验中为了准确加入反应体系的 RNA 或 DNA,通常在反应中扩增 1 个内源管家基因作为参照基因。由此相对定量在测定目的基因的同时也测定某一内源管家基因,该管家基因通常选用 $GAPDH$、$\beta\text{-}2$ 微球蛋白基因和 rRNA 基因等。简单来说,由于管家基因在各种组织中的恒定表达,所以可用来作为标准,比较来源不同样本目的基因表达量的差异。它主要用于核苷酸的拷贝数的比较和反映反应体系内是否存在抑制 PCR 扩增的因素。

6.5 实时荧光定量 PCR 技术的具体操作

6.5.1 植物样品 RNA 的抽提

(1) 取 0.1g 左右植物组织样品放入研钵中,加液氮快速研成粉末状,时间不能超过 1min。

（2）用药匙将粉末状样品装入去 RNA 酶经高温灭菌的 1.5mL 离心管中，用移液器加入预冷的 TRNzol 试剂 1mL，在振荡器上振荡混匀 5min，室温静置 5min。

（3）加入冰水浴预冷 200μL 氯仿，盖紧管盖，在振荡器上剧烈振荡 30s，室温放置 3min。

（4）在 4℃预冷的离心机中 12 000r/min 离心 10min，离心后混合液体将分为下层的红色氯仿相，中间层以及无色水相上层。RNA 全部被分配于水相中。用移液器吸取约 0.5mL 上清液至新的去 RNA 酶离心管。

（5）加入等体积 500μL 异丙醇混合以沉淀其中的 RNA，震荡混匀，室温放置 10min。

（6）在 4℃预冷的离心机中 12 000r/min 离心 10min，弃上清液，此时离心前不可见的 RNA 沉淀将在管底部和侧壁上形成胶状沉淀块。向其中加入 75%乙醇 1mL（75%乙醇用 DEPC H_2O 配制），在振荡器上剧烈涡旋振荡悬浮沉淀。清洗 RNA 沉淀，在 4℃预冷的离心机中 8 000r/min 离心 5min。弃上清液，开盖使 RNA 沉淀在室温空气中干燥 5~10min。

（7）再向其中加入 30μL 的 RNA 溶解液溶解沉淀，在 60℃水浴锅中孵育 10min，然后 3 000r/min 离心 30s，于-80℃保存 RNA 样品，待用。

6.5.2 RNA 质量检测
6.5.2.1 紫外吸收法测定

先用稀释的 TE 溶液将分光光度计调零。然后取少量 RNA 溶液用 TE 稀释（1∶100）后，读取其在分光光度计 260nm 和 280nm 处的吸收值，测定 RNA 溶液的浓度和纯度。

（1）浓度测定。A_{260nm} 下读值为 1 表示 40μg RNA/mL。样品 RNA 浓度（μg/mL）计算公式为 $A_{260nm}×$稀释倍数$×40$μg/mL，具体计算如下。

RNA 溶于 40μL 的 DEPC 水中，取 5μL，1∶100 稀释至 495μL 的 TE 中，测得 $A_{260nm}=0.21$。

RNA 浓度 $=0.21×100×40$μg/mL$=840$μg/mL 或 0.84μg/μL

取 5μL 用来测量以后，剩余样品 RNA 为 35μL，剩余 RNA 总量为 35μL×0.84μg/μL$=29.4$μg。

（2）纯度检测。RNA 溶液的 A_{260nm}/A_{280nm} 的比值即为 RNA 纯度，比值范围 1.8~2.1。

6.5.2.2 变性琼脂糖凝胶电泳测定

（1）制胶。1g 琼脂糖溶于 72mL 水中，冷却至 60℃，10mL 的 10×MOPS

电泳缓冲液和 18mL 的 37%甲醛溶液（12.3mol/L）。

10×MOPS 电泳缓冲液配制：0.4mol/L MOPS，pH 值 7.0；0.1mol/L 乙酸钠；0.01mol/L EDTA。

灌制凝胶板，预留加样孔至少可以加入 25μL 溶液。胶凝后取下梳子，将凝胶板放入电泳槽内，加足量的 1×MOPS 电泳缓冲液至覆盖胶面以上几毫米。

（2）准备 RNA 样品。取 3μg RNA，加 3 倍体积的甲醛上样染液，加 EB 于甲醛上样染液中至终浓度为 10μg/mL，加热至 70℃孵育 15min 使样品变性。

（3）电泳。上样前凝胶必须预电泳 5min，随后将样品加入上样孔。5~6V 电压下 2h，电泳至溴酚蓝指示剂进胶 2~3cm。

（4）紫外透射光下观察并拍照。28S 和 18S 核糖体 RNA 的带非常亮而浓（其大小决定于用于抽提 RNA 的物种类型），上面一条带的密度大约是下面一条带的 2 倍。还有可能观察到一个更小稍微扩散的带，它由低分子量的 RNA（tRNA 和 5S 核糖体 RNA）组成。在 18S 和 28S 核糖体带之间可以看到一片弥散的 EB 染色物质，可能是由 mRNA 和其他异型 RNA 组成。RNA 制备过程中如果出现 DNA 污染，将会在 28S 核糖体 RNA 带的上面出现，即更高分子量的弥散迁移物质或者带，RNA 的降解表现为核糖体 RNA 带的弥散。用数码照相机拍下电泳结果。

6.5.3 样品 cDNA 合成

（1）在去 RNA 酶的 0.5mL 薄壁离心管配制反应体系（表 6-1）。

表 6-1 配制反应体系

序号	反应物	剂量
1	逆转录 buffer	2μL
2	上游引物 F	0.2μL
3	下游引物 R	0.2μL
4	dNTP	0.1μL
5	逆转录酶 MMLV	0.5μL
6	DEPC 水	5μL
7	RNA 模版	2μL
8	总体积	10μL

轻弹管底将溶液混合，6 000r/min 短暂离心。

（2）混合液在加入逆转录酶 MMLV 之前先 70℃干浴 3min，取出后立即冰水浴至管内外温度一致，然后加逆转录酶 0.5μL，37℃水浴 60min。

（3）取出后立即 95℃干浴 3min，得到逆转录终溶液即为 cDNA 溶液，保存于-80℃待用。
6.5.4 梯度稀释的标准品及待测样品的管家基因（*β-actin*）实时定量PCR
6.5.4.1 *β-actin* 阳性模板的标准梯度制备

阳性模板的浓度为 10^{11}，反应前取 3μL 按 10 倍稀释（加水 27μL 并充分混匀）为 $1×10^{10}$，依次稀释至 $1×10^{9}$、$1×10^{8}$、$1×10^{7}$、$1×10^{6}$、$1×10^{5}$、$1×10^{4}$，以备用。

6.5.4.2 反应体系

（1）标准品反应体系见表 6-2。

表 6-2 标准品反应体系

序号	反应物	剂量
1	SYBR Green 1 染料	10μL
2	阳性模板上游引物 F	0.5μL
3	阳性模板下游引物 R	0.5μL
4	dNTP	0.5μL
5	Taq 酶	1μL
6	阳性模板 DNA	5μL
7	ddH$_2$O	32.5μL
8	总体积	50μL

轻弹管底将溶液混合，6 000r/min 短暂离心。

（2）管家基因反应体系见表 6-3。

表 6-3 管家基因反应体系

序号	反应物	剂量
1	SYBR Green 1 染料	10μL
2	内参照上游引物 F	0.5μL
3	内参照下游引物 R	0.5μL
4	dNTP	0.5μL
5	Taq 酶	1μL
6	待测样品 cDNA	5μL
7	ddH$_2$O	32.5μL
8	总体积	50μL

轻弹管底将溶液混合，6 000r/min 短暂离心。

（3）制备好的阳性标准品和检测样本同时上机，反应条件为93℃、2min，然后93℃、1min，55℃、2min，共40个循环。

6.5.5 制备用于绘制梯度稀释标准曲线的 DNA 模板

（1）针对每一个需要测量的基因，选择一个确定表达该基因的 cDNA 模板进行 PCR 反应（表6-4）。

表6-4 反应体系

序号	反应物	剂量
1	10×PCR 缓冲液	2.5μL
2	$MgCl_2$ 溶液	1.5μL
3	上游引物 F	0.5μL
4	下游引物 R	0.5μL
5	dNTP 混合液	3μL
6	Taq 聚合酶	1μL
7	cDNA	1μL
8	加水至总体积为	25μL

轻弹管底将溶液混合，6 000r/min 短暂离心。

35 个 PCR 循环（94℃、1min；55℃、1min；72℃、1min）；72℃延伸5min。

（2）PCR 产物与 DNA Ladder 在2%琼脂糖凝胶电泳，溴化乙锭染色，检测 PCR 产物是否为单一特异性扩增条带。

（3）将 PCR 产物进行10倍梯度稀释，设定 PCR 产物浓度为 $1×10^{10}$，依次稀释至 $1×10^9$、$1×10^8$、$1×10^7$、$1×10^6$、$1×10^5$、$1×10^4$ 几个浓度梯度。

6.5.6 待测样品的待测基因实时定量 PCR

（1）所有 cDNA 样品分别配置实时定量 PCR 反应体系（表6-5）。

表6-5 体系配置

序号	反应物	剂量
1	SYBR Green 1 染料	10μL
2	上游引物 F	1μL
3	下游引物 R	1μL
4	dNTP	1μL
5	Taq 聚合酶	2μL
6	待测样品 cDNA	5μL
7	ddH_2O	30μL
8	总体积	50μL

轻弹管底将溶液混合，6 000r/min 短暂离心。

(2) 将配制好的 PCR 反应溶液置于 Real-Time PCR 仪上进行 PCR 扩增反应。反应条件为 93℃、2min 预变性，然后按 93℃、1min，55℃、1min，72℃、1min，共做 40 个循环，最后 72℃、7min 延伸。

6.5.7 实时定量 PCR 使用引物列表

引物设计软件为 Primer Premier 5.0，并遵循以下原则。引物与模板的序列紧密互补；引物与引物之间避免形成稳定的二聚体或发夹结构；引物不在模板的非目的位点引发 DNA 聚合反应（即错配）。

6.5.8 电泳

各样品的目的基因和管家基因分别进行 Real-Time PCR 反应。PCR 产物与 DNA Ladder 在 2%琼脂糖凝胶电泳，GoldView™染色，检测 PCR 产物是否为单一特异性扩增条带。

6.6 实时荧光定量 PCR 技术的应用

实时荧光定量 PCR 技术是 DNA 定量技术的一次飞跃。由于实时荧光定量 PCR 技术较常规 PCR 技术相比，具有简易高效、污染少、精准定量、实时监测、特异灵敏等优点，已迅速发展并广泛应用于基础科学研究、临床诊断、疾病研究及药物研发等领域。例如，该技术已被应用于各种基因表达量分析方面。

目前许多国家的实验室都采用基于 SYBR Green I 染料法和 Taq Man/Taq Man MGB 荧光探针法的实时荧光定量 PCR 技术，对转基因大豆和玉米进行基因检测和表达量分析，为遗传学的发展提供了有效的技术方法。例如，通过将基因侵染拟南芥后，利用实时荧光定量 PCR 技术对 *GsGIS*3 和 *GmWRKY*16 基因在不同部位和不同处理时间下进行了表达量分析。研究人员利用实时荧光定量 PCR 技术鉴定了 1 400 多个拟南芥转录因子的表达情况，发现了一些在根和茎中特异性表达的新基因，提示该技术在研究转录因子方面具有很强的灵敏度和准确性。

参考文献

曹雪雁，张晓东，樊春梅，等，2007. 聚合酶链式反应（PCR）技术研究新进展 [J]. 自然科学进展，17（5）：580.

陈启卷，周荣迁，吴志鹏，等，1999. 一种新型的 PCR 仪 [J]. 工业仪表与自动化装置（50）：54-56.

陈茹，孙洋，刘军，等，2008. 荧光实时定量 PCR 方法检测猪链球菌 2 型 [J]. 中国兽医学报（1）：5-7.

付春华, 陈孝平, 余龙江, 2005. 实时荧光定量 PCR 的应用和进展 [J]. 激光生物学报, 14 (6): 466-471.

韩彩霞, 赵德明, 吴长德, 等, 2006. 用实时荧光定量 RT-PCR 检测方法定量绵羊 Prp 基因的表达 [J]. 中国农业大学学报 (2): 61-64.

何闪英, 吴小刚, 2007. 赤潮研究中圆海链藻实时荧光定量 PCR 检测方法的建立 [J]. 水产学报, 31 (2): 193-198.

纪冬, 辛绍杰, 2009. 实时荧光定量 PCR 的发展和数据分析 [J]. 生物技术通讯 (4): 598-400.

刘世国, 秦川, 姚志军, 等, 2006. 弓形虫感染家兔血液中虫体的动态观察 [J]. 中国人兽共患病学报 (2): 759-760.

刘圆圆, 肖性龙, 吴晖, 等, 2008. 高致病性猪繁殖与呼吸系统综合征病毒荧光定量 PCR 检测方法的建立 [J]. 现代食品科技 (7): 731-734.

欧阳松应, 杨冬, 欧阳红生, 等, 2004. 实时荧光定量 PCR 技术及其应用 [J]. 生命的化学, 24 (1): 74-76.

孙美莲, 王云生, 杨冬青, 等, 2010. 茶树实时荧光定量 PCR 分析中内参基因的选择 [J]. 植物学报, 45 (5): 579-587.

陶生策, 张治平, 张先恩, 等, 2001. PCR 技术研究进展 [J]. 生物工程进展, 21 (4): 26.

王梁燕, 洪其华, 等, 2004. 实时定量 PCR 技术及其应用 [J]. 细胞生物学杂志 (2): 62-67.

徐淑菲, 孔繁德, 高隆英, 等, 2007. SYBRGreen I 实时荧光 PCR 检测传染性鲑鱼贫血病 [J]. 检验检疫科学 (5): 27-31.

阳成波, 蒋原, 黄克, 等, 2003. 基于 TaqMan 探针的 RealtimePCR 定量检测空肠弯曲杆菌 [J]. 动物医学进展 (1): 74-78.

张明辉, 敖金霞, 曲波, 等, 2006. 大豆深加工产品两种荧光定量 PCR 检测方法的比较研究 [J]. 生物技术 (2): 56.

赵焕英, 包金风, 2007. 实时荧光定量 PCR 技术的原理及其应用研究进展 [J]. 中国组织化学与细胞化学杂志, 16 (4): 492-497.

赵琦, 李宾, 周慧, 等, 2002. PCR 技术的新进展 [J]. 生命的化学, 22 (3): 288-289.

朱海, 杨泽, 李小燕, 等, 2006. 生果、蔬菜中大肠杆菌 O157：H7 荧光定量 PCR 检测方法的评估与改进 [J]. 现代预防医学 (8): 1 473-1 439.

BOGDANOV K V, NIKITIN M M, SLYADNEV M N, 2015. Allele polymorphism analysis in coagulation factors F2, F5 and folate metabolism gene MTHFR by using microchip-based multiplex real time PCR [J]. Biomeditsinskaia Khimiia, 61(3): 357-362.

GARRIDO-MAESTU A, CHAPELA M J, VIEITES J M, et al., 2015. lol Bgene, a valid alternative for qPCR detection of Vibrio cholerae in food and environmental samples[J]. Food Microbiology(46): 535-540.

HWA H L, KO T M, YEN M L, et al., 2004. Fetal gender determination using real-time quantitative polymerase chain reaction analysis of maternal plasma [J]. Journal of the Formosan Medical Assosiation, 103(5): 364-368.

LIU Y T, SHI Q H, CAO H J, et al., 2020. Heterologous expression of a Glycine soja C_2H_2 Zinc finger gene improves aluminum tolerance in *arabidopsis* [J]. International Journal of Molecular sciences, 21(8): 2 754.

MA Q, XIA Z, CAI Z, et al., 2019. *GmWRKY*16 enhances drought and salt tolerance through an ABA-mediated pathway in *arabidopsis thaliana*[J]. Frontiers in Plant Science(9): 1 979.

MORANDI L, DE BIASE D, VISANI M, et al., 2012. Allele specific locked nucleic acid quantitative PCR(ASLNAq PCR): an accurate and cost-effective assay to diagnose and quantify KRAS and BRAF mutation[J]. PLoS One, 7(4): 36 084.

NATHALIE D, AXELLE D, VRONIQUE S, et al., 2001. Quantification of Human immunodeficiency virus type1 proviral load by a TaqMan real-time PCR assay [J]. Journal of Clinical Microbiology, 39(4): 1 303-1 310.

STEEPLES L R, GUIVER M, JONES N P., 2015. Real-time PCR using the 529 bp repeat element for the diagnosis of atypical ocular toxoplasmosis[J]. British Journal of Ophthalmology, 100(2): 200-203.

TUNGWIWAT W, FUCHAROEN S, FUCHAROEN G, et al., 2006. Development and application of a real-time quantitative PCR for prenatal detection of fetal alpha(0)-thalassemia from maternal plasma[J]. Annals of the New York Academy of Sciences, 1075: 103-107.

WANG T, LIU J H, ZHANG J, et al., 2015. A multiplex allele-specific real-time PCR assay for screening of ESR1 mutations in metastatic breast cancer[J]. Experimental and Molecular Pathology, 98(2): 152-157.

ZINKE M, NAGESWARAN V, REINHARDT R, et al., 2015. Rapid and Sensitive Detection of CalreticμLin Type 1 and 2 Mutations by Real-Time Quantitative PCR[J]. Molecular Diagnosis&Therapy, 19(5): 329-334.

7 基因预测分析

7.1 基因预测简介

所谓基因预测（Genefinding）或注释（Annotation）是指基因结构预测，主要预测DNA序列中编码蛋白质的区域（CDS），抽象一点来说就是，识别DNA序列上的具有生物学特征的片段。其方法主要有两大类：一类是基于相似性的预测方法，即利用已知的mRNA或蛋白质序列为线索在DNA序列中搜寻所对应的片段，达到基因预测的目的；另一类是基于统计学模型的从头预测方法，这种方法可不依赖已知的DNA序列进行，即利用统计学模型训练出相应参数，再对基因进行预测。在原核生物中，基因往往具有特定且容易识别的启动子序列（信号），如"TATA盒"和转录因子。与此同时，构成蛋白质编码的序列构成一个连续的开放读码框（Open Reading Frame，ORF），其长度约为数百个或数千个碱基对。除此之外，原核生物的蛋白质编码还具有其他一些容易判别的统计学特征，这使得对原核生物的基因预测能够达到较高的准确性。相反，对于真核生物而言，如人类等，基因的预测则更为复杂，需要更高的要求和条件。一方面，真核生物中的启动子和其他控制信号更为复杂，有2个可被识别到的信号，CpG岛及poly（A）结合点，目前还未被很好地了解。另一方面，由于真核生物具有显著的外显子—内含子结构。例如，人类的一个普通蛋白质编码基因可能被分为十几个外显子，其中每个外显子的长度少于200个碱基对，而某些外显子更可能只有20~30个碱基的长度，使蛋白质编码的一些统计学特征变得难于判别。

基因预测是生物信息学领域中的一个重要研究方向，是研究基因功能、表达和它们之间关系以及如何控制基因转录等工作的基础。近年来，随着基因测序技术的迅速发展，越来越多的生物基因组通过测序等手段揭示了它们最基本的遗传学特性，这是当前生物学领域最具有现实意义的研究方向之一。然而还存在的几个问题是，目前还没有一个基因预测工具可以完全正确地预测一个基因组中的所有基因，并且不同基因预测软件分析的结果有不同程度的差异；基因预测过程容易出现假阳性（在非编码区预测出基因）、假阴性（基因预测忽视了编码区）、过界预测（预测超过实际基因边界）、片段化（内含子太大导致预测基因易断裂）和融合化（距离过近的基因易融合）等问题。

7.2 基因数目预测的主流软件

Genscan 是进行基因预测的首选工具。但是，即使最好的预测软件也存在不足之处。Genscan 就过分估算了基因数目。它的预测结果是人类基因组中有 45 000 个基因，相当于现在普遍认可数目的两倍。Burge 承认 Genscan 确实存在问题，但他认为太多的基因总比太少要好。对于过剩的预测，用户可以积极去除假阳性的结果。Burge 称，Genscan 可能不能预测基因的准确数目，但从人类和其他物种的基因数据分析中所得到的新序列，可以进一步完善 Genscan。他还指出，如果能继续开展基因的探寻工作，他会更倾向于选用比较学的方法。

其他程序，有基于相似性的基因预测软件（Spidey、Genewise、TwinScan）；有基于统计学模型的预测软件（Genscan、Fgenesh、BGF）等。其中 GeneSweep、Ensembl/Genewise 是基于对数据进行组装来寻找基因。随着更多的物种基因组被测序，比较整个基因组，而不是比较那些相对短小的序列，正逐渐变为现实。完成注释后，会获得很多重叠或者有出入的基因结构。这时，可以通过基因注释整合工具，获得一个完整且较为准确的注释结果。目前使用较主流的整合工具为 EVM 和 GLEAN。这类软件可以从各种来源的结构注释结果中选取最为可能的外显子，然后将它们合并整合成完整的基因结构。此外，Maker2 是一种将重复序列注释屏蔽、基因注释、注释结果整合等步骤综合一体的软件，目前也越来越被广泛运用于各种基因组注释项目。

7.3 基因预测的基本方法和步骤

7.3.1 最长开放阅读框法

从蛋白质合成的起始密码开始，到终止密码子为止的一个连续编码序列称为一个开放阅读框（ORF）。将每条链按 6 个读码框全部翻译出来，然后找出所有可能的不间断 ORF，只要找出序列中最长的 ORF，就能相当准确地预测出基因。最长 ORF 法发现基因的一般过程（包括基因区域预测和基因功能预测 2 个层次）：

7.3.1.1 获取 DNA 目标序列

（1）如果已有目标序列，可直接进入 7.3.1.2。

（2）可以通过 PubMed 查找感兴趣的资料，通过 GenBank 或 EMBL 等数据库查找目标序列。

7.3.1.2 查找 ORF 并将目标序列翻译成蛋白质序列

利用相应工具,如 ORF Finder、Gene feature(Baylor College of Medicine)、GenLang(University of Pennsylvania)等查找 ORF 并将 DNA 序列翻译成蛋白质序列。

7.3.1.3 在数据库中进行序列搜索

利用 BLAST 进行 ORF 核苷酸序列和 ORF 翻译的蛋白质序列搜索。

7.3.1.4 进行目标序列与搜索得到的相似序列的全局比对(Global Alignment)

虽然 7.3.1.3 已进行局部比对(Local Alignment)分析,但全局比对有助于进一步加深对目标序列的认识。

7.3.1.5 查找基因家族

进行多序列比对(Multiple Sequence Alignment),获得比对区段的基因家族信息。

7.3.1.6 查找目标序列中的特定模序

分别在 Prosite、BLOCK、Motif 数据库中进行用户配置文件(Profile)、模块(Block)、模序(Motif)检索。

7.3.1.7 预测目标序列蛋白质结构

利用 PredictProtein(EMBL)、NNPREDICT(University of California)等预测目标序列的蛋白质二级结构。

7.3.1.8 获取相关蛋白质的功能信息

为了了解目标序列的功能,收集与目标序列和结构相似蛋白质的功能信息非常必要。可利用 PubMed 进行搜索。

7.3.2 利用 ESTs 预测基因

Expressed Sequence Tags(ESTs)代表基因序列,若 DNA 序列和 EST 严格匹配,这段 DNA 序列属于基因或假基因。此法对 ESTs 进行聚类和拼接,聚类和拼接的目的就是将来自同一个基因或同一个转录本的具有重叠部分(Over-Lapping)的 ESTs 整合到单一的簇(Cluster)中。通过聚类可产生较长的一致性序列(Consensus Sequence),降低数据的冗余,纠正错误数据,并最终得到基因的全长序列。

随着信息学方法在基因预测中的进一步充分应用,一批新的基因预测方法被相继提出,如人工神经网络、隐马尔可夫模型、动态规划法(Dynamic Programming)、法则系统(Ruled-Based System)、线性判别分析(Linear Discriminant Analysis,LDA)、决策树(Decision Tree)、傅立叶分析(Fourier Analysis)等。这些方法是基于编码区所具有的独特信号,如剪接的供体和受体位点、起始和终止密码子、启动子特征、转录因子结合位点等进行预测。相关的基因预测软件包括 Procrustes、GeneID、GenScan、GRAIL 等。

7.4 基因预测的基本分析内容

在一定的精度范围内，利用生物信息（Bioinformation）学的方法和软件对目标基因的基本特征进行分析，能够让分子生物学家更为迅速和全面地发现基因的特征，了解基因在生命体中的真实结构和功能，从而为大规模地开展基因的后续分析奠定基石。

核苷酸序列中蕴含着丰富的信息，对于编码基因序列的分析，主要是围绕如下内容进行。寻找开放读码框、预测基因功能、分析选择性剪切方式、分析基因多态性位点、分析基因表达调控区域、统计序列 GC 含量、追踪密码子使用偏向性、设计应用于目的基因的酶切位点和引物等。

7.4.1 排除重复序列

目前，识别重复序列和转座子的方法分为序列比对和从头预测两类。序列比对方法一般采用 Repeatmasker 软件，识别与已知重复序列相似的序列，并对其进行分类。常用 Repbase 重复序列数据库。从头预测方法则是利用重复序列或转座子自身的序列或结构特征构建从头预测算法或软件对序列进行识别。常见的从头预测方法有 Recon、Piler、Repeatscout、LTR-finder、ReAS、mite 等。

本实验主要介绍 RepeatMasker 的使用，RepeatMasker 是重复序列检测的常用工具，RepeatMasker 提供了在线服务器（http://www.repeatmasker.org/cgi-bin/WEBRepeatMasker/），将基因组序列上传后即可在线运行。RepeatMasker 软件可利用这部分序列将基因组中存在重复序列相似片段或区域"屏蔽"（Mask），所谓屏蔽就是将原序列中的"A、T、C、G"改为"N"。这样后续的基因预测软件将这部分序列按重复序列处理。对基因组中重复序列处理的好坏将直接影响后续基因注释的质量。RepeatMasker 鉴定重复序列有 3 种方法。

（1）下载 Repbase 数据库（http://www.girinst.org/server/RepBase/index.php）中，利用 ABBlast/WuBlast 等软件来将参考基因组序列比对到数据库中的重复序列来查找基因组中的重复序列。

（2）下载 Dfamlibraries，其中包含重复序列的 HMM 模型，通过软件 HMMER（hmmscan）来搜索基因组中和模型匹配的序列为重复序列。

（3）通过 TRF 软件来搜索串联重复序列，使用 conda 直接安装。

指令：conda install TRF

对某真菌的基因组进行 Repeatmasker 示例。

基因组获取自 NCBI，物种 *Fusarium tricinctum*。首先确定数据库中是否收录了目标物种，通过安装目录中的"RepeatMasker/util/queryRepeatDatabase.pl"，即可

查看当前库中已存在的物种。

指令：

#查看物种列表

cdRepeatMasker

./util/queryRepeatDatabase.pl -tree > species.txt

less -S species.txt

#目标物种，这里为 Fusarium tricinctum，我们可直接查看 Fusarium 属所有的

grep 'Fusarium' species.txt

#物种存在于数据库中，直接用它的重复序列作为参考

RepeatMasker -h

#一个简单的示例

#基因组获取自：https://www.ncbi.nlm.nih.gov/genome/68823?genome_assembly_id=380814

RepeatMasker -pa 4 -species "Fusarium tricinctum" -poly -html -gff -dir repeat1 GCA_900382705.2_FTRI.INRA104.GCA2018.2_genomic.fna 1>log.o.txt 2>log.e.txt

#需要注意的地方

#-dir 指定的输出结果路径，必须提前建立好，否则无结果

#一定要通过 -species 指定物种，否则默认比对的是人类重复序列数据库

#如果使用本地的参考库，通过 -lib 指定，替代 -species

#-s、-q、-qq 等参数可控制序列比对的灵敏度，如果你的目标物种和参考物种不是很近，可能需要提升灵敏度

输出结果细节，可参阅官方文档：（http://www.repeatmasker.org/webrepeatmaskerhelp.html）。结果文件查看，以 out 结尾的文件是 RepeatMasker 得到重复序列的信息文件；以 cat 结尾的文件是基因组序列和重复序列数据库中序列比对信息。以 tbl 结尾的文件包含了基因组长度、GC 含量、重复区长度以及重复区各类别基本统计信息等。

7.4.2 确定开放阅读框

基因的开放读码框（Open Reading Frame），包含从 5′端翻译起始密码子（ATG）到终止密码子（TAA、TAG、TGA）之间的一段编码蛋白质的碱基序列。开放阅读框的预测程序主要是针对编码区的特征进行统计、以及相关模式的识别或是利用同源比对的识别方法。现在较为主流的程序是 GetOrf、ORFFinder、Plotorf，就是专门识别 ORF 的工具。一些功能强大的软件，如 GEN-

SCAN、GRAIL=2\ \ *ROMAN II、GENEMARK、GlimmerM 除进行 ORF 的分析外，还可以对多种基因的结构特征进行分析。专业人员常用的软件还有 Genefinder、Genehunter、FGeneSH、FGeneSB、FGeneSV、Generation、BCM Gene Finder、Genebuilder、Genewise（用蛋白来 BLAST 预测 exon 位置）、Augustus（可以自我 Training 的预测软件）、EVM（综合）等。其中 GlimmerM 和 FGeneSB 更适与原核生物的基因预测。

7.4.3 外显子和内含子剪切位点的分析

真核生物中基因的外显子和内含子长度不一，但剪切供体和受体的位点具有相当程度的保守性。所谓的供体位点（Donor）是基因内含子 5′端 GU 的位置；受体位点（Acceptor）是内含子 3′端 AG 的位置。对于 mRNA 或 cDNA 序列的分析是通过比对相关的基因组序列，来进行结构分析，如 Spidey（是 NCBI 开发的工具软件）、Sim4、BLAST 等程序。NetGene2 和 Splice View 可以提供编码区核苷酸序列剪切位点的直接预测。

7.4.4 确定基因的调控区—启动子

预测基因启动子转录起始位点的在线软件 BDGP（http://www.fruitfly.org/seq_tools/promoter.html）（Berkeley Drosophilia Genome Project）通过将转录组或 EST 数据比对到拼接后的基因组序列上，找出编码基因位置，预测编码基因结构；或者通过专业的外显子预测软件，预测编码基因的外显子结构。

启动子是参与特定基因转录及其调控的 DNA 序列。包含核心启动子区域和调控区域。核心启动子区域产生基础水平的转录，调控区域能够对不同的环境条件作出应答，对基因的表达水平做出相应的调节。启动子的范围非常大，可以包含转录起始位点上游 2 000bp，有些特定基因的转录区内部也存在着转录因子的结合位点，因此也属于启动子范围。

7.5 基因预测示例

7.5.1 真核生物基因组基因预测

由于 Maker 结合了重复序列屏蔽、Augustus、Genemark、Snap 从头预测、同源注释以及 RNA-seq 的方法，因此本实验主要介绍 Maker 进行基因预测的流程。

指令如下。

#先进行安装，软件安装成后，会有一个"data"文件夹存放测试数据
ls ~/opt/biosoft/maker/data
dpp_contig.fasta   dpp_est.fasta   dpp_protein.fasta   hsap_contig.fasta   hsap_

est.fasta　hsap_protein.fasta　te_proteins.fasta

conda create -n maker -c bioconda maker

#以"dpp"开头的数据集为例，protein 表示是同源物种的蛋白序列，est 是表达序列标签，存放的是片段化的 cDNA 序列，而 contig 则是需要被预测的基因组序列

#测试数据拷贝

mkdir test01; cd test01

cp ~/opt/biosoft/maker/data/dpp * .

#创建三个以 ctl 结尾的配置文件

~/opt/biosoft/maker/bin/maker -CTL

ls * .ctl

maker_bopts.ctl　maker_exe.ctl　maker_opts.ctl

#获得 3 个配置文件

#maker_bopts.ctl 可不用修改

#maker_exe.ctl 执行路径

#maker_opts.ctl 重点修改对象

#其中 maker_opts.ctl 参数大概如下

#-----Genome(Required for De-Novo Annotation)

genome=/home/user/projects/thomas_the_train/assembly/scaffolds.fasta

##genome sequence 参考基因组，绝对路径或者相对路径均可。scaffold N50 应该大于预期中位基因长度；序列中只能含有 A，T，C，G，N，前面最好不要有空格

organism_type=eukaryotic #eukaryotic or prokaryotic. Default is eukaryotic

##默认为真核生物

#-----Re-annotation Using MAKER Derived GFF3

##一般不用调节

#-----EST Evidence(for best results provide a file for at least one)

#根据转录组或者 EST 序列进行预测基因

est　=/home/user/projects/thomas_the_train/trinity/funnel.fasta,../trinity/coaltender.fasta #non-redundant set of assembled ESTs in fasta format(classic EST analysis)

#添加 EST，或者 RNA-seq 组装的 fasta 序列，多个序列用 '，' 隔开

altest= #EST/cDNA sequence file in fasta format from an alternate organism

#如果没有任何转录组数据则可用上述命令

est_gff=../cufflinks/boiler.gff,../cufflinks/brake.gff #EST evidence from an external gff3 file
#转录组所对应的 GFF 文件，可用 cufflinks 或 stringtie 获得
altest_gff= #Alternate organism EST evidence from a separate gff3 file
#-----Protein Homology Evidence(for best results provide a file for at least one)
#maker 利用 exonerate 进行获得基因模型，可以选取质量高的蛋白比如 uniprot/swiss-prot，或者选取 AED<0.5 的蛋白
protein=../protein/swiss_prot.fasta #protein sequence file in fasta format
protein_gff= #protein homology evidence from an external gff3 file
#-----Repeat Masking(leave values blank to skip repeat masking)
model_org=all #select a model organism for RepBase masking in RepeatMasker
#all 包括动物、植物等，也可以选择特定物种，例如果蝇
rmlib=../repeat_lib/thomas_TEs.fasta #provide an organism specific repeat library in fasta format for RepeatMasker
#重复序列库，可有 RepeatModeler 得到
repeat_protein=/Users/mcampbell/maker/data/te_proteins.fasta #provide a fasta file of transposable element proteins for RepeatRunner
#已知的 TE
rm_gff= #repeat elements from an external GFF3 file
prok_rm=0 #forces MAKER to run repeat masking on prokaryotes(don't change this), 1=yes, 0=no
softmask=1 #use soft-masking rather than hard-masking in BLAST(i.e. seg and dust filtering)
#-----Gene Prediction
#选择基因模型进行预测，非常灵活
snaphmm=../trained_snap/thomas_1.hmm #SNAP HMM file
#物种特有的或者来自临近物种，接受多个参数
gmhmm=../train_genemark/es.mod #GeneMark HMM file
#也可接受多个参数
augustus_species=steam_tram #Augustus gene prediction species model
#效果好，但是很难训练
fgenesh_par_file= #Fgenesh parameter file
pred_gff= #ab-initio predictions from an external GFF3 file
model_gff= #annotated gene models from an external GFF3 file(annotation

pass-through)

　　#高质量的基因模型

　　est2genome=0 #infer gene predictions directly from ESTs, 1 = yes, 0 = no

　　#如果没有基因预测模型，则可以启用。一般用于第一轮的预测，后续可以关闭

　　protein2genome=0 #gene prediction from protein homology, 1 = yes, 0 = no

　　#和 est2genome 一样

7.5.2　原核生物基因组基因预测

　　由于原核生物的基因没有内含子，其基因预测相对真核生物简单。使用 GeneMarkS 或 Glimmer3 来进行其基因预测是比较好的方法。GeneMarks 软件的原理都是使用统计学模型的从头预测（Abinitio）方法，不依赖任何先验知识和经验参数，通过描述 DNA 序列中核苷酸的离散模型，利用编码区和非编码区的核苷酸分布概率不同来进行基因预测。GeneMarks 是不需要人为干预和相关 DNA 或 rRNA 基因的资料即可对新的细菌基因组进行预测。

　　首先进行 GeneMarkS 的下载及安装，指令如下。

　　Wget

　　http://topaz.gatech.edu/GeneMark/tmp/GMtool_aQKBZ/genemark_suite_linux_64.tar.gz

　　tar -zxvf genemark_suite_linux_64.tar.gz -C ~/tools/

　　##添加环境变量

　　vim ~/.bashrc

　　export PATH=/home/wei/tools/gmsuite/:$PATH

　　source ~/.bashrc

　　##添加密钥

　　gzip -dv gm_key_64.gz

　　mv gm_key_64 ~/.gm_key

　　GeneMarks 的使用指令如下。

　　gmsn.pl --prok --format GFF --pdf --fnn --faa YP14.assembly.fasta

　　其中，-output<string>，输出基因预测的结果文件，默认为输入的文件名。

　　-prok，对原核生物序列进行基因预测。

　　-format，输出的基因预测结果的格式文件，默认为 LTS，还可以 GFF，GFF3。

　　-pdf，生成 PDF 格式的图形结果。

　　-fnn，生成预测基因的核酸序列。

-faa，生成预测基因的氨基酸序列。

输出的文件有.FAA、.FNN、.GFF、.PDF等文件，以方便下一步的比对工作。

而 Glimmer 是用于寻找微生物 DNA，特别是细菌、古菌和病毒中的基因。其采用的方法为内插马尔科夫模型（Interpolted Markov Model，IMM）来识别编码区域和非编码区域。下载地址和安装方法见 http://ccb.jhu.edu/software/glimmer，下载的 tar.gz 压缩包解压后进入 rsc 子文件夹，使用 make 编译即可。

Glimmer3 的下载与安装，指令如下。

wget http://ccb.jhu.edu/software/glimmer/glimmer302b.tar.gz
tar -zxvf glimmer302b.tar.gz -C ~/tools/
cd ~/tools/glimmer3.02/src
sudo make
vim ~/.bashrc
export PATH=/home/wei/tools/glimmer3.02/bin/:$PATH
source ~/.bashrc

Glimmer3 的使用方法如下。

先将一个 FASTA 格式文件中的多条序列合并成一条，指令如下。

sed -e'/>/d' [input_file] | tr -d'n' | awk' BEGIN{print">[seq_id]"}{print $0}' >[output_file]

注意：方括号及其中参数需要自行添加。

Glimmer 一般使用 3 种方法创建训练模型：用亲缘关系很近的物种的基因；用自身序列创建的 orf 数据；用基因组本身的已知信息。本实验采用自身数据作为训练数据。

产生长 orf 数据指令如下。

long-orfs -n -t 1.15 YP14.seq run.longorfs

其中，

-n 输出文件去除首行，只包含 orf。

-t 熵距离得分阈值，小于阈值才被保留。

输入 genom.seq 输出 run1.longorfs。

提取数据集指令如下。

extract -t YP14.seqrun.longorfs > run.train

生成预测模型指令如下。

build-icm -r run.icm < run.train

基因预测指令如下。

glimmer3 -o50 -g110 -t30 YP14.seqrun.icm run

其中，
-o 最大重叠片段长度阈值，小于阈值保留。
-g 基因片段长度阈值，大于阈值则保留。
-torf 得分阈值，大于阈值保留。
根据预测结果提取序列指令如下。
extract -t YP14. seqrun. predict > predict. fasta

7.6 总结

对于单个基因预测分析来说，首先，先查询单个基因核苷酸序列在 NCBI 点击 blast，搜索同源基因，根据搜索同源基因的其他同源基因的功能注释结果可知其大概功能，一般会先参考前人发表过的研究结果。根据基因的同源性分析，从基因序列中的保守结构域，某些功能元件进行预测分析。

然而随着基因测序技术的飞速发展，我们获得的生物全基因组序列数据呈现爆发式增长。对 DNA 序列进行分析，首先要进行基因识别的工作，传统的实验验证方法由于识别速度缓慢已经不能满足这一需求。因此，一系列相关的基因组预测工具应运而生，Prodigal、ZCURVE、GeneMark 和 GLIMMER 就是其中比较优秀的代表。由于种种原因或者在技术原理上的缺陷，这些基因组预测工具的预测结果都会存在着预测错误的基因或者遗漏具有蛋白编码功能 ORFs 的情况，在不同 GC 含量生物上的表现也不尽相同。因此，将这些原始序列数据转化为知识仍然是一项艰巨的任务。现在需要准确和快速的工具来分析这些序列，特别是寻找基因和确定它们的功能。整合这些比较的方法来预测基因，已经成为最具应用前景的研究路线，并且众多的应用程序都融合了多元策略进行基因预测。

参考文献

陈丽媛，2005. 基因数据分析的主流软件简介 [J]. 生物技术世界（6）：39-41.

陈廷贵，吴松锋，万平，等，2003. SARS-CoV（BJ01）基因预测及功能推测 [J]. 遗传学报，30（8）：773-780.

陈蕴佳，2004. 基于全基因组的新基因预测、注释及重要功能基因的发现与分析 [D]. 北京：北京大学.

郭睿，2018. 基于长读的基因组重复序列查找技术研究 [D]. 深圳：深圳大学.

郭烁，2010. DNA 信号序列分析的基因预测方法研究 [D]. 大连：大连海事大学.

胡连果, 2014. 基于小鼠基因的基因预测算法研究 [D]. 南京: 南京农业大学.

黄勇, 2013. 基于高通量测序的微生物基因组学研究 [D]. 北京: 中国人民解放军军事医学科学院.

计得伟, 2016. 原核生物基因组预测模型性能比较研究 [D]. 成都: 电子科技大学.

解涛, 梁卫平, 丁达夫, 2000. 后基因组时代的基因组功能注释 [J]. 生物化学与生物物理进展 (2): 52-56.

李金城, 廖奇, 沈其君, 2016. 机器学习方法在基因功能注释中的应用 [J]. 中国生物化学与分子生物学报, 32 (5): 496-503.

刘翟, 2005. 原核生物转录因子预测方法和高等植物基因数据分析 [D]. 北京: 北京大学.

韦芳萍, 陈光旨, 戚继, 2002. 生物信息学与重复序列分析 [J]. 广西农业生物科学 (1): 64-70.

夏伟, 2013. Gluconobacter oxydans621H 全基因组自动注释结果的分析评估 [D]. 无锡: 江南大学.

徐扬, 2016. 关联分析和基因组预测相关方法的探讨与应用 [D]. 扬州: 扬州大学.

薛庆中, 2010. DNA 和蛋白质序列数据分析工具 [M]. 2 版. 北京: 科学出版社.

袁芳, 2008. 基于基因功能信息预测疾病相关基因 [D]. 武汉: 华中科技大学.

AZIZ R K, BARTELS D, BEST A A, et al., 2008.The RAST Server: Rapid Annotations using subsystems technology[J].BMC Genomics(9): 75.

BESEMER J, LOMSADZE A, BORODOVSKY M, 2001.GeneMarkS: a self-training method for prediction ofgene starts in microbial genomes.Implications for finding sequencemotifs in regulatory regions[J].American Banker, 29: 2 607-2 618.

IACONOM, VILLA L, FORTINI D, et al., Whole-genomepyrosequencing of an epidemic multidrug-resistantAcinetobacter baumanniistrain belonging to the European clone IIgroup[J].Antimicrobial Agents and Chemotherapy, 52: 2 616-2 625.

KEILWAGEN J, HARTUNG F, GRAU J, 2019. Gene Prediction: Methods and Protocols[M].New York: Springer.

MARTIN KOLLMAR, 2019.Gene Prediction[M].New York: Humana.

8 RNA 二级结构分析

8.1 RNA 结构简介

RNA（脱氧核糖核酸），随着人们对 RNA 认识的不断增加，发现其在遗传过程中发挥着十分重要的作用。RNA 分子不仅充当着生物细胞中遗传信息的载体，还具有一系列重要的功能，如催化 RNA 剪接、加工和修饰 RNA 前体、调控基因表达等，这也促使了人们对 RNA 功能进行深入研究。

RNA 的功能与结构密切相关，因此，通过研究 RNA 的二级结构，进而深入挖掘、阐述其功能就成为分子生物学中的重要研究课题。由于使用传统的实验手段（如 X 射线晶体衍射和核磁共振）去测定 RNA 的晶体结构虽然比较精确可靠，但费用昂贵且费时费力。

所以，借助于计算机实现的各种算法对 RNA 二级结构进行预测就成为当前国内外公认的主要方法。RNA 二级结构预测方法经过近 30 年的研究，到目前为止，已经有众多的算法。这些算法有的已经非常成熟，例如最小自由能算法，其预测精确度有时能达到 90% 以上，但是它不能预测 RNA 假结。而目前的众多其他预测算法也大都各自存在着问题，如时间复杂度高，对序列的长度有限制等。

目前对 RNA 二级结构的预测分析主要通过 RNAstructure、Vienna RNA Package 以及 Mfold Server 等软件进行。其中 RNAstructure 以及 Vienna RNA Package 由于界面友好，操作简单等优点，目前已成为 RNA 二级结构分析的主流软件。

8.2 使用 RNAstructure 对 RNA 二级结构进行分析预测

RNAstructure 是一款可在 Windows 操作系统下免费使用的 RNA 结构预测和分析软件，截至 2021 年 1 月 3 日，已更新到 6.2 版本。RNAstructure 使用 Zuker 算法预测 RNA 二级结构，预测分两步进行。第 1 步，使用回归算法生成一个最优结构与一系列次优结构。生成次优结构的个数由用户输入的 2 个参数决定，第 3 个参数为窗口大小。此参数控制次优结构有多少不同，小的窗口尺寸只允许生成非常类似的结构。第 2 步，重新排序最有可能的结构。使用公式重新计算每个结构的最小自由能,输出根据重新计算的最小自由能排序,这两步是同步进行的。

该软件的主要程序设计依赖于 4 个方面的算法:最小自由能理论;碱基配对可能性原则;共同序列保守结构分析原则;寡核苷酸与互补片段结合亲和力原则。

8.2.1 下载软件并安装

进入远端服务器 http://rna.urmc.rochester.edu/RNAstructure.html 下载该软件,点击"Download RNAstructure"按钮进行下载(注意:下载前需要先进行注册)。

8.2.2 下载待分析的序列

从 NCBI 中下载玉米 *tb*1 基因序列(序列号为 U94494.1),该基因为 TCP 转录因子,控制玉米驯化过程中分蘖数目的多少,序列如下。

>U94494.1 Zea mays teosinte branched1 protein(tb1) mRNA, partial cds
GCCTTGGAGTCCCATCAGTAAAGCACATGTTTCCTTTCTGTGATTCCTCAAGCCCC
ATGGACTTACCGCTTTACCAACAACTGCAGCTAAGCCCGTCTTCCCCAAAGACGG
ACCAATCCAGCAGCTTCTACTGCTACCCATGCTCCCCTCCCTTCGCCGCCGCCGAC
GCCAGCTTTCCCCTCAGCTACCAGATCGGTAGTGCCGCGGCCGCCGACGCCACCC
CTCCACAAGCCGTGATCAACTCGCCGGACCTGCCGGTGCAGGCGCTGATGGACCA
CGCGCCGGCGCCGGCTACAGAGCTGGGCGCCTGCGCCAGTGGTGCAGAAGGATC
CGGCGCCAGCCTCGACAGGGCGGCTGCCGCGGCGAGGAAAGACCGGCACAGCAA
GATATGCACCGCCGGCGGGATGAGGGACCGCCGGATGCGGCTCTCCCTTGACGTC
GCGCGCAAATTCTTCGCGCTGCAGGACATGCTTGGCTTCGACAAGGCAAGCAAGA
CGGTACAGTGGCTCCTCAACACGTCCAAGTCCGCCATCCAGGAGATCATGGCCGA
CGACGCGTCTTCGGAGTGCGTGGAGGACGGCTCCAGCAGCCTCTCCGTCGACGGC
AAGCACAACCCGGCAGAGCAGCTGGGAGGAGGAGGAGATCAGAAGCCCAAGGG
TAATTGCCGCGGCGAGGGAAGAAGCCGGCCAAGGCAAGTAAAGCGGCGGCCAC
CCCGAAGCCGCCAAGAAAATCGGCCAATAACGCACACCAGGTCCCCGACAAGGA
GACGAGGGCGAAAGCGAGGGAGAGGCGAGGGAGCGGACCAAGGAGAAGCACC
GGATGCGCTGGGTAAAGCTTGCGTCCGCAATTGACGTGGAGGCGGCGGCTGCCTC
GGTGCCGAGCGACAGGCCGAGCTCGAACAATTTGAGCCACCACTCATCGTTGTCC
ATGAATATGCCTTGTGCTGCCGCTGAATTGGAGGAGAGGGAGAGGTGTTCATCAG
CTCTCAGCAATAGATCAGCAGGTAGGATGCAAGAAATCACAGGGGCGAGCGACG
TGGTCCTGGGCTTTGGCAACGGAGGATACGGCGACGGCGGCGGCAACTACTACTG
CCAAGAGCAATGGGAACTCGGTGGAGTCGTCTTTCAGCAGAACTCACGCTTCTAC

TGAACACTACGGGCGCACTAGACTTCGTAATTGGCTGTGTGACGATGAACTAAGT
TTGGTCATCGCATGATGATGTATTATAGCTAGCTAGCATGCACTGTGGCGTTGATT
CAATAATGGAATTAATCGGTGTCGTCGATTTGGTGATTTCCGAACTGAAAAAAAA
AAAAAAAAAAAAAAAAAAAAA

8.2.3 输入待分析序列

首先从 Windows 开始菜单栏打开 RNAstructure 6.2（图 8-1）。

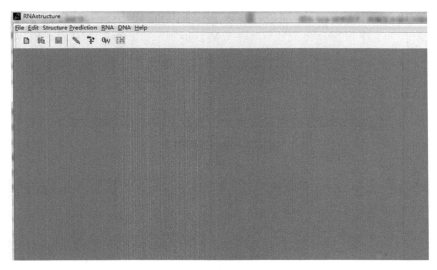

图 8-1 RNAstructure 软件主界面

选择"File—New"，打开序列编辑窗口，有需要的话，在 Title 框内输入 Title 信息，在 Comment 框内输入注释信息，最后在 Sequence 框内输入序列信息，由 5′端→3′端，在输入序列时需要使用大写字母进行输入，当使用 T 或 U 或者同时使用时，RNA 折叠算法将假设其为 RNA 并将 T 认为是 U，而 DNA 折叠模块将 U 认为是 T（图 8-2）。另外，也可以用 X 代表缺口或者碱基未知。

（1）载入序列或者引入 FASTA 格式文件，选择"File—Open Sequence"命令载入 FASTA 文件，也可以选择只含有序列信息的文本文件。

（2）序列编辑。目标序列输入以后，可以按下"Format"键，序列将变为每行 60 个碱基，每 10 个碱基一个空格，按下"Fold as RNA"将文件输入 Fold 模块，程序将提示存盘。

（3）折叠 RNA 单链。次优结构输出的数量由用户输入的 3 个参数决定（图 8-3）。

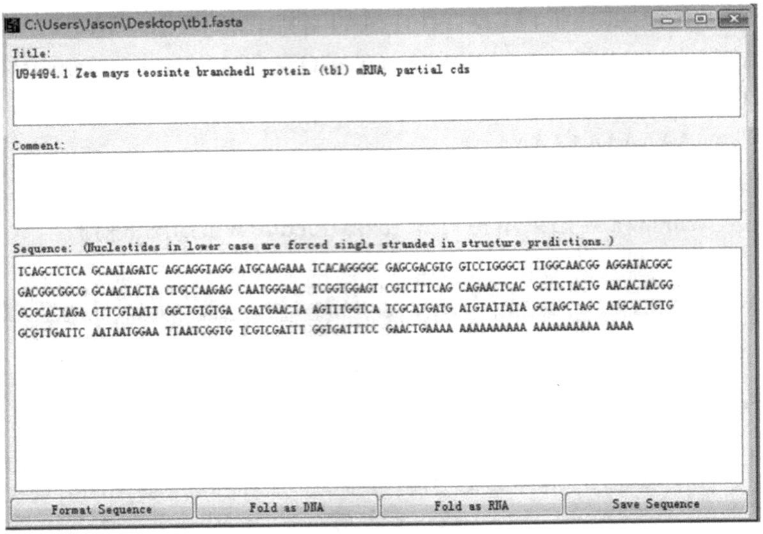

图 8-2 序列编辑界面

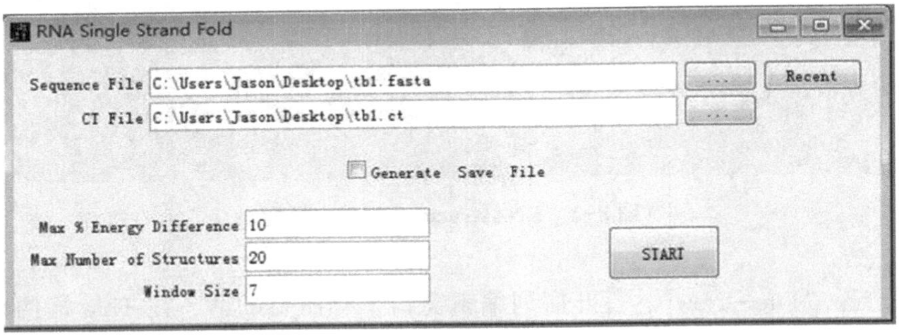

图 8-3 次优结果输出参数设置

Max% Energy Difference。设定输出结构的自由能允许与最小自由能相差的百分数。例如，结构的最小自由能为 100kcal/mol，最大能量百分误差为 10，将输出所有能量为等于或大于 90kcal/mol 的结构。

Max number of Structure。设定生成的结构数量，最大为 1 000。程序输出预测结构直到以上任何一个参数达到要求。

Windows Size。此参数控制次优结构互相之间有多少不同。小的 Windows Size 只允许生成非常接近的结构，大的 Windows Size 则需要更大的不同。

选择"START"，RNAstructure 则开始进行计算，在计算的同时，该程序也会有进度条显示。运行结束后，即会弹出结果对话框，运行结果如图 8-4 所示。

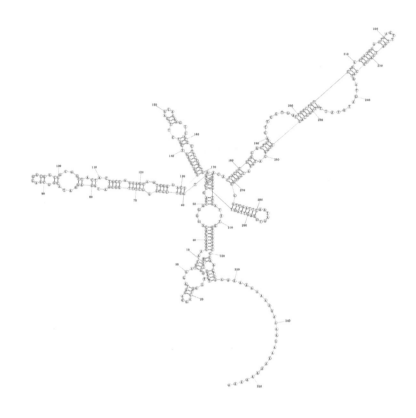

图 8-4　RNAstructure 结果示意

8.3　使用 Vienna RNA Package 进行 RNA 二级结构预测

8.3.1　RNAfold 的使用

打开远端服务器进行 RNA 二级结构预测，http://rna.tbi.univie.ac.at/cgi-bin/RNAWebSuite/RNAfold.cgi（图 8-5）。

输入 FASTA 格式的序列。可以点击 "this sample sequence" 按钮，获得演示序列，也可以直接上传 FASTA 格式的序列（图 8-6）。

参数设置选项界面如图 8-7 所示。

默认输出 RNA 二级结构的最小自由能（MFE）和 partition function。如果对 partition function 不感兴趣可以选择只输出自由能。

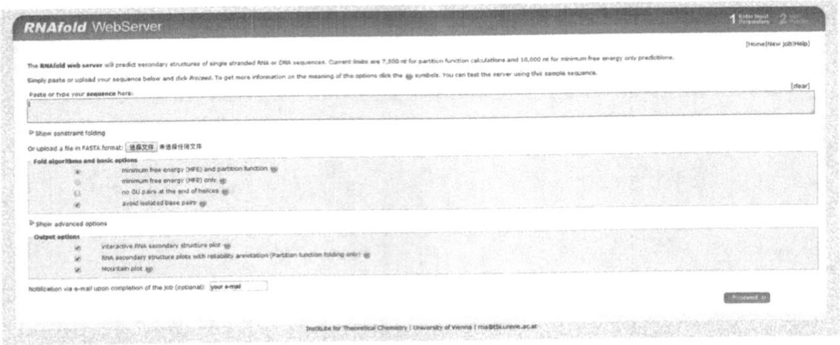

图 8-5　远端服务器版本 RNAfold 界面

图 8-6　输入 FASTA 格式文件示例

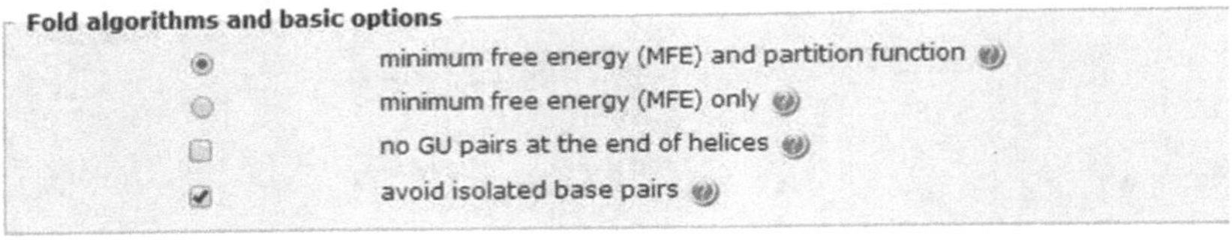

图 8-7　RNAfold 参数设置

No GU pairs at the end of helices 指的是在二级结构的末尾是否允许 GU 配对。因为 GU 配对不是特别稳定,特别情况下可能需要限制 GU 配对。

Avoid isolated base pairs 指是否允许单碱基对的配对情况。因为单个的配对往往是不稳定的,因此在预测结果中需要避免出现单个的配对。点击 "advance options" 进行高级参数设置(图 8-8)。

Dangling end options 在一般情况下使用默认。

Energy parameters,预测 RNA 二级结构是使用的能量参数来源,一般默认。

Other parameters,设置折叠温度,默认为 37℃。

另外,如果是环状 RNA 的话,需要选上 "assume RNA molecule to be circular"。

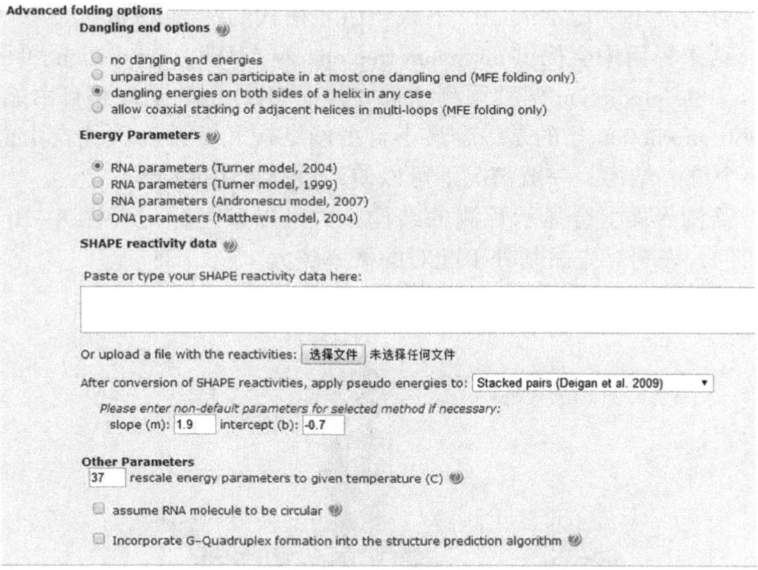

8 RNA 二级结构分析

图 8-8　RNAfold 软件高级参数设置

如果预测的 RNA 过长，可能需要很长一段时间，这时可以把最终的预测结果发到指定的邮箱。

所有参数设置完成后，点击"Proceed"。

结果界面如图 8-9 所示。

图 8-9　RNA fold 软件结果界面

结果文件需要说明如下。

（1）RNA 的结构以 dot-bracket notation（括号和点）的形式显示，即 (((((((..((((.........)))).(((((.......)))))..... (((((........))))))))))))。

（2）可以点击"Ct Format"下载"Ct"格式的结构文件。

（3）结果界面中会提供 minimum free energy（MFE）prediction 和 thermodynamic ensemble prediction 两种预测结果。其中 MFE 用的是最小自由能的结果。而 ensemble prediction 指的是综合最小自由能结构和一系列次优自由能结构后得到的一个统一结构。一般情况下可以使用最小自由能结构。

（4）结构界面上会显示预测的结构，并且以颜色标记（图 8-10）。颜色越偏向红色，表明对应碱基处于配对的概率越大。

图 8-10　RNA 二级结构显示

8.3.2　RNAalifold web server 的使用

该软件运行的基本原理和 RNAfold server 一致，但是 RNAalifold server 考虑的是多条比对好的序列，并预测这一组序列里保守二级结构（Consensus Secondary Structure）。其输入文件为 ClustalW 或者 FASTA 格式的比对序列，也可以通过文件上传（图 8-11）。

图 8-11　RNAalifold 界面

该软件参数设置与 RNAfold 类似，点击"Proceed"，结果如图 8-12 所示。

该结果中只给出了 Consensus Structure，并且以不同颜色标记不同的配对类型。而颜色的深浅则表示在用来预测的所有序列中，具有这种配对类型的序列的比例。

8.3.3　RNAz web server 的使用

RNAz web server 用来寻找比对序列中存在的保守二级结构。它与 RNAalifold 的最大区别在与 RNAalifold 只是计算给定序列的 Consensus Structure，并不评价这种结构的保守性。

RNAz web server 有两种运行模式，第一种是单序列模式，即给定一组比对序列，RNAz 自动寻找该比对序列中的保守结构，第二种模式是分析基因组中保守的二级结构。需要注意的是 RNAz 通过滑动窗口预测保守结构，因此提交的序列应该足够长。

RNAz 支持的比对文件格式有 ClustalW、FASTA、PHYLIP、NEXUS、MAF 和 XMFA。程序可以自动判断序列格式。

上传序列后，点击"Proceed"，出现参数设置选项（图 8-13）。

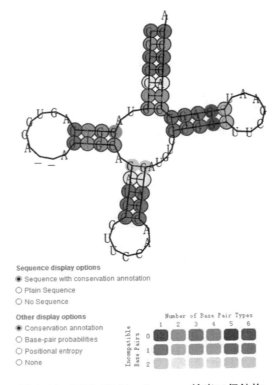

图 8-12　RNAalifold web server 输出二级结构

Slice alignment longer than 指的是只有长度超过这个值的序列才进行分析。
Window size 用设置滑动窗体的大小。
Step size 用设置滑动窗口的步长。
Reading direction，读取方向。读取序列时，是正向、反向还是两种方向。
Filtering，相关参数控制，用于分析的序列的质量。包括序列中插入缺失或者不确定位点的最大比例，序列相似度的下限。
Choose subset，控制分析物种数。如果物种数量过多，分析可能不可靠而且速度将会很慢，因此程序会自动挑选部分序列进行分析。
点击"Next"后会出现图 8-14 界面。
Display this with P higher than，RNAz 会有一系列指标用来推测目标区域包含保守二级结构的概率。RNAz 默认这种概率高于 0.5 时，目标区域存在保守的二级结构。
结果如图 8-15 所示。

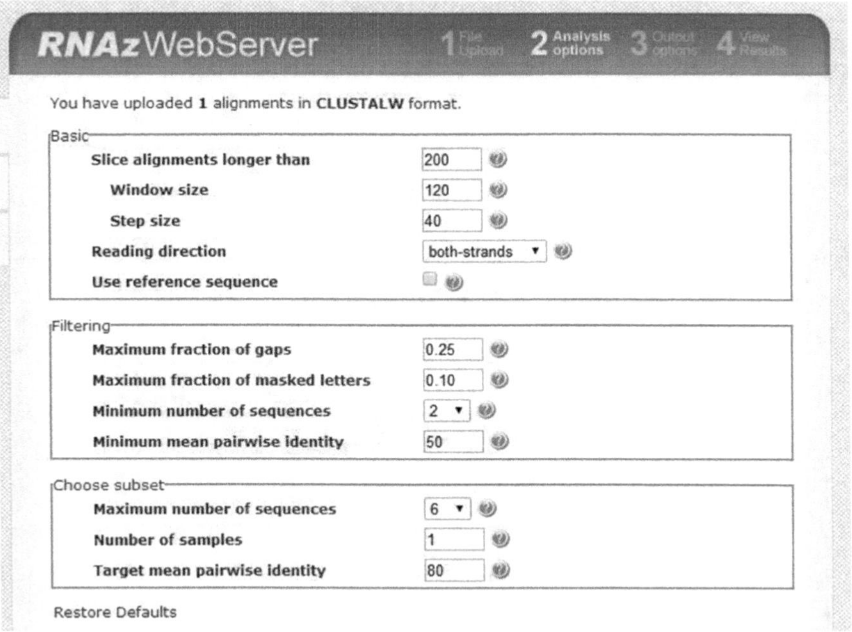

8 RNA 二级结构分析

图 8-13 RNAzWebServer 基本参数设置页面

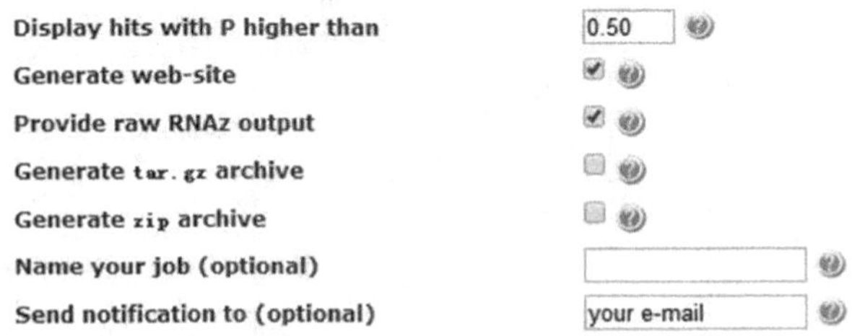

图 8-14 RNAzWebServer 输出参数设置界面

结果用不同颜色表示出了输入序列中包含的可能的二级结构。颜色越深，可能性越高。

点击每一个结构，可以跳转到相应的详细描述图 8-16。

图 8-16 汇总了所有预测信息。Prediction 显示为 RNA，表明 RNAz 判断该窗口包含保守二级结构（图 8-17）。

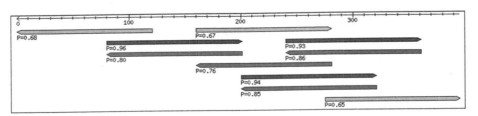

图 8-15 RNAzWebServer 输出可能包含的二级结构区域

Window 5	
Location	80 – 200
Length	120
Sequences	6
Columns	117
Reading direction	forward
Mean pairwise identity	80.69
Mean single sequence MFE	-36.27
Consensus MFE	-31.53
Energy contribution	-30.48
Covariance contribution	-1.05
Combinations/Pair	1.28
Mean z-score	-2.64
Structure conservation index	0.87
SVM decision value	1.57
SVM RNA-class probability	0.964815
Prediction	RNA

图 8-16 每一个二级结构的详细信息

8 RNA 二级结构分析

图 8-17 二级结构示意

参考文献

GRUBER A R, FINDEI S, WASHIETL S, et al., 2010.RNAz 2. 0: improved noncoding RNA detection[J].Biocomputing, 15: 69-79.

LORENZ R, BERNHART S H, HONER Z U, et al., 2011.ViennaRNA Package 2. 0[J].Algorithms for Molecular Biology, 6: 26.

Reuter J S, Mathews D H, 2010. RNAstructure: software for RNA secondary structure prediction and analysis[J].BMC Bioinformatics, 11: 129.

http://inongxue.castp.cn/audio_video/
books_video_detail.html？id=
5526872721311744

9 蛋白质分析及结构预测

9.1 蛋白质结构预测简介

蛋白质是由氨基酸组成的生物大分子，是生命体主要的活性成分之一，在生命活动中起着至关重要的作用。许多的生物学过程都需要蛋白质的参与，比如细胞内的生化反应中需要蛋白酶的催化作用、分子的运输过程中需要转运蛋白的参与、以及蛋白翻译后修饰等过程参与到信号转导途径等。蛋白质的结构主要分为一级结构，二级结构和三级结构。蛋白质的一级结构（Primary Structure）主要指多肽链的氨基酸残基排列顺序，包括多肽链内或链间二硫键的数目和位置。蛋白质的一级结构在空间盘旋、折叠并以氢键形式维系的结构为蛋白质的二级结构，如 α 螺旋、β 折叠、β 转角和无规卷曲等形式。蛋白质的二级结构进一步折叠形成的结构域，即蛋白质的三级结构，指包括骨架和侧链在内的原子在空间的布局。蛋白质的生物学功能往往与其理化特性和结构有着直接的关系。在开展分子生物学试验的过程中，往往需要了解蛋白质的理化性质和结构特征，为试验设计提供相应的参数，因此准确的蛋白质分析和结构预测是科研试验顺利开展的必要步骤。

蛋白质一级结构预测是指蛋白质序列跨膜结构、抗体位点、功能域、疏水性、消光系数和稳定性等预测。在每种蛋白质中，多肽链中氨基酸的排列顺序，包括二硫键的位置，称为蛋白质的一级结构，也称初级结构或基本结构。蛋白质一级结构是理解蛋白质结构、作用机制以及与其同源蛋白质生理功能的必要基础，是指多肽链上各种氨基酸残基的排列顺序。

蛋白质二级结构是蛋白质分子中重要的组成"部件"，是研究蛋白质氨基酸序列和三级结构之间的桥梁。二级结构预测的目标是判断每段中心的残基是否处于 α 螺旋、β 折叠、转角（或其他状态）之一的二级结构态，即三态，二级结构预测也称三态预测。目前较为常用的几种方法有 PHD、PSIPRED、Jpred、PREDATOR、PSA，下面主要介绍 SOPMA、Jpred 和 PSIPRED 这 3 种方法。SOPMA 预测是通过使用独特的方法进行蛋白质二级结构预测。它不是用一种，而是 5 种相互独立的方法进行预测，并将结果汇集整理成一个"一致预测结果"。简单来说，SOPMA 建立了已知二级结构序列的次级数据库，库中的每个蛋白质都经过基于相似性的二级结构预测,然后用次级库中得到的信息去对查询序列进行二级结构预测。Jpred 是一种蛋白质二级结构预测网络服务器。一开始使用的算法是大规模的比对分析,后来使用了神经网络方法。通过提交单一或多重氨基酸序列并运行,Jpred 就可以预测出蛋白质序列的二级结构,如 α 螺旋、β 折叠或无规则卷曲。Jpred 应用了 Jnet 神经网络算法,准确率能够达到 76.4%。PSIPRED 用到了两个前向神经网络。首先用 PSI-BLAST 在数据库中搜索相似蛋白序列,构建多序列联配,然后在此基础上进行结构预测。

目前,蛋白质的空间三级结构预测的方法有 3 种,即同源建模法(Homology Modeling)、折叠识别法(Fold Recognition)和从头预测法(Abinitio Prediction)。同源建模也称为比较建模法,是一种基于知识的蛋白质结构预测方法。其建模的基础是蛋白质的三级结构比一级结构更保守。研究表明如果两个蛋白质的同源性达到 50%,二者 90% Cα 的 RMS 小于 1。

同源建模的原理为相似的氨基酸序列具有相似的三级结构;同源蛋白质之间具有保守的结构内核,差异仅存在分子表面的回折区;当一个蛋白质的序列与一个已知结构的蛋白质序列相似的时候,该蛋白质的结构可以被模建。SWISS-MODEL 算法是使用最为广泛的,使用者可以直接发送一条序列或将使用者自己完成的连配结果发给服务器用于同源建模。折叠识别法也称为反向折叠法、串线算法等。该方法基于一个事实,即使很多没有序列相似性的蛋白质,也具有相似的折叠模式。自然界中蛋白质折叠类型的数目是有限的,许多蛋白质虽然序列相似性很低,但它们仍可能具有相同的折叠类型,再以这些已知结构的折叠子为模板来构建模型。折叠识别法建模的原理为将序列穿入已知的各种蛋白质折叠子骨架内,通过目的蛋白序列与已知折叠子逐一比对,计算出未知结构序列折叠成各种已知折叠子的可能性。折叠识别法是目前 3 种预测蛋白质结构的方法中发展最快也是最有前途的方法。从头计算法建模也称理论计算预测,是指从蛋白质的一级结构出发,根据量子化学、量子物理、物理化学的基本原理,利用各种理论方法计算出蛋白质肽链所有可能构象的能量,然后从中找出能量最低的构象,作为蛋白质的天然构象。这种方法不需要已知结构信息,就能够预测出全新结构。但由于计算难度大,这种方法只能用于小蛋白质分子的局部结构。

蛋白质结构预测的意义主要有三点。第一,基因是生命的蓝图,蛋白质是生命的机器。来自 4 种字符字母表 [A,T (U),C,G] 的核酸序列中蕴藏着生命的信息,而蛋白质则执行着生物体内各种重要的工作。蛋白质序列由相应的核酸序列所决定,DNA 与蛋白质氨基酸序列间的关系提供了第一套遗传密码子。通过对基因的转录和翻译，将原来核苷酸序列，根据三联密码翻译成氨基酸序列。第二，由于蛋白质结构实验测定的速度远比不上序列增长的速度，而了解蛋白质三维结构的信息对于研究蛋白质结构与功能之间的关系十分重要。第三，研究蛋白质的结构意义重大，分析蛋白质结构、功能及其关系是蛋白质组计划中的一个重要组成部分。研究蛋白质结构，有助于了解蛋白质的作用，了解蛋白质如何行使其生物功能，认识蛋白质与蛋白质（或其他分子）之间的相互作用，这无论是对于生物学，还是对于医学和药学，都是非常重要的。

一种生物体的基因组规定了所有构成该生物体的蛋白质，基因规定了蛋白质的氨基酸序列。虽然蛋白质由氨基酸的线性序列组成，但是它们只有折叠成特定的空间构象才能具有相应的活性和生物学功能。了解蛋白质的空间结构不仅有利于认识蛋白质的功能，也有利于认识蛋白质是如何执行其功能的。确定蛋白质的结构对于生物学研究是非常重要的。

9.2 软件和数据库

NCBI、ExPASy（Expert Protein Analysis System）。

Prabi，https：//npsa‑prabi.ibcp.fr/cgi‑bin/npsa_automat.pl? page = npsa_sopma.html。

JPred4，http：//www.compbio.dundee.ac.uk/jpred/index.html。

PSIPRED，http://bioinf.cs.ucl.ac.uk/psipred/。

SWISS‑MODEL，https：//swissmodel.expasy.org/interactive。

Phyre2，http：//www.sbg.bio.ic.ac.uk/phyre2/html/page.cgi? id = index。

I‑TASSER，https：//zhanglab.ccmb.med.umich.edu/I‑TASSER/。

9.3 蛋白质的一级结构预测

9.3.1 利用 ProtParam 分析蛋白质序列的理化性质

蛋白质序列的理化性质包括氨基酸组成、等电点、分子量、消光系数、稳定性等。

9.3.1.1 准备序列

从 NCBI 数据库中下载青蒿的 Cytochrome P450 蛋白质 gene3771（序列号为 PWA95842.1）的 FASTA 格式文件，链接为 https：//www.ncbi.nlm.nih.gov/nuccore/PKPP01000215。

9.3.1.2 程序运行和结果分析

打开 Expasy 主页（https：//www.expasy.org/），选择 ProtParam 分析软件

9 蛋白质分析及结构预测

(https://web.expasy.org/protparam/)。在 ProtParam 主页粘贴 gene3771 的氨基酸序列，点击"Compute Parameters"进行分析。ProtParam 的结果详细地列出了蛋白质的一级结构和理化性质（图 9-1）。相关参数见表 9-1。

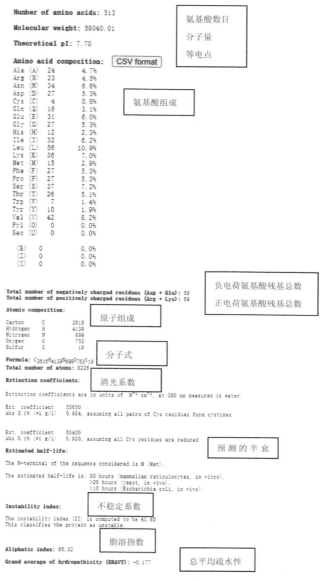

图 9-1　蛋白质一级结构及理化特性分析

表 9-1　蛋白质一级结构的理化特性相关参数

参数	说明
半衰期	蛋白质变性或者分解一半的时间，用来衡量蛋白质稳定性
不稳定系数	作为蛋白质在体外测试中稳定性的参考值。不稳定系数<40，稳定；不稳定系数>40，则不稳定
脂溶指数	蛋白质脂肪侧链占蛋白质的相对含量，由蛋白质中 Ala，Val，Ile，Leu 的含量所决定
总平均疏水性	序列中所有氨基酸亲水值的总和与氨基酸数量的比值，负值越大表示亲水性越好，正值越大表示疏水性越强

9.3.2　利用 ProtScale 分析蛋白质的疏水性

氨基酸侧链的疏水性用从各氨基酸减去甘氨酸疏水性之值来表示，蛋白质的疏水性在保持蛋白质三级结构的形成与稳定中发挥着重要作用。在 Expasy 主页，选择 ProtScale 分析软件（https：//web.expasy.org/protparam/）。在 ProtScale 主页粘贴 gene3771 的氨基酸序列，采用默认参数设置，点击"Submit"进行分析。结果如图 9-2 所示。亲水用负值表示，疏水用正值表示。

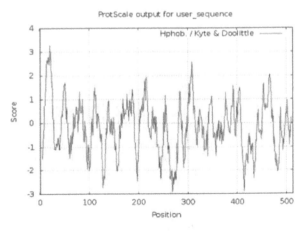

图 9-2　蛋白质的亲水和疏水性分析结果

9.4 蛋白质的二级结构预测

9.4.1 SOPMA 预测蛋白质二级结构

SOPMA 基于 Levin 同源预测方法，通过比对蛋白质数据库中相同基因家族的序列，获得同源蛋白，再经 SOPM（Self-Optimized Prediction Method，自优化预测方法）方法比对相似性结构以预测蛋白质的二级结构。在 Prabi 主页（https：//prabi.ibcp.fr/htm/site/web/home）选择"Secondary Structure Prediction Services"，或者直接进入 SOPMA 页面（https：//npsa-prabi.ibcp.fr/cgi-bin/npsa_automat.pl?page=npsa_sopma.html），在对话框中输入目的蛋白序列，采用默认参数设置，点击"Submit"提交任务。结果如图 9-3 所示。

该序列主要含有 α 螺旋（Alpha Helix）、延伸链（Extended Strand）、β 折

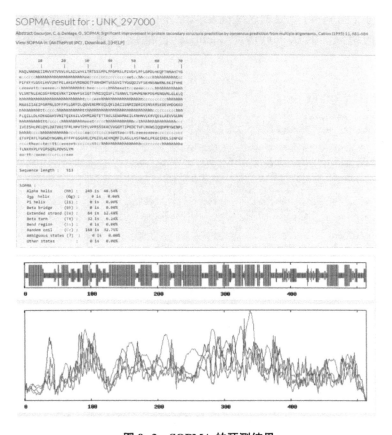

图 9-3 SOPMA 的预测结果

叠（Beta Turn）和无规则卷曲（Random Coil）。其中 Alpha helix 有 249 个氨基酸，占 48.54%；Extended Strand 有 64 个氨基酸，占 12.48%；Beta Turn 有 32 个氨基酸，占 6.24%；Random Coil 有 168 个氨基酸，占 32.75%。根据分布图可以发现，Alpha Helix、Extended Strand 和 Random Coil 贯穿于整个氨基酸链，Beta Turn 较少，散布在 Helix 附近。

9.4.2 JPred 预测蛋白质二级结构

JPred 试图根据氨基酸组成和与具有已知二级结构的序列相似性来推断蛋白质可能的二级结构。首先利用 PSI-BLAST 搜索 UniRef90 序列并建立多序列比对信息，然后利用神经网络的算法（JNet v.2.0）预测出目的蛋白的二级结构信息。打开 JPred 主页（http://www.compbio.dundee.ac.uk/jpred/index.html），在 Input Sequence 对话框中输入蛋白质序列，点击“Make Prediction”。首先通过与 PDB 数据库中存在的已知结构蛋白进行比对，获取相似性蛋白质的二级结构（图 9-4）。根据这些高相似性蛋白的结构，可以推测出目的蛋白的二级结构组成。其次，点击“Continue”，继续预测。预测结果如图 9-5 所示。

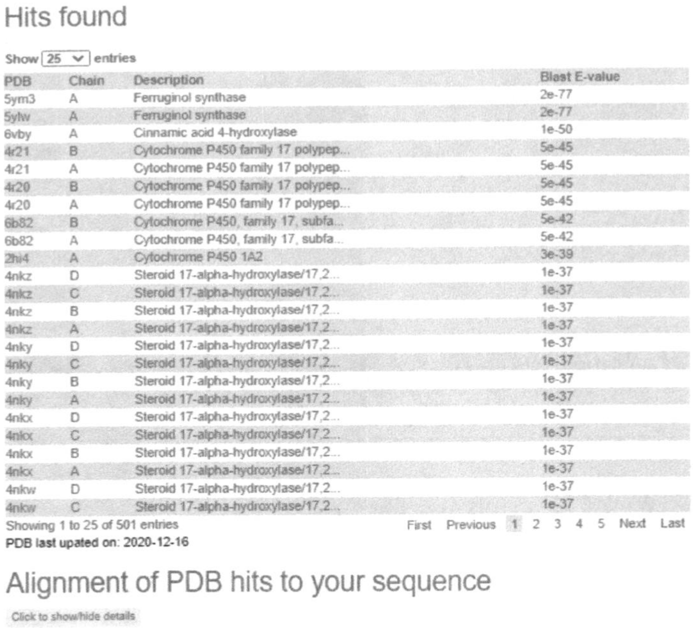
Hits found

Show 25 entries

PDB	Chain	Description	Blast E-value
5ym3	A	Ferruginol synthase	2e-77
5ylw	A	Ferruginol synthase	2e-77
6vby	A	Cinnamic acid 4-hydroxylase	1e-50
4r21	B	Cytochrome P450 family 17 polypep...	5e-45
4r21	A	Cytochrome P450 family 17 polypep...	5e-45
4r20	B	Cytochrome P450 family 17 polypep...	5e-45
4r20	A	Cytochrome P450 family 17 polypep...	5e-45
6b82	B	Cytochrome P450, family 17, subfa...	5e-42
6b82	A	Cytochrome P450, family 17, subfa...	5e-42
2hi4	A	Cytochrome P450 1A2	3e-39
4nkz	D	Steroid 17-alpha-hydroxylase/17,2...	1e-37
4nkz	C	Steroid 17-alpha-hydroxylase/17,2...	1e-37
4nkz	B	Steroid 17-alpha-hydroxylase/17,2...	1e-37
4nkz	A	Steroid 17-alpha-hydroxylase/17,2...	1e-37
4nky	D	Steroid 17-alpha-hydroxylase/17,2...	1e-37
4nky	C	Steroid 17-alpha-hydroxylase/17,2...	1e-37
4nky	B	Steroid 17-alpha-hydroxylase/17,2...	1e-37
4nky	A	Steroid 17-alpha-hydroxylase/17,2...	1e-37
4nkx	D	Steroid 17-alpha-hydroxylase/17,2...	1e-37
4nkx	C	Steroid 17-alpha-hydroxylase/17,2...	1e-37
4nkx	B	Steroid 17-alpha-hydroxylase/17,2...	1e-37
4nkx	A	Steroid 17-alpha-hydroxylase/17,2...	1e-37
4nkw	D	Steroid 17-alpha-hydroxylase/17,2...	1e-37
4nkw	C	Steroid 17-alpha-hydroxylase/17,2...	1e-37

Showing 1 to 25 of 501 entries First Previous 1 2 3 4 5 Next Last

PDB last upated on: 2020-12-16

Alignment of PDB hits to your sequence

Click to show/hide details

图 9-4 Jpred 通过 PDB 数据库同源比对的初步结果

9　蛋白质分析及结构预测

图 9-5　Jpred 的预测结果

9.4.3　PSIPRED 预测蛋白质二级结构

在 PSIPRED（http：//bioinf. cs. ucl. ac. uk/psipred/）主页，选择预测方法并在 Protein Sequence 框中输入蛋白质序列，点击"Submit"分析蛋白质的二级结构，具体结果如图 9-6 所示。PSIPRED 不仅预测了二级结构，还列出了跨膜的 α 螺旋和细胞外区域。

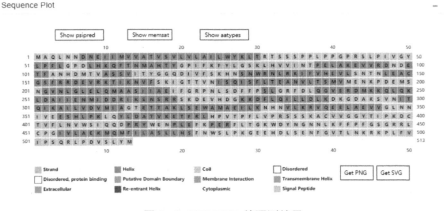

图 9-6　PSIPRED 的预测结果

9.5 蛋白质的三级结构预测

9.5.1 SWISS-MODEL 同源建模

蛋白质结构同源建模的理论基础是相似的氨基酸序列具有相似的三级结构。SWISS-MODEL 在建模过程中，首先找到与目的序列同源的已知结构作为模板，通过目的序列与模板序列比对，预测三级结构模型，评估模型质量，并循环重复直至得到一个可信度较高的模型。打开 SWISS-MODEL 的主页，选择"Start Modeling"进入预测的界面（https://swissmodel.expasy.org/interactive）。在 Target sequence（s）框中输入 FASTA 格式的序列信息，输入项目名称和邮箱地址，点击"Build Model"开始建模，结果如图 9-7 所示。如果目标序列与模板序列的一致度<30%，SWISS-MODLE 同源建模法是不适用的。GMQE（全球模型质量估计）是目的序列—模板序列对齐方式和模板搜索方法属性的质量评估，反映了使用一种对齐方式和模板构建模型的预期准确性以及目的序列的覆盖范围。GMQE 可信度范围为 0~1，值越大表明可靠性越高，模型质量越好。QMEAN 的区间为-4~0，越接近 0，表明模型结构与相似大小的实验结构之间具有良好的一致性，评估目的序列与模板序列的匹配度越好。

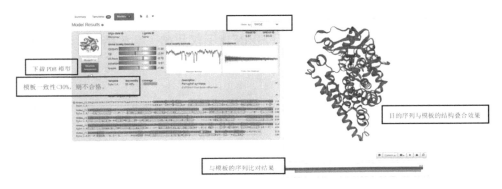

图 9-7 SWISS-MODEL 建模结果

9.5.2 Phyre2 折叠识别法建模

Phyre2 从蛋白质结构数据库中识别与目的蛋白具有相似折叠类型，进而实现对目的蛋白的空间结构预测。打开 Phyre2（http://www.sbg.bio.ic.ac.uk/phyre2/）页面，在 Amino Acid Sequence 框中输入序列信息，点击"Phyre Search"开始建模。

9 蛋白质分析及结构预测

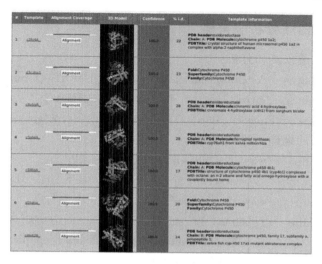

图 9-8　Phyre2 预测蛋白质三级结构

9.5.3　I-TASSER 从头计算法建模

蛋白质的天然构象对应其能量最低的构象，因此 I-TASSER 通过构造合适的能量函数及优化方法，实现从蛋白质序列直接预测其三维结构的目的。在 I-TASSER（https://zhanglab.ccmb.med.umich.edu/I-TASSER/）主页（图 9-9），输入序列信息，点击 "Run I-TASSER" 进行结构预测。I-TASSER 的预测结果中，包括蛋白质的二级结构信息、建模结果及空间结构图、PDB 数据库中的相似性结构、配体结合位点预测、活性氨基酸位点预测和 GO 注释预测等。

图 9-9　I-TASSER 主界面

9.6 常用蛋白质分析服务器

9.6.1 膜蛋白质预测和分析

TMpred, https://embnet.vital-it.ch/software/TMPRED_form.html。
TMHMM, http://www.cbs.dtu.dk/services/TMHMM/。
GPI Lipd Anchor Projecet, http://mendel.imp.ac.at/gpi/gpi_server.html。

9.6.2 蛋白质的翻译后修饰分析

SignalP, http://www.cbs.dtu.dk/services/SignalP/。
Signal-3L, http://www.csbio.sjtu.edu.cn/bioinf/Signal-3L/。
PrediSi, http://www.predisi.de/。
Phobius, https://phobius.sbc.su.se/。
SPEPLip, http://gpcr.biocomp.unibo.it/cgi/predictors/spep/pred_spepcgi.cgi。
GlycoEP, http://crdd.osdd.net/raghava/glycoep/。
NetOGlyc, http://www.cbs.dtu.dk/services/NetOGlyc/。
NetNGlyc, http://www.cbs.dtu.dk/services/NetNGlyc/。

9.6.3 蛋白质的亚细胞定位预测

WoLF PSORT, https://wolfpsort.hgc.jp/。
TargetP, http://www.cbs.dtu.dk/services/TargetP/。
Cell-PLoc, http://www.csbio.sjtu.edu.cn/bioinf/Cell-PLoc/。
Plant-mPLoc, http://www.csbio.sjtu.edu.cn/bioinf/plant-multi/。
Plant-PLoc, http://www.csbio.sjtu.edu.cn/bioinf/plant/。

9.6.4 化学因子作用蛋白质的位点预测

PeptideCutter, https://web.expasy.org/peptide_cutter/。

参考文献

DROZDETSKIY A, COLE C, PROCTER J, et al., 2015. JPred4: a protein secondary structure prediction server [J]. Nucleic Acids Res earch, 43 (1): 389-394.

GEOURJON C, DELéAGE G, 1995. SOPMA: significant improvements in protein secondary structure prediction by consensus prediction from multiple alignments [J]. Bioinformatics, 11 (6): 681-684.

KELLEY L A, MEZULIS S, YATES C M, et al., 2015. The Phyre2 web portal for protein modeling, prediction and analysis [J]. Nature Protocols, 10 (6): 845-858.

WATERHOUSE A, BERTONI M, BIENERT S, et al., 2018. SWISS - MODEL: homology modelling of protein structures and complexes [J]. Nucleic Acids Res earch, 46 (1): 296-303.

YANG J, YAN R, ROY A, et al., 2015. The I - TASSER Suite: protein structure and function prediction [J]. Nature Methods, 12 (1): 7-8.

YANG J, ZHANG Y, 2015. I - TASSER server: new development for protein structure and function predictions [J]. Nucleic Acids Research, 43 (1): 174-181.

10 GO 分析基因功能

10.1 GO 简介

GO（Gene Ontology，基因本体论）是按照严格的生物学背景、采用统一的词条结构注释基因及其产物的数据库。GO 注释分为三大类，分别是分子功能（Molecular Function，MF）、生物学过程（Biological Process，BP）和细胞组分（Cellular Component，CC）。通过这三大类功能，对一个基因的功能进行多方面的限定和描述。分子功能描述在基因产物所行使的分子生物学活性，基因在分子水平上的活动，例如结合活性、氧化还原活性、转移酶活性、RNA 合成、DNA 合成、转录等。生物学过程描述了基因产物所参与的生物学过程，如代谢过程、生物合成过程，然而，生物学过程并不对生物学的每个方面进行描述，如功能域的结构、3D 结构、进化等具体信息不包含在内。细胞组分描述了基因产物行使相应的分子功能及参与特定生物学过程中所处的细胞环境，如细胞质、细胞核、细胞膜等。

GO 数据库中一个基本概念是节点，每个节点都有一个词条，对应一个唯一的 GO 编号。GO 的词条有着直接非循环式（Directed Acyclic Graphs，DAGs）的特点。GO 的每个分支含有大量的分支和节点词条，位于越高层的节点词条代表的意义越广泛，越底层的节点词条意义越具体化。每个节点含有多个广泛的父项词条（Parent Term）和多个意义具体的子项词条（Children Term）。一个基因产物可以被 GO 的多个分支或多种词条注释，如果某一基因被某特定节点 A 注释，则该基因将自动被 A 节点的所有祖项词条（Ancestors Terms）所注释。

目前，GO 注释信息统计和结果展示可以用在线分析工具获得。GO 官网（http：//geneontology.org/）中提供了集中常见物种的 GO 注释信息，可以进行 GO 富集分析，以及 GO 词条或者基因产物检索。AmiGO 2（http：//amigo.geneontology.org/amigo）和 EBI 的 QuickGO（https：//www.ebi.ac.uk/QuickGO/）也可查看和下载相关的 GO 注释信息，并进行 GO 富集分析。AgriGO（http：//systemsbiology.cau.edu.cn/agriGOv2/index.php）是专注于农作物相关的 GO 功能注释与富集分析工具。GO 分析是预测基因产物功能的重要工具手段。针对特定组织特定条件下

10 GO 分析基因功能

基因产物的富集分析，可以判定组织特异性的基因功能类型。

10.2 软件和数据库

AmiGO 2，http：//amigo.geneontology.org/amigo。

AgriGO，http：//systemsbiology.cau.edu.cn/agriGOv2/index.php。

10.3 AmiGO 2 在线浏览和搜索

AmiGO 2 是由 GO 数据库官方提供的 GO 词条浏览、查询和下载工具。本实验介绍 AmiGO 的基础使用方法。

10.3.1 浏览

进入 AmiGO 2 官网（http：//amigo.geneontology.org/amigo/landing），点击"Browse"浏览 GO 数据库（图 10-1）。

图 10-1　AmiGO 2 官网

数据采用树状图的形式呈现，提供了清晰的层级分类信息，通过这种树状浏览的方式，可以方便地根据功能对 GO 数据库进行筛选（图 10-2）。

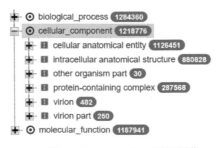

图 10-2　AmiGO 2 树状浏览

如要查看详细的所属层级下所有的 Gene Ontology 信息只需要点击相应层级，弹出对话框之后再点击"Term"右侧的蓝色字体链接跳转网页即可（图 10-3 以"virion"层级为例）。

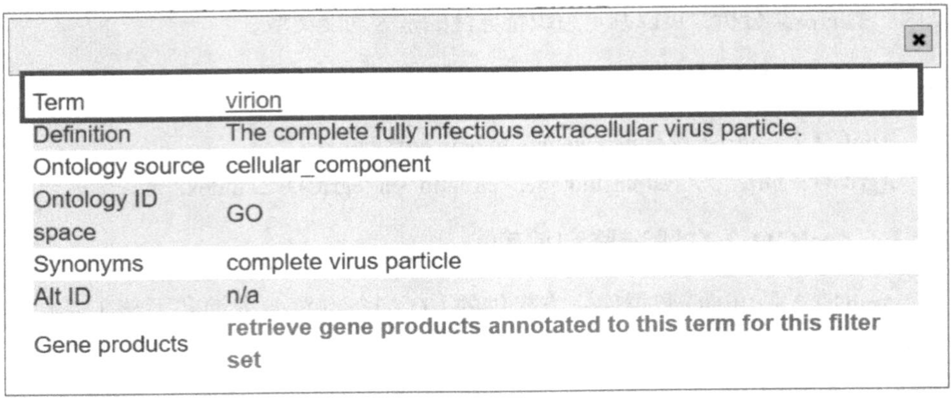

Term	virion
Definition	The complete fully infectious extracellular virus particle.
Ontology source	cellular_component
Ontology ID space	GO
Synonyms	complete virus particle
Alt ID	n/a
Gene products	retrieve gene products annotated to this term for this filter set

图 10-3 "virion" 层级页面

新跳转的网页就有"virion"层级的相关信息，并且可以点击"Download"下载（图 10-4）。

图 10-4 下载界面

10.3.2 查询

AmiGO 2 还具有搜索功能，通过 Search 可进行 3 种不同的数据查询方法，分别是 Annotations、Ontology 和 Genes and Gene Products，并且搜索到的数据都可以点击"Download"进行下载。通过 Annotations 搜索可以查询物种的 GO 注释信息。通过 Ontology 搜索可以对所有 GO Tems 进行查询和筛选。通过 Genes and Gene Products 搜索可以查询基因产物和 GO 之间的对应关系（图 10-5）。

10 GO 分析基因功能

图 10-5　AmiGO 2 查询页面

10.3.2.1　Annotation

Annotations 的页面如图 10-6 所示。

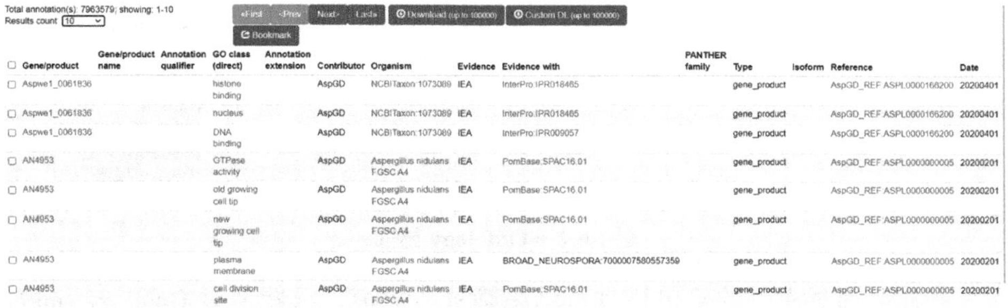

图 10-6　Annotation 界面

网页左侧的菜单栏可以选择不同的条件对搜索结果进行过滤（图 10-7）。

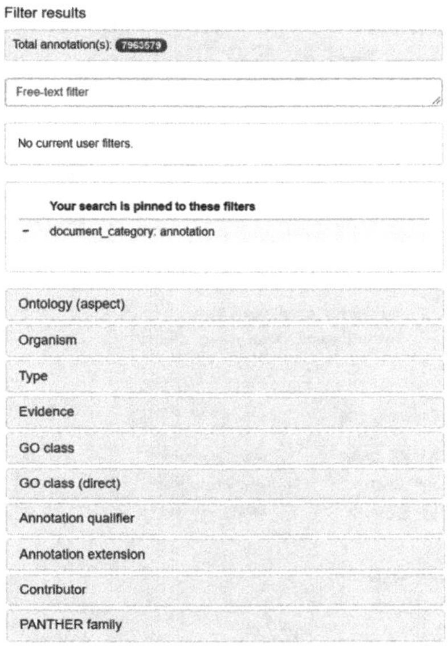

图 10-7　Annotation 筛选条件

10.3.2.2 Ontology

Ontology 的页面如图 10-8 所示。

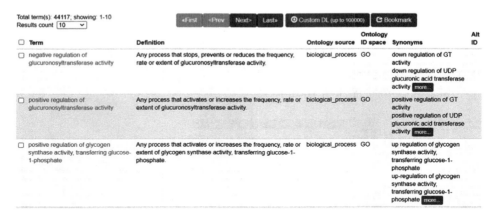

图 10-8 Ontology 界面

同样可通过左侧的菜单栏进行结果筛选，目前，只能通过 Ontology source 和 SubSet 进行筛选。Ontology Source 指的是 GO 的三大类型（MF、BP、CC）；Subset 代表 GO Slim，指的是 GO 数据库的子集，可以根据研究物种的范围筛选合适的 GO Skim。通过"+"将对应的条件添加到筛选条件中（图 10-9）。

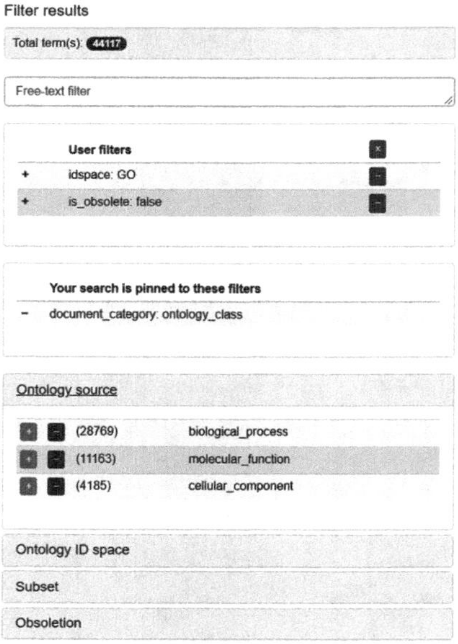

图 10-9 Ontology 筛选条件

10. 3. 2. 3　Genes and Gene Products

Genes and Gene Products 的页面如图 10-10 所示。

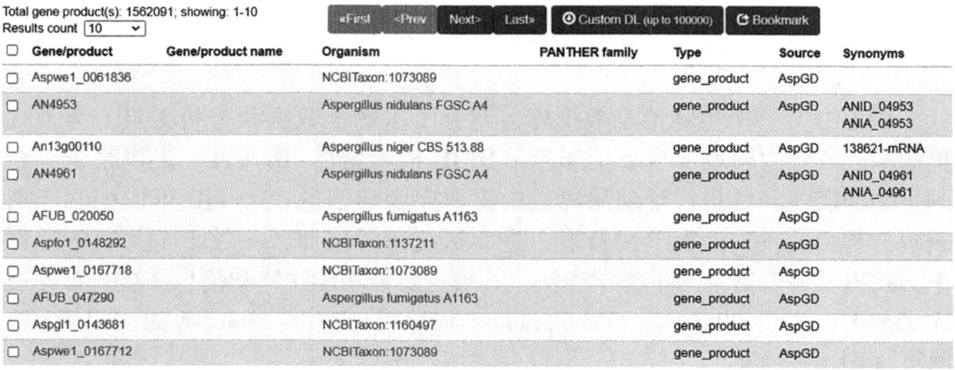

Total gene product(s): 1562091; showing: 1-10
Results count 10

«First　<Prev　Next>　Last»　Custom DL (up to 100000)　Bookmark

Gene/product	Gene/product name	Organism	PANTHER family	Type	Source	Synonyms
Aspwe1_0061836		NCBITaxon:1073089		gene_product	AspGD	
AN4953		Aspergillus nidulans FGSC A4		gene_product	AspGD	ANID_04953 ANIA_04953
An13g00110		Aspergillus niger CBS 513.88		gene_product	AspGD	138621-mRNA
AN4961		Aspergillus nidulans FGSC A4		gene_product	AspGD	ANID_04961 ANIA_04961
AFUB_020050		Aspergillus fumigatus A1163		gene_product	AspGD	
Aspfo1_0148292		NCBITaxon:1137211		gene_product	AspGD	
Aspwe1_0167718		NCBITaxon:1073089		gene_product	AspGD	
AFUB_047290		Aspergillus fumigatus A1163		gene_product	AspGD	
Aspgl1_0143681		NCBITaxon:1160497		gene_product	AspGD	
Aspwe1_0167712		NCBITaxon:1073089		gene_product	AspGD	

图 10-10　Genes and Gene Products 界面

在页面右侧的菜单栏，可以对结果进行过滤（图 10-11）。

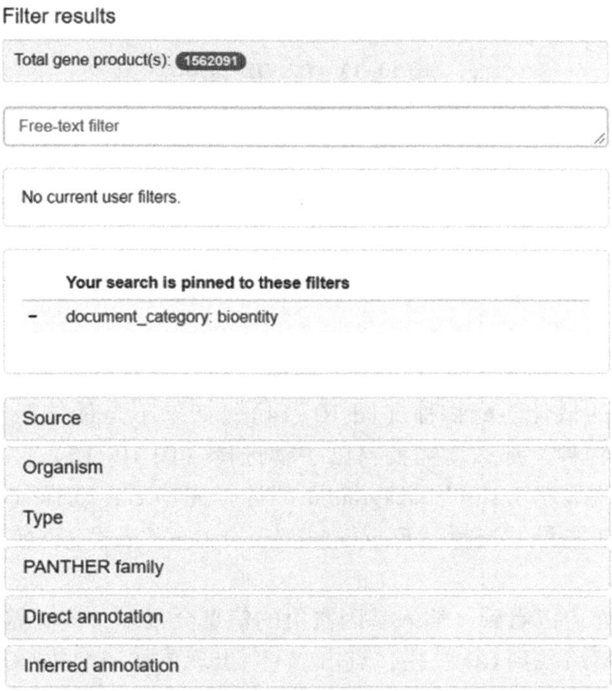

图 10-11　Genes and gene products 筛选条件

以上 AmiGO 2 的基本功能就介绍完毕，其实 AmiGO 2 网站还有许多其他实用的功能和工具本实验就不再阐述，详情可以查阅官网或者学习其他资料。

10.4　DAVID 注释分析

DAVID 是一个生物信息数据库，整合了生物学数据和分析工具，为大规模的基因或蛋白列表（成百上千个基因 ID 或者蛋白 ID 列表）提供系统综合的生物功能注释信息，帮助用户从中提取生物学信息。DAVID 可以把输入列表中的基因关联到生物学注释上，进而从统计的层面，在数千个关联的注释中，找出最显著富集的生物学注释，其最主要是功能注释和信息链接。首先进入 DAVID 官网（https：//david.ncifcrf.gov/），点击"Start Analysis"跳转网页（图 10-12）。

图 10-12　DAVID 官网

网页跳转后在左侧菜单栏点击"Upload"按钮，然后在下方空白框里粘贴基因列表（可以自动识别空格和未识别的基因）或者点击下方"选择文件"上传基因列表文件并且选择上传的基因所对应的正确基因 ID 类型，最后选择"Gene List"并点击"Submit List"提交并耐心等待网页分析（图 10-13）。

网页分析完之后跳转进入下一个界面，在这里选择物种，通常情况下，网页自动给出的最佳匹配物种（图 10-14），如果不是最佳匹配或者不是自己想要选择的物种，那么就需要自己手动选择（图 10-15）。

当网页右侧显示 List 和 Background 都选择完毕后，选择分析工具，本实验要做的是 GO 注释，选择"Functional Annotation Chart"跳转网页（图 10-16）。

在这个界面可以看到，输入基因富集的信息会很多，我们需要先取消网页的默认选项，然后找到 GO 一栏，点击"+"出现更加详细的 GO 分类，勾选 3 个红色的 DIRECT 选项的 BP、CC 和 MF（DIRECT 的注释相较于其他分类更加准确）（图 10-17）。

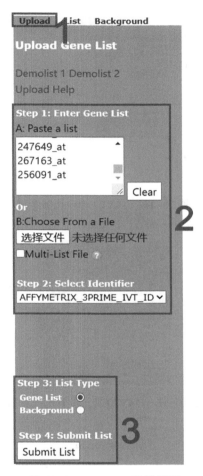

图 10-13　DAVID 设置界面

最后点击网页下方"Functional Annotation Chart"按钮弹出新网页（图 10-18）。

新网页上就是 GO 分析的表格并且可以下载（图 10-19）。

通过以上步骤，就获得了 GO 注释分析的结果，后续可以将表格数据做成各种各样的图形来实现可视化。

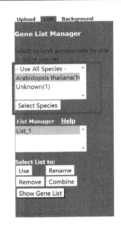

图 10-14 DAVID 物种选择界面

图 10-15 DAVID 背景物种选择界面

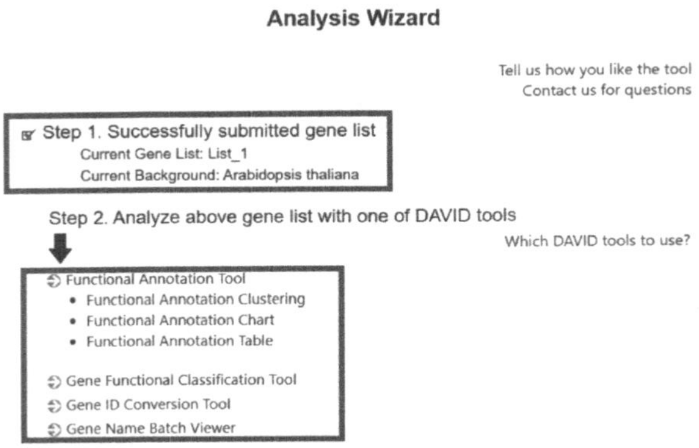

图 10-16 DAVID 分析工具选择界面

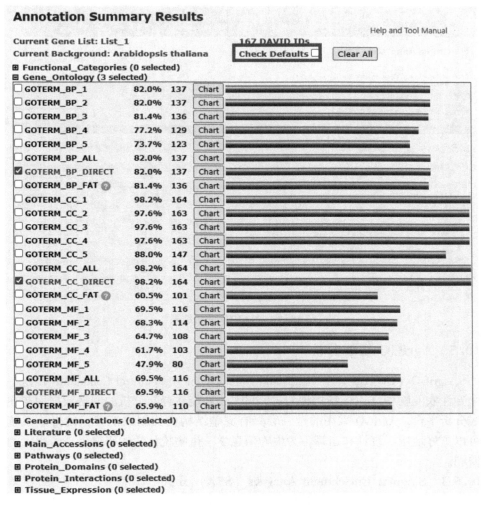

图 10-17　DAVID 注释信息选择界面

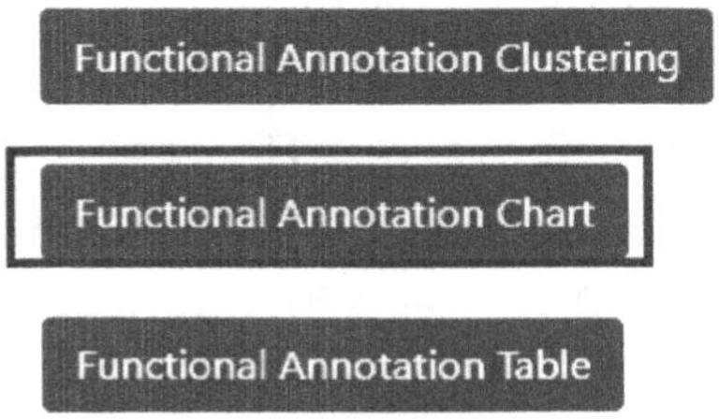

图 10-18　DAVID 分析工具选择界面

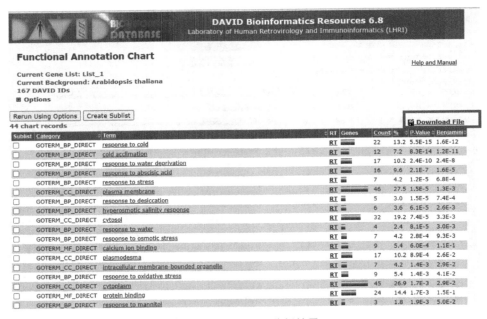

图 10-19 DAVID 分析结果

10.5 AgriGO 在线分析

AgriGO（GO Analysis Toolkit and Database for Agricultural Community）是一个专注农业物种（以植物物种为主）的 GO 功能注释与分析的网络数据库与在线分析平台。AgriGO 采用的是一套具有完整结构的控制词汇集，使得该系统可以更好地用于统计和运算，为生物信息学、生物统计学的研究带来了很大的便利。

10.5.1 Singular Enrichment Analysis（SEA）分析

首先进入 AgriGO 的官网（http://systemsbiology.cau.edu.cn/agriGOv2/），点击"Analysis"然后选择植物再选择禾本科（图 10-20）。

SEA 分析是对一组目标基因中对应的 GO 词条进行富集分析。采用 AgriGO 数据库提供的水稻测试数据，选择建议的参考基因组 MSU7.0 gene lD（TIGR）（eg. LoC_Os06g29340）作为参考背景，在默认的参数设置下开展 GO 词条富集分析，点击"Submit"跳转网页，等待分析结果（图 10-21）。

结果页面有四大模块，分别是分析总结（Analysis Brief Summary）、图形结果（Graphical Results）、GO Flash 表单（GO Flash Chart）和详细信息（Detail Information）。在分析总结模块中，包括了此次分析的识别号、物种、背景、GO 注释目标列表成员等信息及相关的链接。在图形模块中，则将分析

10　GO 分析基因功能

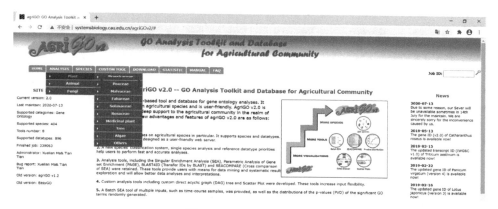

图 10-20　AgriGO 官网

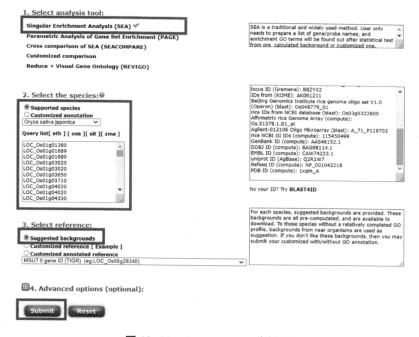

图 10-21　AgriGO SEA 分析页面

结果以层级树状图形显示。在层级树状图中，GO 词条以内含详细说明的方框表示，根据 GO 词条的富集显著程度，用不同的颜色来表示（无显著性为白色，有显著性则随着显著程度增加而颜色加深），同时，根据词条间的内在层级关系排布词条，并且用不同线型的线连接词条。点击这些方框，将进入该词条的详细信息页，该页面中有目标列表中被该词条所注释的基因或者探针的详细信息（图 10-22）。

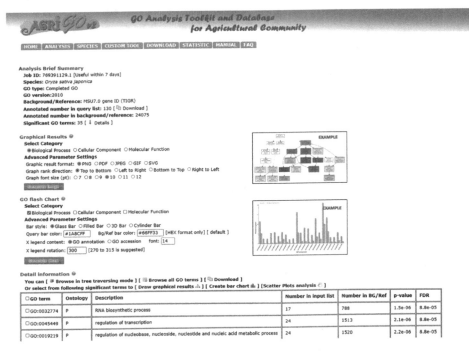

图 10-22　SEA 分析结果页面

10.5.2　PAGE 分析

PAGE 分析是从带有表达变化倍数的目标基因中找到变化显著的 GO 词条。采用 AgriGO 数据库提供的 Example 数据，在默认的参数设置下开展 PAGE 分析，点击"Submit"跳转网页，等待分析结果（图 10-23）。

PAGE 分析结果页面与 SEA 的页面既有相同的地方也有不同之处，这主要是因为 PAGE 结果页面自身支持不同时间点或者不同处理的分析结果比较，而 SEA 则需要使用 SEACOMPARE 工具才能实现。PAGE 结果页面的结构和 SEA 分析的结果页面相似，其中一个特色的工具便是 HTML 表单模块（Colorful Textmode），利用该模块，GO 词条在不同时间点或者处理条件下的变化显著性可以用 HTML 表单的形式显示出来。在此表单中，红色表示该 GO 词条显著上调，蓝色则表示显著下调，而颜色越深则越显著。为了能够使结果更加简明，可以自主地选择 GO 词条来生成简短的 HTML 表单。HTML 表单结果有助于快速有效地挖掘出 PAGE 分析结果中的生物学含义。与 SEA 分析类似，PAGE 分析也支持层级树状图。更进一步，PAGE 能支持两个时间点或处理之间的分析

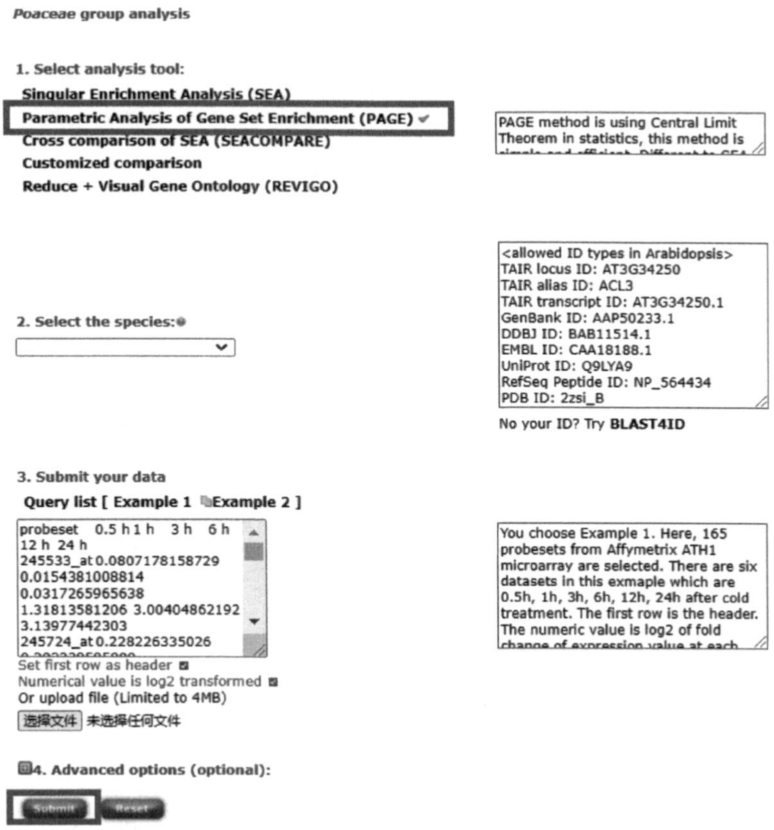

图 10-23　AgriGO PAGE 分析页面

结果展示。当有两个时间的时候，PAGE 会采用三套颜色体系，黄红色系统、青蓝色系统、紫色系统分别代表两个时间点该词条上调、下调、上下调不一致（图 10-24）。

10.6　常用功能富集分析服务器或语言包

GO，http：//gene ontology. org/。
AmiGO，http：//amigo. geneontology. org/amigo。
QuickGO，https：//www. ebi. ac. uk/QuickGO/。
AgriGO，http：//systemsbiology. cau. edu. cn/agriGOv2/index. php。
WEGO，https：//wego. genomics. cn/。
GOEAST，http：//omicslab. genetics. ac. cn/GOEAST/。
PANTHER，http：//pantherdb. org/。

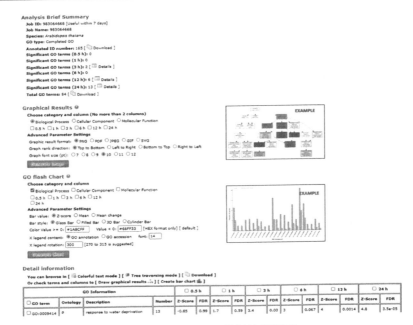

图 10-24 PAGE 分析结果页面

DAVID，https：//david. ncifcrf. gov/tools. jsp。

参考文献

陈长生，曹文君，李远明，2008. 基因表达谱富集分析方法研究进展[J]. 生物技术通讯，19（6）：931-934.

ASHBURNER M, CATHERINE A B, JUDITH A B, et al., 2000. Gene ontology: tool for the unification of biology[J].The Gene Ontology Consortium Nature Genetics, 25(1): 25-29.

CARBON S, IRELAND A, MUNGALL C J, et al., 2009. AmiGO: online access to ontology and annotation data´, Bioinformatics, 25: 288-289.

DU Z, ZHOU X, LING Y, et al., 2010.agriGO: a GO analysis toolkit for the agricultural community[J].Nucleic Acids Research, 38: 64-70.

JIAO X, SHERMAN B T, HUANG D W, et al., 2012. DAVID-WS: a stateful web service to facilitate gene/protein list analysis[J]. Bioinformatics, 28: 1 805-1 806.

TIAN T, LIU Y, YAN H, et al., 2017.agriGO v2. 0: a GO analysis toolkit for the agricultural community[J].Nucleic Acids Research, 45(1): 122-129.

11 KEGG 等代谢通路专业数据库

11.1 代谢通路数据库简介

代谢（Metabolism）是生命体细胞中发生化学反应的集合，这些化学反应旨在为生物学过程提供能量、合成化学物质以维持生命活动或者适应外界环境的变化。从生物化学的角度来看，代谢通路（Metabolic Pathway）是发生在细胞中的酶介导的一系列化学反应。在这些酶促化学反应中，反应底物、中间产物和最终产物均被称作代谢物（Metabolites）。反应底物或中间产物在酶的作用下，生成最终产物，该过程被称为代谢通路，即代谢途径。生物体的代谢过程是丰富多样的，通过对代谢通路进行注释，研究者可以深入探索细胞内复杂的代谢方式。目前的主流代谢通路数据库是 KEGG（Kyoto Encyclopedia of Genes and Genomes，京都基因与基因组百科全书）。KEGG 由日本京都大学和东京大学联合开发，整合了基因组、化学信息、系统功能信息和健康的四大类数据。

除此之外，还有许多常用的代谢通路数据库。

MetaCyc（https://metacyc.org/）。该数据库收集了来自科技论文的实验数据，为代谢通路和酶提供了大量的参考信息，包括初生代谢和次生代谢通路、相关的化合物、酶和基因的信息。在这个数据库中可以查询特定的代谢通路、预测基因组测序中潜在的代谢通路、通过酶数据库支持代谢通路。需要注意的是，MetaCyc 数据库仅包含已经实验验证的代谢途径。

BioCyc（https://biocyc.org/）。集合了多个代谢途径数据库的数据，大量物种的基因组和代谢途径都可以通过此数据库查询。不仅包含 EcoCyc、MetaCyc、HumanCyc 和 BsubCyc 数据库，还提供了大量分析工具，基因组浏览器、个体代谢通路和完整代谢图的显示等。

PlantCyc（http://www.plantcyc.org/）。植物代谢网络（The Plant Metabolic Network，PMN）旨在建立植物专属代谢途径数据库。PlantCyc 包含基因信息、酶信息、化合物信息、反应信息和初级、次级代谢产物的信息，并且可以使用可视化通路工具。

11.2 软件和数据库

KEGG, https://www.genome.jp/kegg/。
Pathview, https://pathview.uncc.edu/。
KAAS, http://www.genome.jp/tools/kaas/。
DAVID, https://david.ncifcrf.gov/home.jsp。
微生信, http://www.bioinformatics.com.cn/。
MetaboAnalyst, https://www.metaboanalyst.ca/。

11.3 KEGG 数据库简介

KEGG 数据库是系统分析基因产物在细胞中的代谢途径以及这些基因产物功能的数据库（图 11-1）。KEGG 数据库有助于把基因及表达信息作为一个整

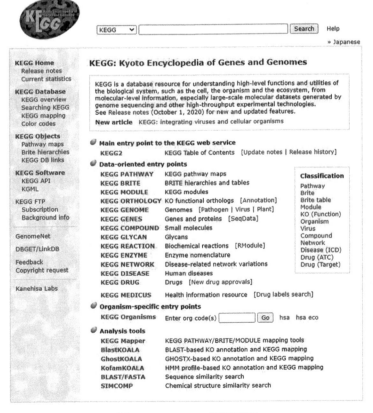

图 11-1 KEGG 首页界面

体的网络进行研究。KEGG 整合了基因组、化学分子和生化系统等方面的数据，包括代谢通路（PATHWAY）、药物（DRUG）、疾病（DISEASE）、基因序列（GENES）及基因组（GENOME）等（表 11-1）。

表 11-1 KEGG 各个子数据库

类别	数据库	内容
系统信息	KEGG PATHWAY	通路图
	KEGG BRITE	层次结构和表
	KEGG MODULE	模块
基因组信息	KEGG ORTHOLOGY（KO）	功能直系同源物
	KEGG GENOME	完整基因组
	KEGG GENES	基因和蛋白质
	KEGG SSDB	基因序列相似性
化学信息	KEGG COMPOUND	小分子化合物
	KEGG GLYCAN	多糖
	KEGG REACTION	反应和反应类别
	KEGG ENZYME	酶
健康信息	KEGG NETWORK	疾病相关网络
	KEGG DISEASE	人类疾病
	KEGG DRUG	药物
	KEGG ENVIRON	健康相关物质
	KEGG MEDICUS	药品标签

11.4 KEGG PATHWAY 子数据库

在生物体内，不同的基因产物相互协调来行使生物学功能，对通路（Pathway）注释分析有助于进一步解读参与该通路酶的功能。KEGG PATHWAY 数据库是一个代谢通路集合的数据库（图 11-2），包含以下几方面的分子间相互作用和反应网络。一是代谢（Metabolism），包括碳水化合物代谢、能量代谢、脂质代谢、核苷酸代谢、氨基酸代谢等相关通路。二是遗传信息加工（Genetic Information Processing），包括转录、翻译、折叠、分选、降解、复制和修复等相关通路。三是环境信息加工（Environmental Information Processing），包括膜转运、信号转导、信号分子相互作用等相关通路。四是细胞过程（Cellular Processes），包括运输和代谢、细胞生长和死亡、细胞群落、细胞运动等相关通路。五是生物体系统（Organismal Systems），包括免疫系统、内分泌系统、循环系统、消化系统、神经系统等相关通路。六是人类疾病（Human Diseases），包括肿瘤、免疫性疾病、神经变性疾病、心血管疾病、内分泌代谢性疾病、药物抗性等相关通路。七是药物开发（Drug Development），包括抗感染药、抗肿瘤药、神经系统药物等相关通路。另外，还包含靶向药物的相关通路，如 G 蛋白偶联受体通路、核受体通路、离子通道通路、转运蛋白通路、酶通路等。

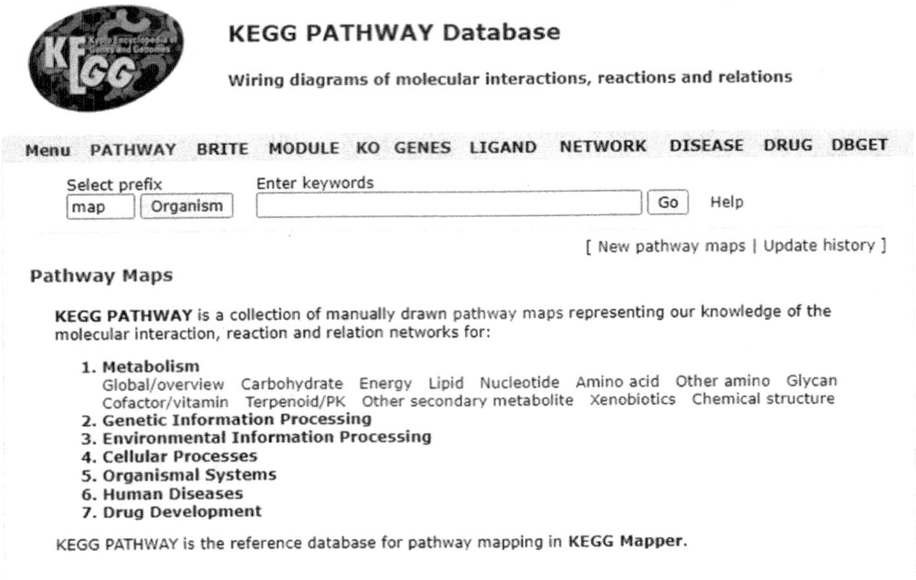

图 11-2　KEGG PATHWAY 界面

11.4.1　KEGG 标识符

在 KEGG 数据库中，每个代谢路径会以图片形式展示，每一幅图的编号由 2~4 个字母前缀代码和 5 位数字组成（图 11-3）。

数字代表的含义如下。编码以 011 或 012 开头的代谢通路图为一些整合性质的代谢通路图；010 指化学结构图（没有新的 ko 扩展）；07 指与药物结构相关的代谢通路图（没有新的 ko 扩展）；常规基因 KEGG 数据库注释分析，就是分析 ko 中去除 011、012、010 以及 07 开头的代谢通路，总共 431 条目。

注意：ko 号码是 KEGG 中一类参考代谢通路，而 ko 代表的是一类具有相似功能的基因簇。

KEGG 中有五类代谢图，用不同的前缀代表着不同种类的通路图。前四类都属于参考代谢通路图（Reference Pathway），是根据现有的科研发现而绘制的，是概括的、详尽的、具有一般参考意义的代谢图。这种通路是不分物种的，相当于所有物种这一通路的并集；第五类属于特定物种的代谢图

(Specific Pathway)（表11-2）。

KEGG Identifier

The KEGG object identifer or simply the **KEGG identifier** (kid) is a unique identifier for each KEGG object, which is also the database entry identifier. Generally it takes the form of a prefix followed a five-digit number as shown below:

Database	Object	Prefix	Example
pathway	KEGG pathway map	map, ko <org> ec, rn	map00010 map00010 hsa04930 hsa04930
brite	BRITE functional hierarchy	br, jp ko <org>	br:08303 br08303 br:01002 ko01002
module	KEGG module	M <org>_M	M00010 M00010
ko	Functional ortholog	K	K04527
genome	KEGG organism (complete genome)	T	T01001 (hsa)
genes <org> vg ag	Gene / protein		hsa:3643 vg:155971 ag:CAA76703
compound	Small molecule	C	C00031
glycan	Glycan	G	G00109
reaction	Reaction Reaction class	R RC	R00259 RC00046
enzyme	Enzyme		ec:2.7.10.1
network	Network element Network variation map	N nt	N00002 nt06210 nt06210
variant	Human gene variant		hsa_var:25v1
disease	Human disease	H	H00004
drug	Drug Drug group	D DG	D01441 DG00710
environ	Health-related substance	E	E00048

<org> represents three- or four-letter organism code

图 11-3　KEGG 标识符

表 11-2　KEGG 代谢图的分类

前缀	通路种类	通路中的信息
map	Reference Pathway	一个点同时表示一个基因、这个基因编码的酶及这个酶参加的反应
ko	Reference Pathway（ko）	ko 通路中的点只表示基因
ec	Reference Pathway（ec）	ec 通路中的点只表示相关的酶
rn	Reference Pathway（Reaction）	Reaction 通路中的点只表示该点参与的某个反应、反应物及反应类型
org	Organism-Specific Pathway Map	物种特异性通路。会用绿色标记这个物种特有的基因或酶。通路的开头为种属的英文缩写（属的首字母+种的前2个字母）

map 通路图是黑白色的，如 map00010（图 11-4），Pathway 中的每一个框（或线）都对应一个或多个编号，代表的不是某一具体物种的基因，而是所有物种的某一同源基因的统称。ko/ec/rn 通路图是蓝色的，而生物体特有的通路（org）是绿色的，其中着色表示通路图的对象存在并与相应条目相关联。对于

全局代谢图（Global Metabolism），map 通路是完全着色的，因此 ko/ec/rn 通路和生物体特异性通路是通过减少表示没有相应条目的着色而生成的。

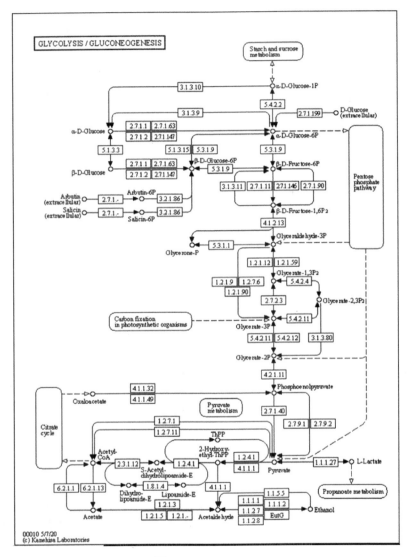

图 11-4　map00010

11.4.2　KEGG 中符号的含义

KEGG 通路本质是一幅线框图，即由点和线构成的基因—代谢物关系图。要读懂这张图，核心是看懂抓住两大元素和三类关系（图 11-5）。

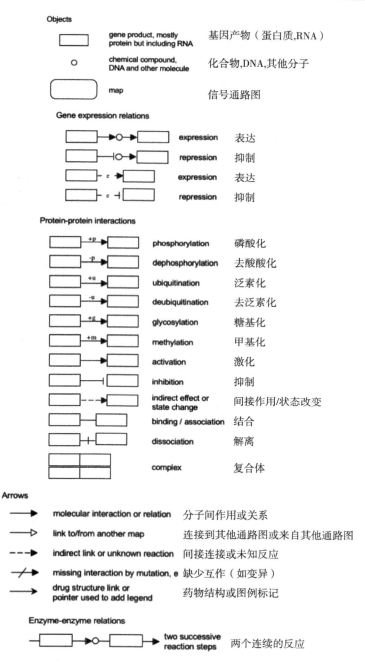

图 11-5 KEGG 中的符号意义

两大元素就是 KEGG 通路图中的点和线。点代表通路图中的节点，主要由基因、代谢物和上下游相邻通路构成。如图 11-5 所示，对应三种不同的形状的符号（长方形、圆点和钝角长方形）。值得注意的是，KEGG 通路图之间并非孤立的，它常常会标注该通路中的基因或代谢物来自或流向其他相邻的通路。线代表通路中分子的互作关系，主要由几类箭头构成，具体信息见图 11-5。

三类关系就是点和线构成的分子间的关系类型。关系类型可以分为蛋白—蛋白互作关系、基因表达关系和酶—酶关系。图 11-6 为 PI3K-AKT signal pathway 通路。图中很多钝角长方形，说明这个通路与很多其他通路存在关系。图中既包含基因（方框），又包含代谢物。而这个通路最大的特点就是蛋白互作包含大量磷酸化（+p）和去磷酸化（-p）的过程。另外，这里某些钝角方框暗示在通路互作关系上其实有着非常复杂的过程。一种情况是它属于另外一个通路的重要组成部分。其他一些情况则是为了说明这个基因或代谢物将流向下一个通路，进行另外一个复杂的过程。

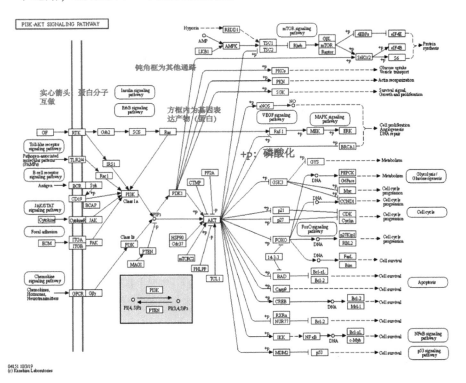

图 11-6　PI3K-Akt signaling pathway

11.5 整合表达谱数据 KEGG 通路可视化

11.5.1 Pathview 的简介

Pathview（https：//pathview.uncc.edu/）网页版有一个简单直观的图形使用界面、有完整的通路分析流程、支持多组学数据和整合分析、交互式并带有超链接的结果图能更好地解释数据、通过同步常规数据库获得最完整以及最新的通路数据、开源的资源和分析。

11.5.2 Pathview 的操作方法及注意事项

11.5.2.1 输入和输出设置（Input & Output）

（1）输入数据（Gene Data 和 Compound Data）。储存数据矩阵的文件格式都是以 Tab 或者逗号分隔的 TXT 或者 CSV 文件，点击编辑框可设置对照组和处理组样本（图 11-7）。

图 11-7　Gene Data and Compound Data 数据输入界面

数据类型主要分为基因数据（Gene Data）和化合物数据（Compound Data）两类。任何类型基因数据（表达谱、组蛋白修饰、染色质开放性等）的数据表，需要包含一列基因 ID 用于数据映射，如 ENTREZ Gene、Symbol、RefSeq、GenBank Accession Number、Enzyme Accession Number 等。在选项框中共有 13 种基因 ID 可选。这里的基因数据是一个广泛的概念，包括基因、转录本、蛋白质、酶及其表达、修饰和任何可测量的属性。基因数据文件的第一列是基因 ID，第一行是样本 ID（图 11-8）。基因数据文件也可以只有一列基因 ID。

化合物数据也是如此，包括代谢物、药物、小分子与它们的测量值和属性，以及用于数据映射的化合物 ID。选项框中化合物数据库 ID 共计 22 种，常用的是 KEGG 数据库 ID。除第一列是化合物外，化合物数据文件格式和基因数据文件的基本一致（图 11-9）。

（2）物种（Species）。对应物种的 KEGG 号、科学名称或公用名称可以在该选项中直接选择 KEGG Orthology 的 ko——ko-KEGG Orthology-N。具体根据导入的数据类型判断。

GeneID	DCIS_1	DCIS_2	DCIS_3
10000	-0.307644803011657	-0.147227694090382	-0.0237848079725982
10001	0.415868045677556	-0.334772587459728	-0.513136907194916
10002	0.198549252264353	0.0378958751402907	0.341865340793341
10003	-0.231552973708022	-0.0965931148518688	-0.104727282977243
100048912	-0.0449072421808854	-0.0520314596982301	0.0363903757833599
10004	-0.0875623713608213	-0.0502772512135126	0.00182113306936227
10005	-0.126266814911332	0.47778743644346	-0.106122480390535
10006	0.650282052697066	0.195060009394105	-0.00535864691789101
10007	0.156691221483623	0.0553516683928343	0.0988623519954821
10009	-0.0192964377452478	0.0051413734793142	-0.0196603248346072
1000	-0.00768965504789243	0.172162087144824	-0.198831429899464
10010	-0.350999948241564	-0.359671734256485	-0.0540199940440491
100127886	-0.185396771503736	-0.0101274310172759	0.0557271185470807
100127972	-0.00494387054199913	-0.0022807423279767	0.00316341745546822
100128008	-0.189191353063317	0.0491337140587156	0.000272936273067792
100128062	1.03921538003391	0.0327963644236995	-0.342966426613046
100128414	-0.000204144753516822	1.2710835403773e-05	-3.18673968138228e-05
100128919	-0.177015021661261	-0.0692979885131546	-0.0048792854828985 1
100129015	-0.0119307563203206	-9.06429020872679e-05	0.00153274612694343
100129128	0.167667835244798	-0.0531599495469024	0.00651121111942689
100129250	-0.198818033410668	0.0593945762402477	-0.047272417529566
100129271	-0.198938690137889	0.0185197300967896	0.00384710585362757
100129361	0.7054649105245	0.36817554881736	-0.218587970599244
100129410	-4.66331678401488e-05	-3.95442066363216e-05	0.000343241397137817
100129482	-0.147041184015472	-0.157672228374977	-0.0694889808791608
100129500	-0.135912014729307	-0.0624370255645497	0.173047981891325
100129503	-0.193717746655854	-0.116032341478872	0.16011653946637
100129624	-0.0475887426430646	0.0135762924475493	0.0368826755711646
100129656	-0.0912728620905012	0.0621863804611653	0.00453744441773107
100129668	-0.0440042400188938	0.0894193244850952	0.0709809030031066
100129686	-0.0662784429329708	0.0183342741167953	0.030471277164632
100129762	-1.45267877364879	-0.0863869738306153	0.147338506686935
100129973	-0.331317418460097	-0.0723710128699981	-0.103754042588672
100130100	-0.160796485197984	-0.0315698203936519	0.0291159652973931
100130130	0.287515887345967	0.106742825409626	-0.253912584818055

图 11-8　示例文件 gse 16873. 3. txt

	A	B	C	D
1	Compou	exp1	exp2	
2	C02787	522E-01	054441	
3	C08521	335784	866E-01	
4	C01043	182E-01	581536	
5	C11496	109E-01	447821	
6	C07111	353E-01	032E-01	
7	C00031	112933	647E-03	
8	C04146	431E-01	325272	
9	C02146	005E-01	819864	
10	C07259	888E-01	679E-01	
11	C04371	442E-01	035393	
12	C10287	764662	538007	
13	C12632	614E-01	411E-02	
14	C03677	885E-01	109E-01	
15	C09777	851E-01	346E-01	
16	C00068	057E-01	583E-01	
17	C11301	876E-01	488E-01	
18	C06602	765E-01	874E-01	
19	C06133	241E-01	412E-02	
20	C09162	867E-01	431E-01	

图 11-9　示例文件 sim. cpd. data1. csv

（3）通路选择（Pathway Selection）。在不确定通路的情况下，建议在 Pathway Selection 选用“Auto”。若想自定义几个通路，则可以选择“Manual”（图 11-10）。

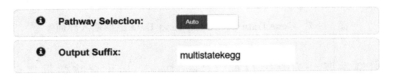

图 11-10　Pathway Selection

（4）通路 ID（Pathway ID）。KEGG 的通路 ID 一般是 5 位数字，当通路选择是 Auto 时该选项自动关闭（图 11-11）。

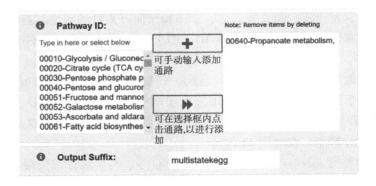

图 11-11　Pathway ID

（5）输出后缀（Output Suffix）。在结果文件名后面添加的后缀。

11.5.2.2 图形选项 Graphics（图 11-12）

（1）Kegg Native。有 KEGG 图形渲染（.PNG）和 Graphviz 引擎渲染（.PDF）。Graphviz 引擎渲染可能会因为 KEGG 的 XML 数据文件缺失数据而丢失点。

（2）Same Layer。图层控制。Kegg Native 项被勾选时，点的颜色会和通路图在一个图层，修改颜色的时候，节点标签不变。Kegg Native 项未被勾选时，线/点类型的图例会在一个图层，节点标签也会从原来的 KEGG 基因标签（或 EC 编号）变为官方基因符号。

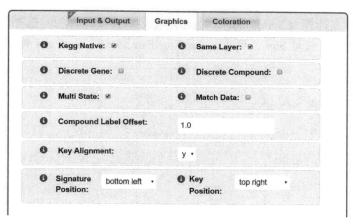

图 11-12　Graphics 的设置

（3）Keys Alignment。当基因数据和化合物数据都不为 NULL 时如何对齐颜色标签。默认选项为"X"（由 X 坐标对齐）和"Y"（由 Y 坐标对齐）。

（4）Signature Position。Pathview 的署名位置，默认是左下角。选择"None"的时候不显示。

（5）Key Position。颜色标签的位置，默认是"左上角"。一般上面是基因节点，下面是化合物节点。选择"None"的时候不显示。

（6）离散型（Discrete）。基因数据或者化合物数据一般是作为连续型数据使用，但也可以选择被视为离散数据。

（7）多状态（Multi State）。默认值是 TRUE，判定多状态（指多个样本或多列）基因数据或化合物数据是否应该整合并绘制在一张图中。不勾选"Multi State"的情况下，基因或者化合物节点会切成多个来对应数据中的状况数或者样本数，即由"一张图每个节点多种颜色"变为"多张图每个节点一种颜色"。

(8) 数据匹配（Match Data）。默认值是 TRUE，判定基因数据或化合物数据的样本数是否匹配。假设基因数据和化合物数据的样本大小分别为 m 和 n（m>n），多余的空列会在保证样本大小一致的情况下添加 NA（不加颜色显示）到部分到化合物数据中，才能在 Multi State 为 TRUE 时，得到相同数量的基因节点和化合物节点片段。

(9) 化合物节点名偏移（Compound Label Offset）。设置化合物节点标签在默认位置或者节点中心处的长度（仅在 Kegg Native 未被勾选时有用）。这个选项在化合物用全名标记时很实用，能决定化合物节点的外观。

11.5.2.3 颜色选项 Coloration（图 11-13）

(1) 节点计算（Node Sum）。在比对有多基因或化合物时选择计算节点总数的方法。默认值是 Sum，还有 mean、median、max、max.abs 和 random。

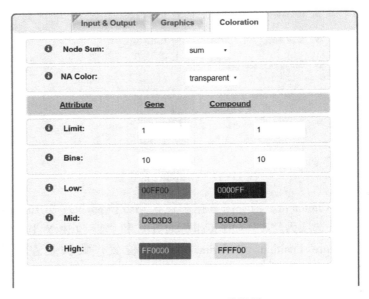

图 11-13　Coloration 的设置

(2) 空值的颜色（NA Color）。基因数据或者化合物数据中缺失值或 NA 值的颜色。选项有透明"Transparent"和灰色"Grey"。

(3) 限制（基因和化合物）[Limit（Gene and Compound）]。基因数据或化合物数据转换为颜色时的限制值（即颜色标签的数值范围）。这个选项是数值型的，一个框可以输入用逗号分隔的两个数字，其中第一个数字表示下限，第二个数字表示上限。输入单个值"n"的时候，网站认为范围是（-n, n）。

（4）Bins（Gene and Compound）。在基因数据和化合物数据转换为颜色时，此参数可以设置颜色标签的长度。预设值为 10。

（5）Low, Mid, High（Gene and Compound）。低，中，高（基因和化合物）。这些参数可以选择"基因数据"和"化合物数据"的色谱。基因数据和化合物数据的默认数据（低—中—高）分别是"绿色—灰色—红色"和"蓝色—灰色—黄色"。这里既可以用颜色的通用名称（绿色、红色等），也可以用十六进制颜色代码（如 00FF00、D3D3D3 等）或颜色选择器指定颜色。

11.5.2.4 提交任务

点击"Submit"后会转至任务运行界面，在右上角会有一个进度条，当任务进行完毕后会显示 Completed。点击"Analysis Results and logs"，在下面的界面中包括了关联上的通路图，PATHWAY 富集的结果文件，以及运行的日志文件（图 11-14）。

11.5.2.5 输出结果（图 11-15）

结果主要是数据整合得到的通路图，有两种，原始 KEGG 视图和 Graphviz 视图。原始 KEGG 视图将数据渲染到 KEGG 通路图（栅图，如 PNG 格式），带有大量的前后关系和元数据，解释性更强。浏览器版本中该图是可交互的，每个 Node 都带有超链接，可点击它们可看到更加详细的解释。不同对象用 3 种不同形状表示。4 种对象之间的关系用 4 种箭头表示。包含 12 种蛋白质—蛋白质相互作用关系、4 种基因表达之间的关系、1 种酶—酶关系（两步连续反应）。

11.6 KEGG 通路注释及富集分析

11.6.1 KEGG 通路注释

在生物体内，不同的基因产物相互协调来行使生物学功能，对通路（Pathway）注释分析有助于进一步解读基因的功能。而 KEGG 数据库就是通过 KEGG Orthology（KO）系统来跨物种注释的一种机制。KAAS（http://www.genome.jp/tools/kaas/）是 KEGG 提供的通路注释工具（图 11-16）。

对于已知基因组的物种进行全基因组的 KEGG 注释，选择 Complete or Draft Genome 中的"KAAS job request（BBH-method）"。BBH-method 表示 Bi-Directional Best Hit，双向的匹配，准确率更高（图 11-17）。

比对方法有三种，即 BLAST、GHOSTX、GHOSTZ。BLAST 结果更加准确，输入的数据可以是核酸序列也可以是蛋白序列。在 Query Name 处可以命名本次注释工作。填写的邮箱地址用于接收运行结果。GENES data set 这个项目中存有预设的参考物种信息，其中提供了各个门类的物种，包括动物、植物、微

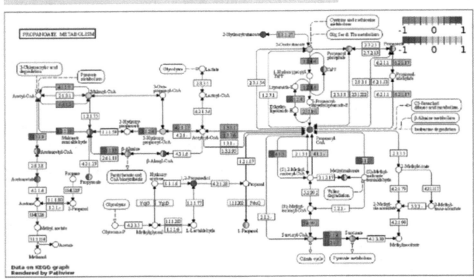

图 11-14 运行结果

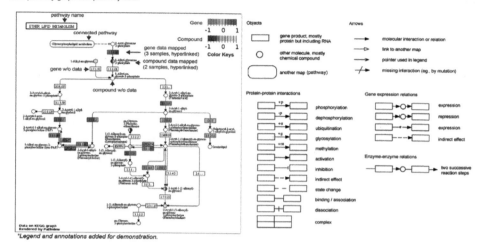

图 11-15　结果通路

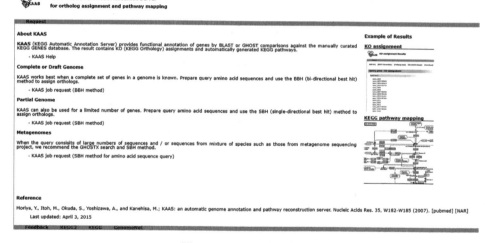

图 11-16　KAAS 主页面

生物。如果直接用默认的物种进行注释，可以得到很全面的注释。当然，也可以手动选择"Manual selection"，其中提供了大量植物的 Background，最多可选取 40 个。选择双向匹配 BBH，最后点击"Compute"。等待一段时间，会收到一封邮件，邮件中包含两个链接，需要再次确认开始。当服务器运算结果出来以后还会邮件通知，html 是网页版，会列出所有注释到的信息，以及每个信息对应的通路图，同时还会提供每个基因对应的 KEGG 的 K 号（直系同源），点击编号还可查看相应的 KEGG 通路图（图 11-18）。

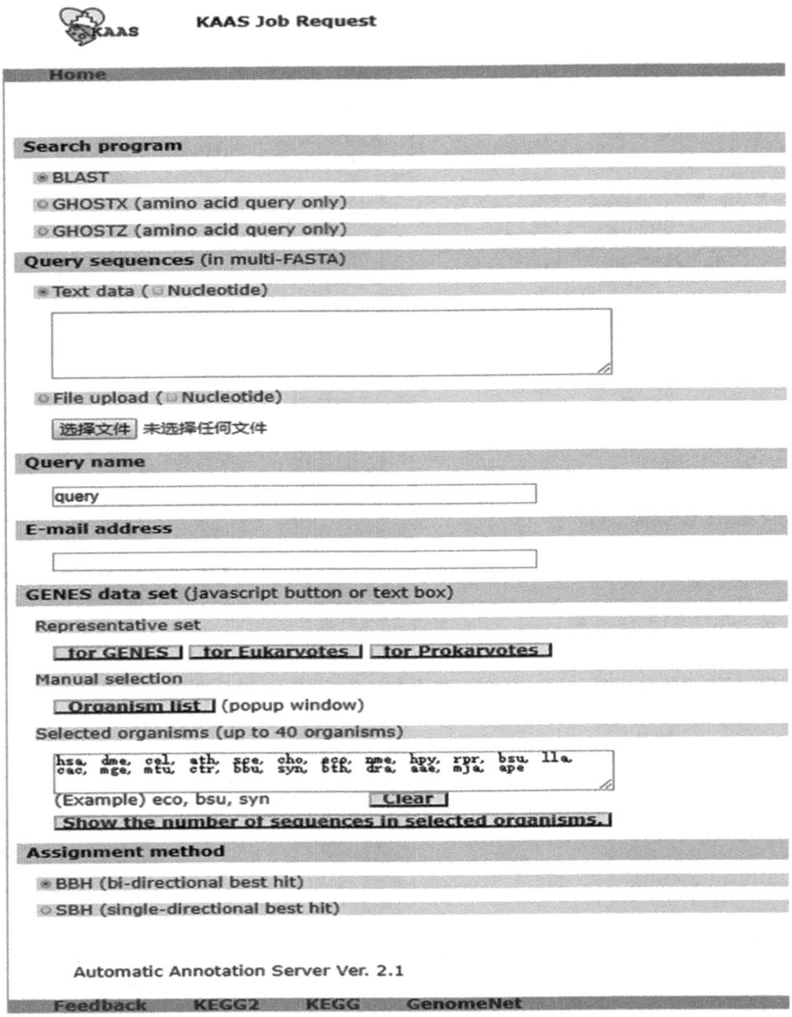

图 11-17　KAAS 任务设置界面

11.6.2　KEGG 通路富集分析

分析差异表达蛋白在某一通路上是否过表达（Over-Presentation）的过程即为差异表达蛋白的通路富集分析。富集分析可以帮助生物学家们了解基因集合的生物学作用。每个点表示一个 KEGG 通路，通路名称见左侧坐标轴。横坐标为富集因子（Enrichment Factor），表示差异表达蛋白中注释到该通路蛋白

11 KEGG 等代谢通路专业数据库

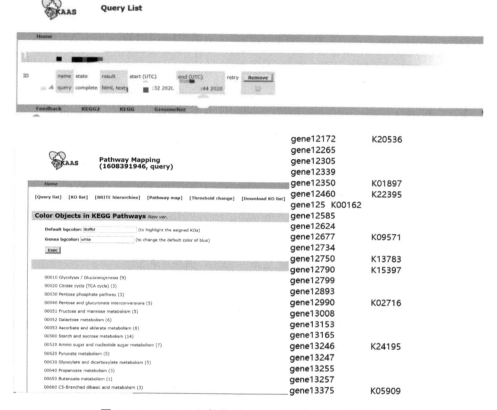

图 11-18　KAAS 运行结果、html 界面、文本文件界面
（仅展示部分结果）

比例与该物种蛋白注释到某通路的蛋白比例的比值。富集因子越大，表示差异蛋白在该通路中的富集显著性越可靠（图 11-19）。

DAVID（https：//david.ncifcrf.gov/home.jsp）是一个生物信息数据库，整合了生物学数据和分析工具，为大规模的基因或蛋白列表（成百上千个基因 ID 或者蛋白 ID 列表）提供系统综合的生物功能注释信息，帮助用户从中提取生物学信息。DAVID 最常用的功能就是进行基因功能富集分析。

以下使用拟南芥在花卉过渡过程中出现差异表达的基因进行 KEGG PATHWAY 分析。

（1）打开网站 https：//david.ncifcrf.gov/，进入 DAVID 首页，然后点击"Start Analysis"。

（2）在"Enter Gene List"中上传基因列表，文件的格式为每行一个基因

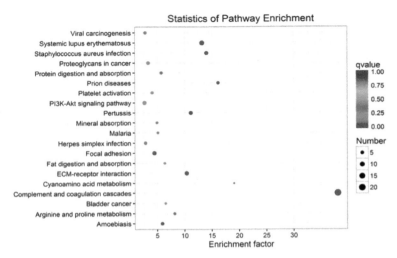

图 11-19 差异表达蛋白 KEGG 通路富集统计

(图 11-20)。按照 DAVID 的要求,总的基因个数不得超过 3 000 个。可将感兴趣的基因集合粘贴到列表框中或者上传基因结合文件。此处加入了拟南芥在花卉过渡过程中出现的差异表达基因。

(3) 在 Select Identifier 中选择上传的基因标示符,如果上传的是基因名(Gene Symbol),则在下拉菜单中选择 "OFFICIAL_GENE_SYMBOL"。由于所用的基因来自拟南芥数据库中 TAIR10 ver.24,所以本实验在 Select Identifier 中选择 "TAIR_ID"(图 11-20)。

(4) 选择上传基因的类型。功能富集的基因结合或背景基因结合。Gene List 表示提交的基因用于注释分析。Background 是指提交的基因作为背景基因,是为了进行富集背景计算。仅当 DAVID 中的所有预建背景都不满足用户的特定用途时,此功能才有用。我们一般选择 Gene List 这一项(图 11-20)。然后提交列表 "Submit List"。

(5) 经过几秒钟的等待后,还需要在 List 处根据上传基因选择物种,然后点击 "Select Species"。此处选择物种 *Arabidopsis thaliana*(图 11-21)。然后选择右侧的 "Functional Annotation Tool",再点开 "Pathways",展开列表中的 KEGG_PATHWAY 便是本实验需要的 KEGG 分析结果(图 11-22)。点击列 Term 中的信息,可以跳转至对应的 KEGG 代谢通路图。但是,如果要进一步分析他们的富集情况,还需要下载得到的结果,并保存于文本文件中(图 11-23),便于后期进行结果的可视化。

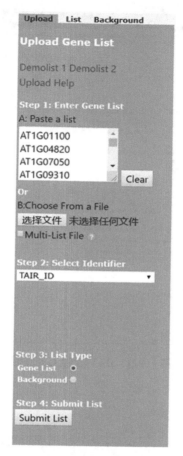

图 11-20　DAVID 的 Upload 界面

（6）将 DAVID 的结果保存到本地电脑当中，保存文件推荐用文本文件，先新建一个空白的文本文件，将详情页面得到的结果复制至文本文件中。

11.6.3　富集分析柱状图（使用 EXCEL 进行操作）

（1）导入数据。打开 Excel，导入数据，将文本文件导入 Excel 当中。

（2）数据转换。在作图之前先进行数据处理。以水平柱状图为例，图片的 X 轴表示 [$-\log 10$ (P value)]，需要使用函数"$=-\log 10$ ( )"把 P value 进行转换。Y 轴是 KEGG PATHWAY。由于这些语义词汇都带有前缀如 hsaxxxxxx 或者 athxxxx，为了让本实验绘制的图形更简洁明了，需要用 MID 函数把这些前缀删除。

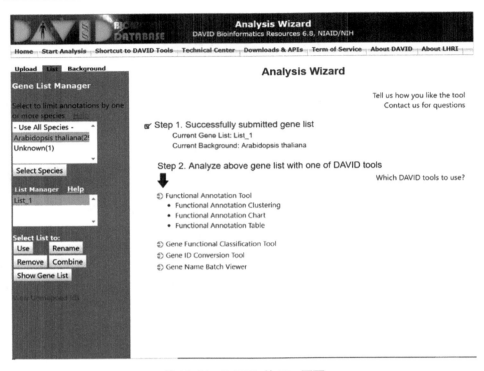

图 11-21　DAVID 的 List 页面

图 11-22　DAVID 的结果页面

（3）绘制图形选择 Pathway Enrichment 和 P-Value 两列，在 Excel 中选择"插入—图表"（图 11-24）。

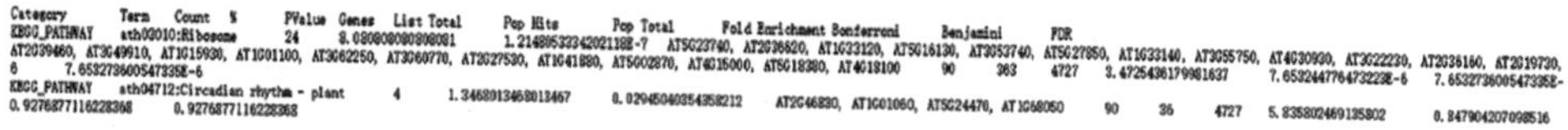

11 KEGG 等代谢通路专业数据库

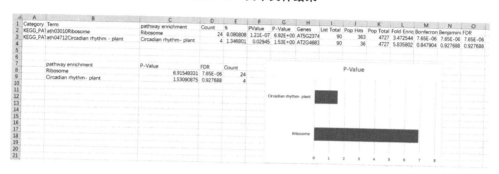

图 11-23 文本文件结果

图 11-24 绘制图形

11.6.4 富集分析气泡图

微生信（http://www.bioinformatics.com.cn/）是一个免费在线生物信息学数据可视化工具，目前可制作 50 多种生物信息学相关矢量图。

11.6.4.1 输入数据

打开微生信下富集气泡图模块（图 11-25），查看绘图数据要求并根据数据说明的要求修改从 DAVID 导出来的数据。数据要求包括 4 列，第一列是富集的名字（Y 轴显示内容）；第二列是富集倍数（X 轴显示内容，若没有这个数据，可以用其他值代替，如 Gene Ratio 等，都没有的话，可用 -log10（P-value）代替这一列；第三列是 P 值，也可以用 FDR，图中的颜色会根据 P 值变化；第四列是基因数（表现为气泡大小）。P value 的转换和删除 Term 的前缀的步骤与制作柱状图的相同（图 11-26）。复制图 11-26 中的信息至绘图数据框中，在 X 轴说明处填写 Rich Factor（图 11-27）。

11.6.4.2 导出图片

在生成图片界面点击 SVG 即可将图片另存为 .SVG 格式的矢量图（图 11-28）。

11.7 MetaboAnalyst（https://www.metaboanalyst.ca/）

11.7.1 MetaboAnalyst 的介绍

MetaboAnalyst（https://www.metaboanalyst.ca/）是一款基于网络的用于代谢组学数据分析、注释，并整合其他组学数据的工具套件。所有功能现在被分成 4 类，探索性统计分析、功能分析、数据整合和系统生物学、数据

· 147 ·

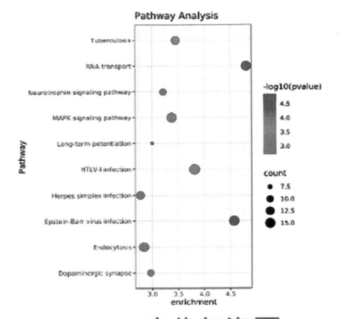

图 11-25 微生信中的富集气泡图制作功能

pathway enrichment	P-Value	FDR	Count
Ribosome	6.915493	7.65E-06	24
Circadian rhythm- plant	1.530909	0.927688	4

图 11-26 气泡图数据处理

处理和通用功能（图 11-29）。MetaboAnalyst 在代谢通路富集上的优点众多；首先，可以直接通过网页链接查看 KEGG 官网。其次，不仅免除了代谢通路富集过程中遇到的多个数据库之间 ID 互转的麻烦，还免除了 KEGG 网站无法同时完成多个代谢通路的富集查找。最后还提供了相关分析和结果文件，使得代谢通路富集变得简单易行。需要注意的是气泡图中的 Pathway Impact 是基于拓扑分析进行权重计算得到的，与 Rich Factor 不同。MetaboAnalyst 网站也有一些缺点。代谢物 ID 自动转换有数据库差异，导致部分代谢物无法转换和查找 ID。代谢通路富集的映射物种选择有限，对于特殊样本的映射

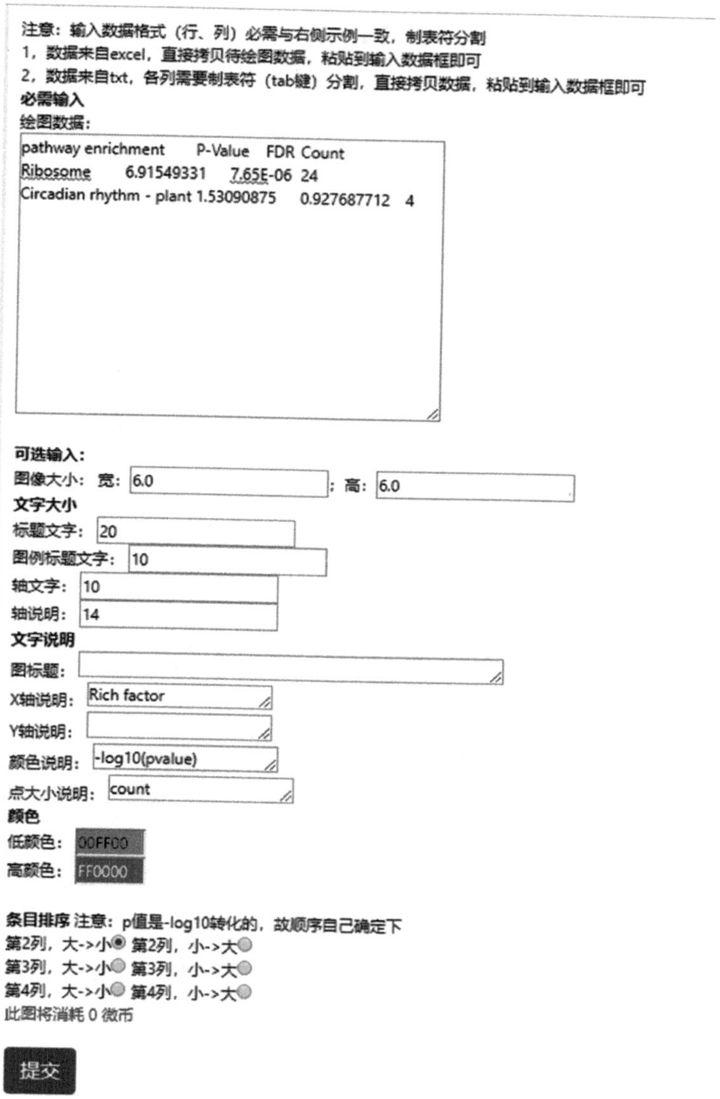

图 11-27　微生信的气泡图制作模块界面

物种选择范围较窄。

11.7.2　MetaboAnalyst 的操作步骤

以 Pathway Analysis 功能为例介绍 MetaboAnalyst 的操作步骤。

打开 MetaboAnalyst 网站，点击 ">>click here to start<<"，再选择 "Pathway Analysis"。

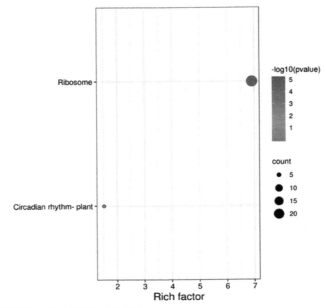

下载图片：PDF PNG(300 dpi) SVG

图 11-28　微生信的气泡图制作结果

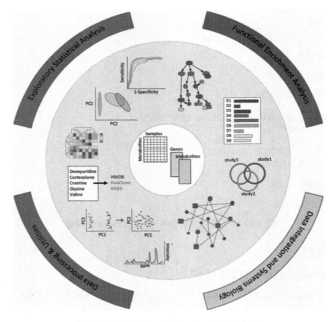

图 11-29　MetaboAnalyst 功能介绍

（1）输入 ID（图 11-30）。MetaboAnalyst 网站支持多种 ID 格式：代谢物名称、HMDB ID、KEGG ID，可以免除代谢物多种 ID 之间互相查询、转换的困扰（图 11-31）。

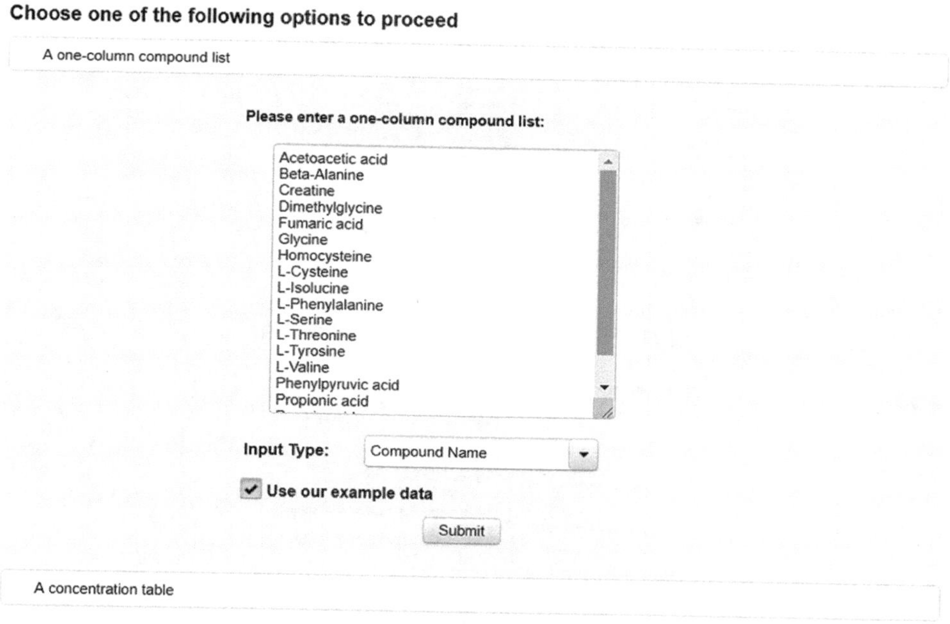

图 11-30 MetaboAnalyst 的输入 ID 界面

（2）算法与数据库选择。富集分析的算法包含两种，即超几何检验和 Fisher 精确检验。其中，拓扑分析也有两种选项，即点度中心性 Degree 和中介中心性 Betweenness（代谢组的富集分析要用到拓扑分析，拓扑分析旨在根据给定基因或代谢物在途径中的位置来评估其是否在生物学反应中起重要作用）。数据库的选择有 Pathway 数据库，可以根据试验物种来选择映射物种（图 11-32）。

（3）代谢通路分析结果。图 11-33 为代谢通路富集气泡图，纵轴是 log(P) 值，横轴是 Pathway Impact，是基于拓扑分析进行的权重计算。简单来说，这个 Pathway Impact 越大、处于气泡图右上角的 Pathway 是最为可信的。同时，图 11-33 可以通过点击气泡查看代谢物名字以及对应的 Pathway。图 11-34 是代谢通路的表格，同样可以通过点击右侧的 Details 进入各个官网的 Pathway 链接。可以通过点击 Pathway 名字直接进入 KEGG 官网。最后下载分析过程中的所有结果。右侧是相关的 R 代码（图 11-35）。

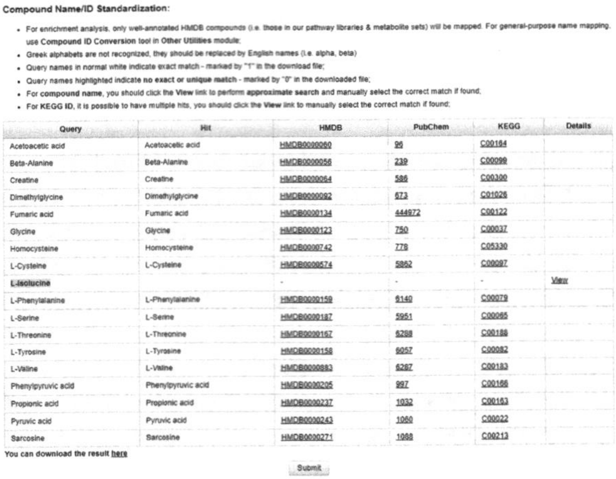

图 11-31　MetaboAnalyst 的 ID 编号界面

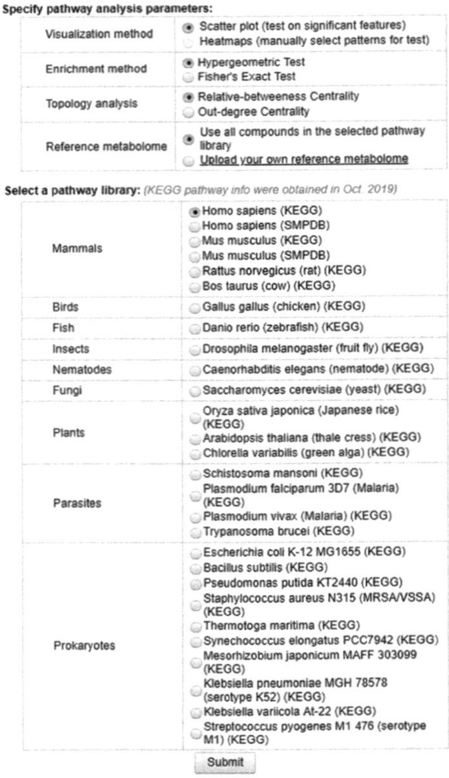

图 11-32　MetaboAnalyst 的算法与数据库选择

11 KEGG 等代谢通路专业数据库

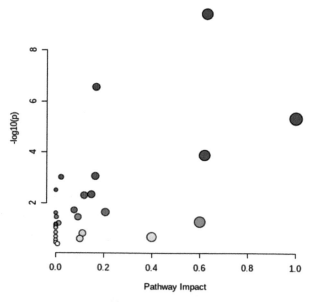

图 11-33 MetaboAnalyst 的代谢通路分析结果

Pathway Name	Match Status	p	-log(p)	Holm p	FDR	Impact	Details
Glycine, serine and threonine metabolism	8/33	3.6492E-10	9.4378	3.0653E-8	3.0653E-8	0.62837	KEGG SMP
Aminoacyl-tRNA biosynthesis	7/48	2.6895E-7	6.5703	2.2323E-5	1.1296E-5	0.16667	KEGG
Phenylalanine, tyrosine and tryptophan biosynthesis	3/4	4.3612E-6	5.3604	3.5762E-4	1.2211E-4	1.0	KEGG SMP
Phenylalanine metabolism	3/10	1.256E-4	3.901	0.010173	0.0026375	0.61904	KEGG SMP
Tyrosine metabolism	4/42	8.5938E-4	3.0658	0.06875	0.013354	0.16435	KEGG SMP SMP
Pantothenate and CoA biosynthesis	3/19	9.5386E-4	3.0205	0.075355	0.013354	0.02143	KEGG SMP
Valine, leucine and isoleucine biosynthesis	2/8	0.0030512	2.5155	0.23799	0.036614	0.0	KEGG SMP
Glyoxylate and dicarboxylate metabolism	3/32	0.0044684	2.3498	0.34407	0.045564	0.14815	KEGG
Cysteine and methionine metabolism	3/33	0.0048819	2.3114	0.37102	0.045564	0.11776	KEGG SMP SMP
Citrate cycle (TCA cycle)	2/20	0.019161	1.7176	1.0	0.16095	0.07615	KEGG SMP
Pyruvate metabolism	2/22	0.022998	1.6383	1.0	0.17519	0.20684	KEGG SMP
Propanoate metabolism	2/23	0.025027	1.6016	1.0	0.17519	0.0	KEGG SMP
Alanine, aspartate and glutamate metabolism	2/28	0.036209	1.4412	1.0	0.21725	0.0024	KEGG SMP SMP SMP
Glutathione metabolism	2/28	0.036209	1.4412	1.0	0.21725	0.09216	KEGG SMP
Synthesis and degradation of ketone bodies	1/5	0.053717	1.2699	1.0	0.30081	0.6	KEGG SMP
Arginine and proline metabolism	2/38	0.063161	1.1995	1.0	0.3316	0.01212	KEGG SMP
Valine, leucine and isoleucine degradation	2/40	0.069189	1.16	1.0	0.34188	0.0	KEGG SMP
Thiamine metabolism	1/7	0.074433	1.1282	1.0	0.34735	0.0	KEGG SMP
Taurine and hypotaurine metabolism	1/8	0.084631	1.0725	1.0	0.37416	0.0	KEGG SMP
Ubiquinone and other terpenoid-quinone biosynthesis	1/9	0.094722	1.0235	1.0	0.39783	0.0	KEGG SMP

图 11-34 MetaboAnalyst 的代谢通路表格

图 11-35　MetaboAnalyst 的结果下载页面

参考文献

AOKI K F, KANEHISA M, 2005. Using the KEGG Database Resource [J]. Current Protocols in Bioinformatics, 11 (1): 11 218-11 254.

CHONG J, SOUFAN O, LI C, et al., 2018. MetaboAnalyst 4.0: towards more transparent and integrative metabolomics analysis [J]. Nucleic Acids Research, 46 (1): 486-494.

HUANG D W, SHERMAN B T, LEMPICKI R A, 2009. Bioinformatics enrichment tools: paths toward the comprehensive functional analysis of large gene lists [J]. Nucleic Acids Research, 37 (1): 1-13.

HUANG D W, SHERMAN B T, LEMPICKI R A, 2009. Systematic and integrative analysis of large gene lists using DAVID bioinformatics resources [J]. Nature Protocol, 4 (1): 44-57.

LUO W, BROUWER C, 2013. Pathview: an R/Bioconductor package for pathway-based data integration and visualization [J]. Bioinformatics, 29 (14): 1 830-1 831.

LUO W, GAURAV P, YESHVANT K, et al., 2017. Pathview Web: user friendly pathway visualization and data integration [J]. Nucleic Acids Research, 45 (1): 501-508.

MORIYA Y, ITOH M, OKUDA S, et al., 2007. KAAS: an automatic genome annotation and pathway reconstruction server [J]. Nucleic Acids Res, 35 (Web Server issue): 182-185.

XIA J, PSYCHOGIOS N, YOUNG N, et al., 2009. MetaboAnalyst: a web server for metabolomic data analysis and interpretation [J]. Nucleic Acids Research, 37 (Web Server issue): 652-660.

12 作物专属基因组数据库及其应用

http://inongxue.castp.cn/audio_video/
books_video_detail.html？id=
5526880705742848

12.1 作物专属基因组数据库简介

随着基因组测序技术的发展，越来越多的作物测序工作陆续完成，同时基因组数据库的构建也得到了很大的发展。Ensembl Genomes（http：//www.ensemblgenomes.org）数据库收录了大量无脊椎生物的高质量基因组数据及其注释信息，用户可以利用在线工具对比分析其提供的不同物种基因组，并且便于与其他来源的无脊椎生物参考基因组数据进行关联分析，包含细菌（http：//bacteria.ensembl.org）、原生生物（http：//protists.ensembl.org）、真菌（http：//fungi.ensembl.org）、植物（http：//plants.ensembl.org）和无脊椎后生动物（http：//metazoa.ensembl.org）的基因组信息。与 Ensembl 一样，这些站点都是每年更新 4 次。每个物种的核心数据包括了基因组序列、蛋白编码和非编码基因的注释。此外，还提供了许多物种的转录数据、遗传变异和比较分析数据。大多数物种的数据是由开源站点中直接导入的，包含 International Nucleotide Sequence Database Collaboration（INSDC）和 European Variation Archive（http：//www.ebi.ac.uk/eva）等。对于一些具有小众性研究意义的物种，Ensembl Genomes 还关联了额外的数据集。

Ensembl Plants 是 Ensembl Genomes 的子网站，是最为著名的作物专属基因组数据库。Ensembl Plants 是由欧洲分子生物学信息中心（European Bioinformatics Institute）与美国冷泉港实验室（Cold Spring Harbor Laboratory）的 Gramene Database 联合建立的。Gramene Database 是一个基于 Ensembl 技术的作物比较基因组的数据库，同时具备各基因组间的分析功能，可以查询多种植物的基因组信息，如水稻、大麦、小麦、玉米、高粱等。物种专属数据库中包含许多内容，如基因组浏览器（Genome Browser）、基因组序列（可能有不同拼接版本的基因组和染色体）、序列查询工具（基于 BLAST）、基因组注释工具（基因和转录本）、比较基因组工具、基因组变异信息、转录组数据、分子标记、物理图谱和遗传图谱、数量性状位点（QTL）、突变体及品种资源信息、代谢路径信息及代谢路径浏览器。

Ensembl Plants 数据库提供的嵌入式基因组浏览器有助于用户在不同的进

化水平上浏览 DNA 分子的示意图，看到可视化后的不同类型注释信息，包括基因模型、基因组变异、重复元件、同源序列。该数据库展示了基因组的 DNA、RNA 和蛋白质功能信息。Ensembl Plants 构建的大容量数据库方便用户在参考序列和功能注释环境下的序列搜寻、数据上传和数据分析。本实验将介绍 Ensembl Genomes 数据库中有关植物基因组结构和功能注释的子数据库 Ensembl Plants 的常用功能。随着人们对植物生命活动的认识需求不断增加，未来需要高质量的植物基因组数据库助力对植物基因组范围的深入探索。

12.2 Ensembl Plants 数据库介绍

Ensembl Plants 数据库（http://plants.ensembl.org/index.html）的功能较为完善，利用该数据库可以查询多种禾本科作物的基因组序列信息，比如水稻、野生稻、小麦、大麦等。此外，还能查询基因组注释信息（基因在染色体上的分布）、分子标记、同源基因（目标基因的直系同源基因和旁系同源基因）、GO 注释信息（生物学过程、分子功能、细胞组分）、代谢路径信息。该数据库内置的基因组比较功能可以对多个不同物种的基因组进行比较，获得目的基因的基因组变异信息或目的基因的核苷酸序列和氨基酸序列的变异信息。

在浏览器网址栏中输入 Ensembl Plants 的网址（http://plants.ensembl.org/index.html）。主页面左上方的下拉菜单栏中可跳转至 Ensembl Genomes 的其他子网站，Bacteria、Protists、Fungi、Metazoa 和 Vertebrates。主页面最上方的导航栏包含 HMMER、BLAST、BioMart、Tools、Downloads、Help & Docs 和 Blog 这 7 个访问入口（图 12-1）。

12.2.1 HMMER

点击"HMMER"进入蛋白序列搜寻库（http://plants.ensembl.org/hmmer/index.html），上传 FASTA 格式的蛋白序列后，点击"Submit"即可进入蛋白序列比对结果页面（图 12-2）。序列比对的结果按照评分、物种、结构域、下载这 4 个模块进行展示，以可视化的图像表示目的蛋白的结构域特征、与哪些物种的蛋白匹配、蛋白功能描述和蛋白的物种来源，这些序列比对结果都能以 FASTA、TEXT、Tab Delimited 等 11 种格式下载保存。

12.2.2 BLAST

点击"BLAST"，来到序列比对分析页面（http://plants.ensembl.org/Multi/Tools/Blast）（图 12-3）。第一，在 Sequence Data 上传查询序列。将 1~30 条核苷酸或氨基酸序列以 FASTA 格式输入或粘贴至序列提交框，或通过选择文件按钮上传包含查询序列的文件。查询序列需要统一为 DNA 或蛋白质类型。第二，在 Search Against 选择需要查询的物种数据库。此处可按需调整

12 作物专属基因组数据库及其应用

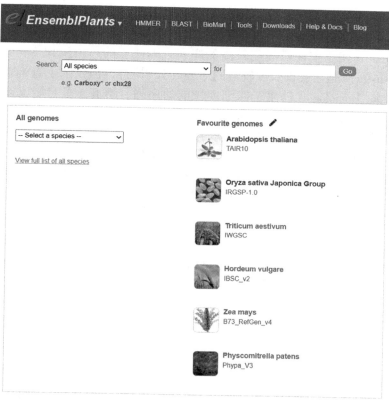

图 12-1　Ensembl Plants 首页界面

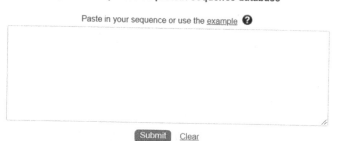

图 12-2　HMMER 查询页面

查询的物种个数和选择 DNA 或蛋白数据库的类型。第三，在 Search Tool 选择查询数据库的方式（表 12-1）。第四，在 Search Sensitivity 选择比对的灵敏度。Near Match 适用于查询匹配度较高的序列，因此它的严格度比 Normal 要高。Short Sequences 适于查询长度较短的序列（如引物），但仅限于查询核苷酸序列。Distant Homologies 适用于匹配度较低的序列。第五，是自定义步骤。在 Description 中可以增加备注信息。在 Additional Configurations 栏中可以设定序列比对的阈值（E-value）、结果展示的个数、序列比对的评价参数以及是否过滤相似度较低的区域。设置完成后，点击"Run"运行序列比对。以拟南芥 *F3H* 基因（UniProt 编号为 Q9S818）的氨基酸序列为例，进行 BLSAT 后的结果展示出比对方法为 BLASTP，在拟南芥中共有 122 个基因与 *F3H* 基因具有较高的相似性（图 12-4）。

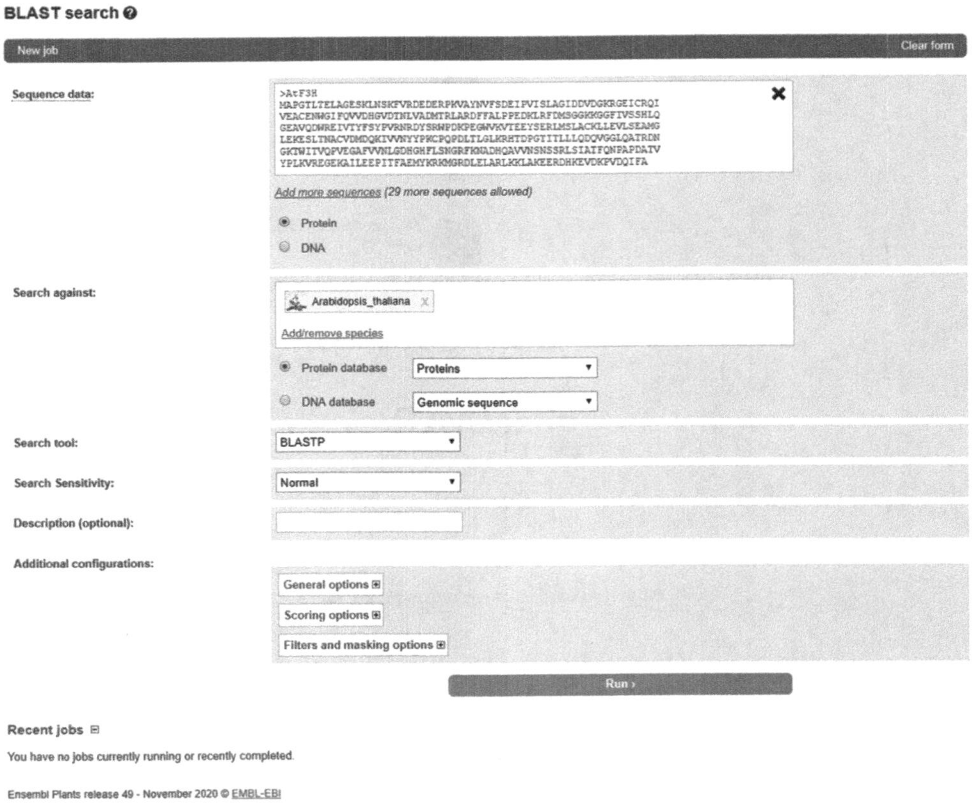

图 12-3　BLAST 查询页面

12 作物专属基因组数据库及其应用

表 12-1 不同序列比对方法原理

序列比对方法	查询序列—数据库序列类型
BLAT/BLASTN	核苷酸序列—核苷酸序列
BLASTX	核苷酸序列—氨基酸序列
BLASTP	氨基酸序列—氨基酸序列
TBLASTN	氨基酸序列—核苷酸序列
TBLASTX	被翻译为氨基酸的核苷酸序列—核苷酸序列
TBLASTX	被翻译为氨基酸的核苷酸序列—被翻译为氨基酸的核苷酸序列

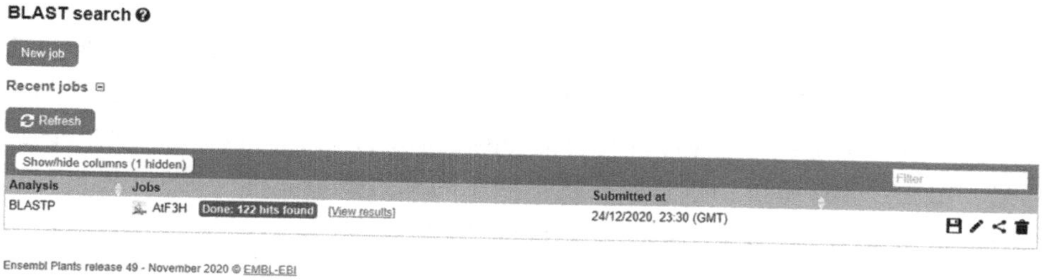

图 12-4 BLAST 结果页面

12.2.3 BioMart

点击"BioMart"进入 BioMart 子页面（http://plants.ensembl.org/biomart/martview）（图 12-5）。BioMart 是一个面向用户的数据提取在线工具，无须编程基础也能快速掌握。首先，选择一个 Mart 数据库和感兴趣的查询物种。此时，页面左侧出现参数设置栏。点击 Filters，选择需要展示的信息选项，如 Region 选项可展示某条染色体上 Ensembl 基因的个数（在 Region 处设置完成后点击"Count"进行展示）。其次，选择 Attributes 中的基因注释选项，可选择性显示基因和染色体的结构信息、蛋白功能注释、蛋白特征信息、基因变异信息、同源基因等（图 12-6）。

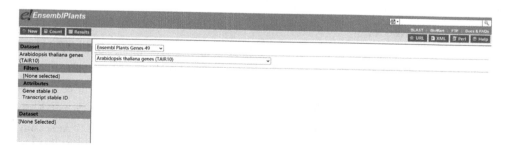

图 12-5 BioMart 参数设置

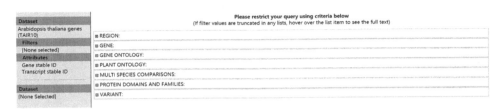

图 12-6　BioMart 数据提取页面

12.2.4　Tools

Tools（http：//plants.ensembl.org/tools.html）是一个数据加工界面，关联了众多的数据分析工具。Variant Effect Predictor（VEP）用于分析已知和未知序列的变异情况；HMMER 可利用提交的氨基酸序列查询数据库中的基因组信息；BLAST/BLAT 可用核苷酸或氨基酸序列来查找数据库中的基因组信息；Assembly Converter 和 ID History Converter 可以自定义基因组组装方式或基因 ID。Ensembl Perl API 和 Ensembl Genomes REST server 用于获取植物基因组数据信息（图 12-7）。

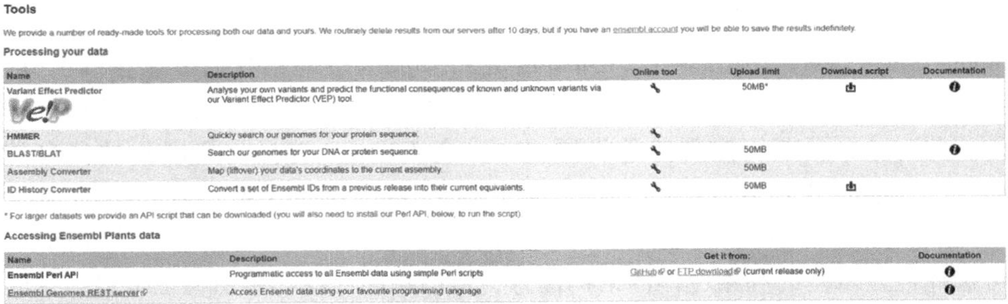

图 12-7　基因组数据分析页面

12.2.5　Help & Docs

Help & Docs（http：//plants.ensembl.org/info/index.html）提供了网站使用指引和常见问题的解决方法（图 12-8）。该页面将 Ensembl Plants 的功能分为 4 个模块进行用户使用指导，分别是 Using this website、Annotation & Prediction、Data access 和 API & Software。如果需要寻找基因组下载的入口，可以通过 3 种方式进入：点击左上方导航栏的 Data Access；点击侧边栏的"Accessing Ensembl Data"；点击页面中心 Data Access 模块的"More"按钮。页面左侧的侧边栏以目录的形式显示了 Ensembl Plants 的功能介绍，便于迅速掌握网站的各个界面的工具使用方法和原理。

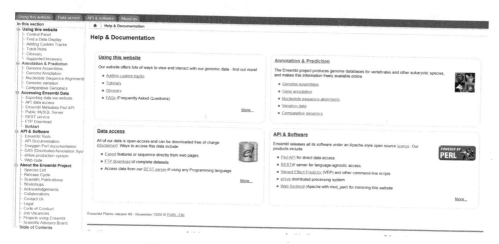

图 12-8　Ensembl Plants 使用指导页面

12.2.6　Blog

Ensembl Plants 的新闻事件、网页公告都会发布在专属的 Blog 页面（图 12-9）。

图 12-9　Ensembl Blog 页面

12.3　Ensembl Plants 数据库基因组下载

打开 Ensembl Plants（http：//plants.ensembl.org/index.html）主页，点击"Downloads"，进入 FTP Download 界面（http：//plants.ensembl.org/info/data/ftp/index.html）（图 12-10）。

在 FTP Download 界面中，有 3 种途径可以下载基因组数据（图 12-11）。

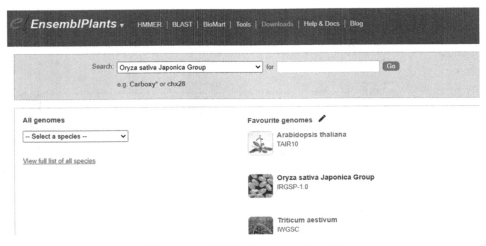

图 12-10　主页中的 Downloads 入口

在基于网页的 FTP 站点下载；通过 RSYNC 的命令行进行下载；API 版本的数据也可供下载。每个基因组信息数据都包含相应的 README 文件，该文件用于解释目录中的各文件夹所包含的数据类型。

图 12-11　FTP Download 页面

  由于 FTP 站点囊括了完整的数据库信息，因此在进行数据分析时可手动选择所需的文件及文件格式，便于使用和减少分析时间（图 12-12）。如果需要利用 MySQL dumps 将数据库下载至本地进行分析，可参考网站提供的详细下载指引完成下载。
  在 Pan_compara Multi-species、Plants Multi-species 和 Ensembl Mart 三个数据库中，收录了多个物种的基因组序列信息，可以通过 MySQL、TSV、EMF、MAF 和 XML 下载它们的基因序列、氨基酸序列、序列比对等数据（图 12-13）。

/pub/plants 的索引

[父目录]

名称	大小	修改日期
current	0 B	2020/12/1 上午11:44:00
pre	0 B	2015/12/18 上午8:00:00
release-1	0 B	2015/12/18 上午8:00:00
release-10	0 B	2015/12/18 上午8:00:00
release-11	0 B	2015/12/18 上午8:00:00
release-12	0 B	2011/12/24 上午8:00:00
release-13	0 B	2012/3/6 上午8:00:00
release-14	0 B	2012/5/29 上午8:00:00
release-15	0 B	2012/8/7 上午8:00:00
release-16	0 B	2012/10/30 上午8:00:00
release-17	0 B	2013/2/7 上午8:00:00
release-18	0 B	2013/4/29 上午8:00:00
release-19	0 B	2013/7/11 上午8:00:00
release-2	0 B	2015/12/18 上午8:00:00
release-20	0 B	2013/9/12 上午8:00:00
release-21	0 B	2013/12/19 上午8:00:00
release-22	0 B	2014/4/4 上午8:00:00
release-23	0 B	2014/8/19 上午8:00:00
release-24	0 B	2014/11/13 上午8:00:00
release-25	0 B	2015/1/12 上午8:00:00
release-26	0 B	2015/3/24 上午8:00:00
release-27	0 B	2015/6/15 上午8:00:00
release-28	0 B	2015/8/4 上午8:00:00
release-29	0 B	2015/10/15 上午8:00:00
release-3	0 B	2015/12/18 上午8:00:00
release-30	0 B	2015/12/15 上午8:00:00
release-31	0 B	2016/3/24 上午8:00:00
release-32	0 B	2016/8/1 上午8:00:00
release-33	0 B	2016/10/26 上午8:00:00
release-34	0 B	2016/12/12 上午8:00:00
release-35	0 B	2017/4/19 上午8:00:00
release-36	0 B	2017/6/15 上午8:00:00
release-37	0 B	2017/9/11 上午8:00:00
release-38	0 B	2018/1/10 上午8:00:00
release-39	0 B	2018/4/19 上午8:00:00
release-4	0 B	2015/12/18 上午8:00:00
release-40	0 B	2018/7/17 上午8:00:00
release-41	0 B	2018/10/8 上午8:00:00
release-42	0 B	2019/1/10 上午8:00:00
release-43	0 B	2019/4/8 上午8:00:00
release-44	0 B	2019/7/3 上午8:00:00
release-45	0 B	2019/9/26 上午8:00:00
release-46	0 B	2020/1/16 上午8:00:00
release-47	0 B	2020/4/29 上午8:00:00
release-48	0 B	2020/8/20 下午4:16:00
release-49	0 B	2020/12/1 上午11:44:00
release-5	0 B	2015/12/18 上午8:00:00
release-6	0 B	2015/12/18 上午8:00:00
release-7	0 B	2010/12/7 上午8:00:00
release-8	0 B	2011/2/9 上午8:00:00
release-9	0 B	2011/4/19 上午8:00:00

图 12-12　FTP 站点的数据集

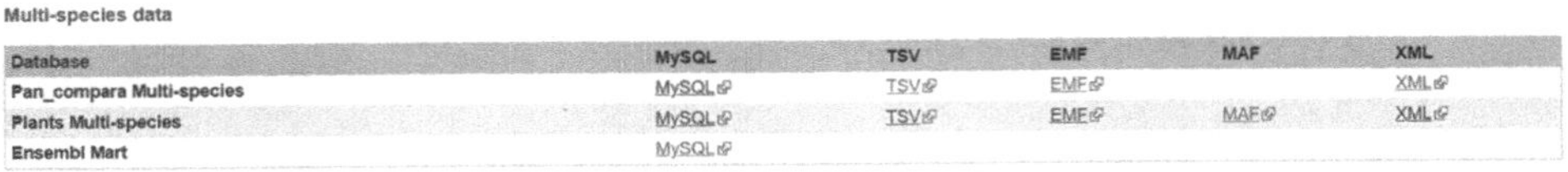

基础生物信息学分析实践教程

Multi-species data					
Database	MySQL	TSV	EMF	MAF	XML
Pan_compara Multi-species	MySQL	TSV	EMF		XML
Plants Multi-species	MySQL	TSV	EMF	MAF	XML
Ensembl Mart	MySQL				

图 12-13　多物种基因组数据访问入口

Single Species Data 栏全面地展示了 96 个物种的基因组信息查询入口（图 12-14）。如果需要查找特定物种的基因组信息，可以点击 "Home Page" 跳转至主页，输入目的物种的名称即可。下拉菜单可自定义每页出现的物种个数，可选展示 10 个、25 个、50 个或全部物种。点击 "Show/hide Columns"，勾选需要展示的项目。这一栏目所展示的数据信息与 FTP 站点提供的数据信息一致。表格中第 2 列显示的是物种的拉丁名，其中最受欢迎查询的物种会在第 1 列被标记为 Y。第 3 列至第 7 列是对应物种的 DNA、cDNA、编码序列、非编码 RNA 和蛋白质的 FASTA 格式序列（表 12-2）。分别点击对应的 "FASTA" 按钮后，可以下载所有染色体上的 DNA 序列、转录本序列和氨基酸序列。第 8 列至第 11 列展示了一个物种的基因在不同数据库中的注释信息。第 12 列提供了基因组信息的访问入口。第 13 列至第 15 列均为基因组变异数据。

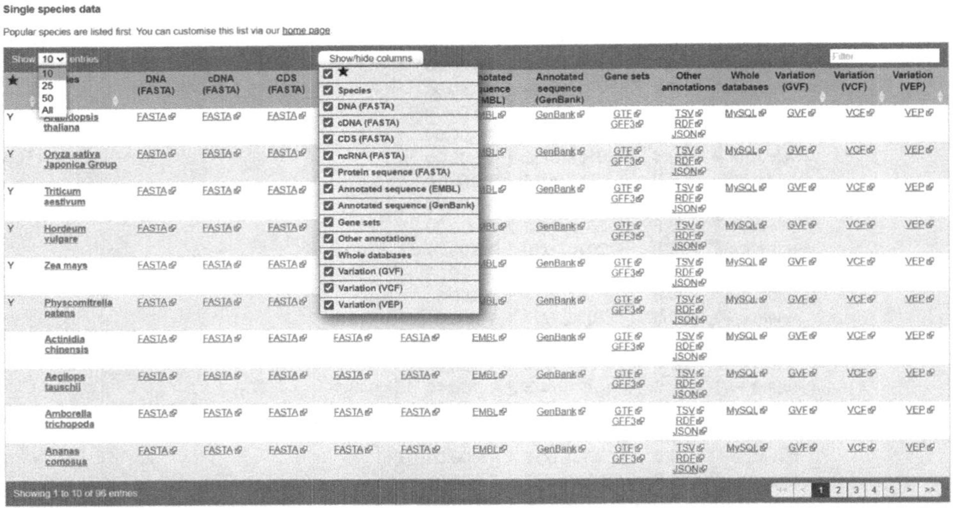

图 12-14　所有物种的基因组结构和功能信息访问入口

表 12-2　各物种基因组数据下载的参数说明

	参数说明
DNA	与基因组组装相关的基因组序列（包含隐藏和非隐藏的基因组）

（续表）

	参数说明
CDS、cDNA、RNA 和氨基酸序列	来自 Ensembl 或从头预测
FASTA	FASTA 格式序列不包含注释信息，它是以">"开始、由连续的单个碱基或氨基酸来表示核苷酸或多肽序列的格式。该格式已经成为生物信息学的通用标准
平面文件（flat files）	允许基因功能注释；每条核苷酸序列都代表了基因组序列中 1Mb 大小的片段，便于下载

12.4 Ensembl Plants 数据库数据查询

12.4.1 基因查询

打开 Ensembl Plants 主界面，选择物种 *Arabidopsis thaliana*，输入基因名称"*F3H*"，点击"GO"，跳转至结果页（图 12-15）。

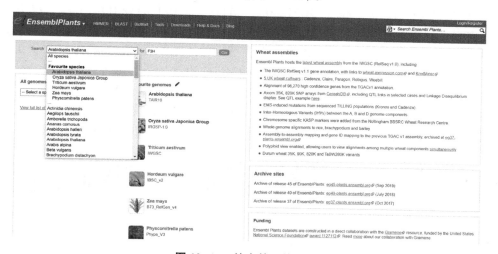

图 12-15 特定基因的查询

网站共查找到一个拟南芥 *F3H* 基因，它的基因的功能描述是一个柚皮素，2-酮戊二酸 3-双加氧酶，基因编号为 AT3G51240，基因定位在拟南芥第 3 号染色体的 19025192–19026872 的位置，在基因树中的编号为 EGGT00960000274474（图 12-16）。

12.4.2 基因功能信息

点击 Gene ID 对应的"AT3G51240"，进入基因信息介绍页面（图 12-

· 165 ·

图 12-16 特定基因查询结果

17)。该基因的别名有 3 个，分别是 At3g51240、F24M12.280 和 TT6。基因位于拟南芥第 3 号染色体的正向链，在不同物种间具有 113 个直系同源基因和 23 个旁系同源基因。因可变剪接的存在，该基因具有 2 个蛋白编码转录本，分别是 AT3G51240.1 和 AT3G51240.2。AT3G51240.1 的核苷酸序列长度为 1 508bp，编码 358 个氨基酸残基长度的蛋白质。UniProt 列出现多个编号，表明 UniProt 数据库收录了关于该蛋白多个不同的氨基酸序列。RefSeq 列提供了该基因在 NCBI 数据库中的查询入口。AT3G51240.2 的核苷酸序列长 1 356bp，编码 274 个氨基酸的蛋白质，且序列信息可在 UniProt 和 NCBI 中查询。Summary 中总结了该基因的基础信息，该基因在 UniProt 数据库的名称为 F3H，登录号为 Q9S818，是一个蛋白编码序列，经过自动注释和人工注释进行验证。

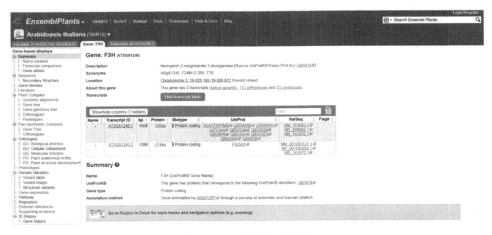

图 12-17 基因基本信息

点击"Summary"还可以了解详细的参数信息。

基因结构图表明该基因的两个转录本都来自基因的正向链（图 12-18）。每个基因的结构都由方框和线条进行可视化展示：方框表示外显子，线条表示内含子，实心框表示编码区，空心框表示非编码区，均用红色标记，而非蛋白编码基因则用紫色实心框表示。与该基因相邻的上下游基因分别是 AT3G51210 和 AT3G51240。

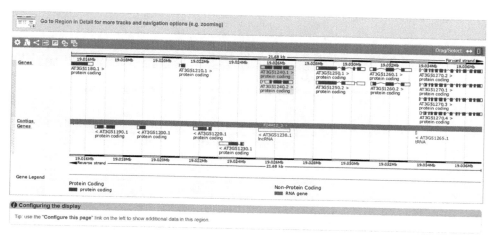

图 12-18 基因结构示意

点击基因编号，会出现该基因的详细介绍。例如，基因名、基因、转录本和蛋白质序列编号和长度、GC 含量、在基因组的位置等（图 12-19）。

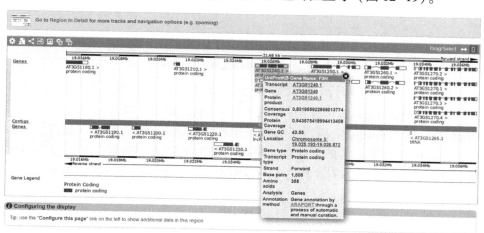

图 12-19 基因基本注释信息

点击"Region in Detail",进入染色体和基因结构介绍的页面(图 12-20)。红色方框标记的位置是查询的目的基因在染色体上的位置,在 19 025 159~19 026 905 处。拖动右下方的滑块可放大或缩小所选区域的大小。点击前进或后退按钮可使染色体结构示意图左右移动以查看染色体上的基因排列情况。该基因的两个可变剪接体(红色)并列排放在一起,与一个从头预测的蛋白编码基因结构(橄榄色)基本相似。基因结构示意图下方以峰状图展示染色体各个区段的 GC 含量。

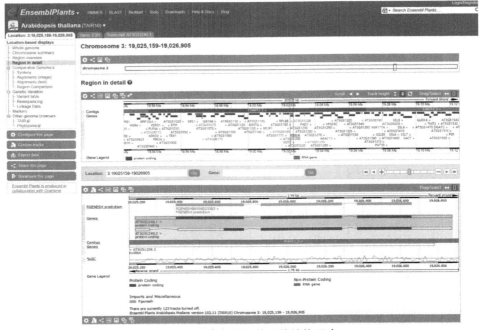

图 12-20　染色体和基因的结构示意

回到图 12-16 所示基因检索页,点击 Species 对应的"*Arabidopsis thaliana*"按钮,进入拟南芥物种信息简介页面(图 12-21)。点击"More Information and Statistics",可以了解拟南芥的物种分类、植物特性、基因组组装情况和基因数目等基本概述信息。可以从基因组组装、基因注释、基因组比较、基因组变异、微阵列注释这 5 个方面查询和下载拟南芥的基因组结构和功能信息。

回到图 12-16 所示基因检索页,点击 Gene Trees 对应的编号"EGGT00960000274474"。该结果以系统进化树和序列比对示意图来展示(图 12-22)。系统进化树显示了拟南芥 *F3H* 基因与 511 个物种的基因具有旁系同

12　作物专属基因组数据库及其应用

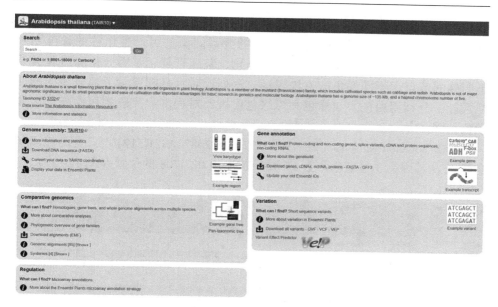

图 12-21　拟南芥的物种简介

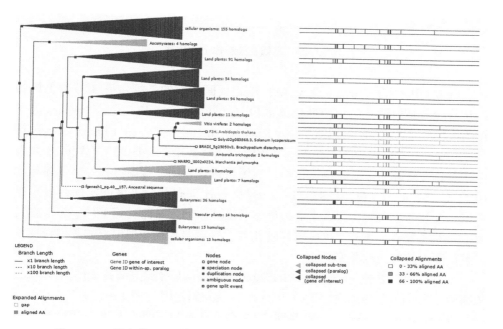

图 12-22　拟南芥 *F3H* 基因与其他物种的旁系同源基因共建的系统进化树

源关系。三角图形代表一个亚分支的所有基因。红色标记的基因 ID 是查询基因，蓝色标记的基因 ID 是查询基因的旁系同源基因。进化枝的长度用不同颜色和类型的线条进行表示。物种分化、基因重复、基因分化和进化关系不明确的节点用不同颜色的方块表示。序列比对示意图展示了部分序列的匹配区段，分别用白色、浅绿色和深绿色代表比对程度。片段相似性高的区段颜色越深。

点击 Location 对应的"3：19025192-19026872AT3G51240"，页面显示拟南芥 *F3H* 基因在 3 号染色体上 19 024 856~19 027 208 的位置（图 12-23）。

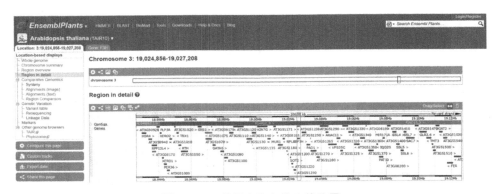

图 12-23　基因在染色体上的位置

点击侧边栏的"Synteny"选项，在此页面展示的是拟南芥 3 号染色体的 *F3H* 基因与其他物种同源的染色体区段（图 12-24）。在 Change Species 的下拉菜单栏中选择物种"Oryza sativa Japonica Group"，Change Chromosome 选择"3"，这两个参数表示查询在水稻基因组中，哪些染色体区段与拟南芥 3 号染色体是高度同源的。从染色体结构示意图可以观察到，拟南芥 3 号染色体与水稻 1、2、3、4、5、6、8、9、11、12 号染色体都有部分高度同源的片段。以水稻 9 号染色体为例，它有 3 个染色体区段被标记为绿色（用 1，2，3 标注），跟拟南芥 3 号染色体的 3 个区段高度相似，这表明水稻和拟南芥的基因存在基因组范围内的共线性关系。

点击页面下方的"F3H（AT3G51240）"，可以看到拟南芥 *F3H* 基因在其他物种中有 113 个旁系同源基因和 23 个直系同源基因（图 12-25）。

点击"Orthologues"，结果表明在 92 个物种中与拟南芥 *F3H* 基因有直系同源关系的基因（图 12-26）。1-to-1 Orthologues 有 59 个，1-to-Many Orthologues 有 18 个，没有 Many-to-Many Orthologues（表 12-3）。

12 作物专属基因组数据库及其应用

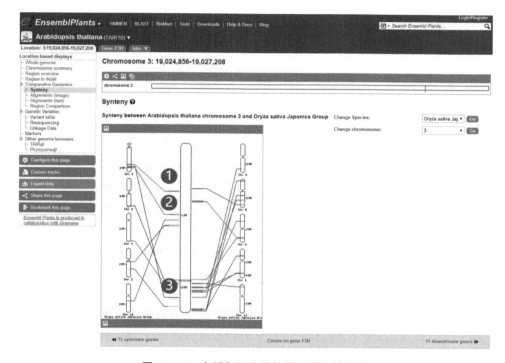

图 12-24 水稻与拟南芥的基因共线性关系

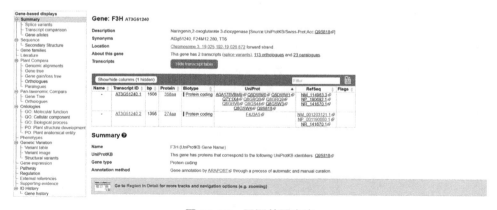

图 12-25 同源基因查询

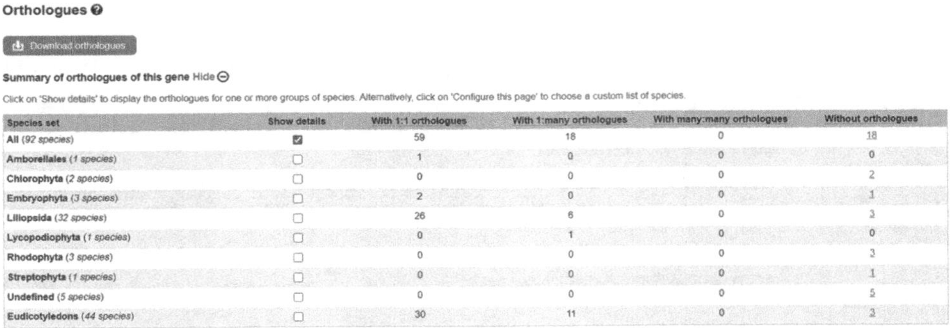
Orthologues

Download orthologues

Summary of orthologues of this gene Hide

Click on 'Show details' to display the orthologues for one or more groups of species. Alternatively, click on 'Configure this page' to choose a custom list of species.

Species set	Show details	With 1:1 orthologues	With 1:many orthologues	With many:many orthologues	Without orthologues
All (92 species)	☑	59	18	0	18
Amborellales (1 species)	☐	1	0	0	0
Chlorophyta (2 species)	☐	0	0	0	2
Embryophyta (3 species)	☐	2	0	0	1
Liliopsida (32 species)	☐	26	6	0	3
Lycopodiophyta (1 species)	☐	0	1	0	0
Rhodophyta (3 species)	☐	0	0	0	3
Streptophyta (1 species)	☐	0	0	0	1
Undefined (5 species)	☐	0	0	0	5
Eudicotyledons (44 species)	☐	30	11	0	3

图 12-26　不同物种间的直系同源基因个数

表 12-3　直系同源基因类型的说明

基因类型	说明
1-to-1 Orthologues	每个物种只有一个拷贝
1-to-Many Orthologues	一个物种的一个基因在其他物种中有多个基因
Many-to-Many Orthologues	所有物种中都有多个直系同源基因

点击“Show Details”，下方的表格显示的是在已检索到的物种中，与拟南芥 *F3H* 具有直系同源关系的基因相关信息（图 12-27）。第 1 列展示的是物种名，第 2 列是直系同源基因的类型，第 3 列是基因编号、染色体定位、序列比对，第 4 列是该表所列出的每个直系同源基因与拟南芥 *F3H* 基因的匹配度，第 5 列是拟南芥 *F3H* 基因与该表所列出的每个直系同源基因的匹配度，第 6 列表示基因顺序保守性，第 7 列表示全基因组比对覆盖率，最后一列表示该序列是否可信。

点击“23 Paralogues”，表格显示拟南芥 *F3H* 基因的旁系同源基因（图 12-28）。第 1 列表示旁系基因类型，Paralogues 由基因重复进化而来，Ancient Paralogues 由祖宗基因进化而来。第 2 列表示与拟南芥 *F3H* 基因有旁系同源关系的物种。第 3 列表示基因名称和蛋白功能描述。第 4 列是旁系同源基因的比对结果，可以在染色体、蛋白质和 cDNA 水平上查询拟南芥 *F3H* 基因与旁系同源基因的同源区段。第 5 列是基因的染色体定位。第 6 列是该表所列出的每个旁系同源基因与拟南芥 *F3H* 基因的匹配度。第 7 列是拟南芥 *F3H* 与该表所列出的每个旁系同源基因的匹配度。

12.5　其他常用的作物基因组数据库

12.5.1　Gramene

Gramene（http：//gramene. org/）为作物比较基因组数据库，是为模式植

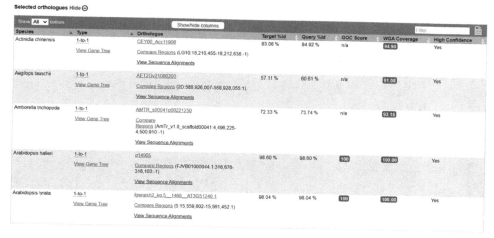

图 12-27　直系同源基因信息

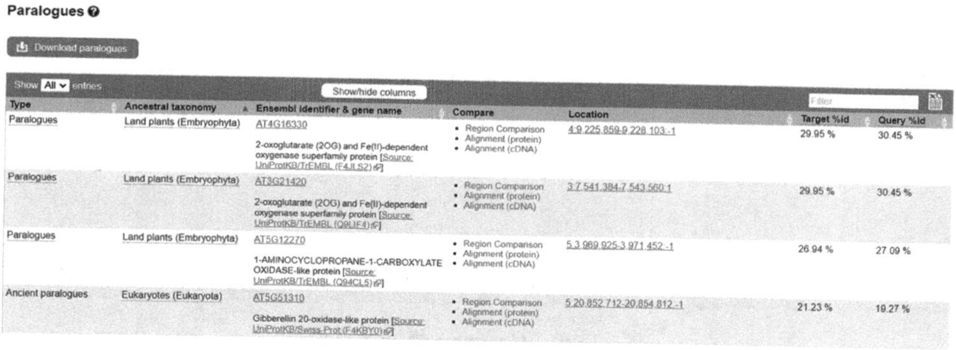

图 12-28　旁系同源基因信息

物和主要作物构建的基于基因组学比较功能分析和通路数据存储的数据库。截至 2020 年，已收录 93 种作物的参考基因组，15 个物种的突变体数据。Gramene 提供了基因表达量分析、代谢通路可视化、基因结构可视化等功能（图 12-29）。

12.5.2　SoyBase

SoyBase（http://www.soybase.org/）为大豆分子育种相关数据库，包括遗传图谱、基因、分子标记、QTL 等信息（图 12-30）。

12.5.3　MaizeGDB

MaizeGDB 为玉米基因组信息数据库（http://www.maizegdb.org/）。该数据库包括玉米所有遗传学、基因产物、功能分析以及相关文献查阅等信息（图 12-31）。

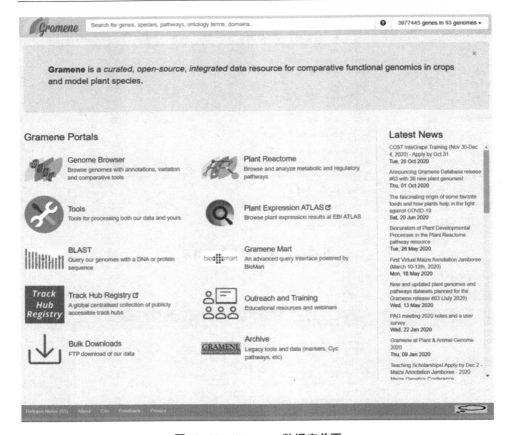

图 12-29　Gramene 数据库首页

12.5.4　GrainGenes

GrainGenes（http：//wheat.pw.usda.gov/）是受美国农业部—农业研究服务局资助的小谷物数据库，专注于小麦、大麦、燕麦和黑麦的基因组分析（图 12-32）。

12.5.5　Brassica database

Brassica database（http：//brassicadb.org/brad/index.php）为芸薹属基因组数据库，包含具有代表性的芸薹属 A 基因组和 B 基因组，提供基因组深度挖掘功能（图 12-33）。

12.5.6　CottonGen

CottonGen（https：//www.cottongen.org/）为棉花基因组数据库，包括基因组序列、遗传图谱、分子标记、种质资源、基因组注释、QTL 等信息，提供了基因组浏览器和可视化工具（图 12-34）。

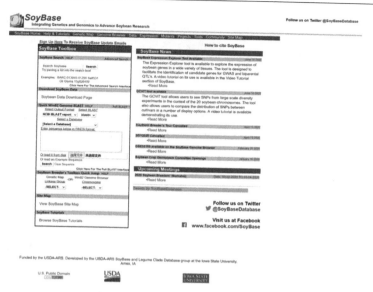

图 12-30 SoyBase 数据库首页

图 12-31 MaizeGDB 数据库首页

图 12-32　GrainGenes 数据库首页

12.5.7　Sol Genomics Network

Sol Genomics Network（https://solgenomics.net/）为茄科基因组数据库，为番茄、马铃薯、烟草、茄子、辣椒等作物提供从基因型到表型的关联分析（图 12-35）。

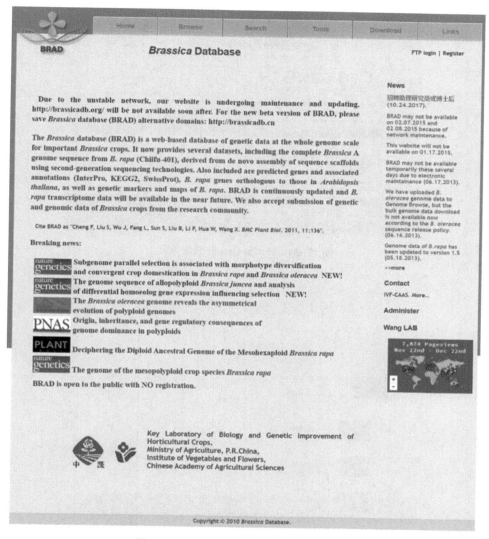

图 12-33 Brassica database 数据库首页

12.5.8 TPIA

TPIA（http://tpia.teaplant.org/）为茶基因组数据库。该数据库是基因组、转录组、代谢组联合的多组学数据分析数据库，有助于挖掘高品质茶树种质资源（图 12-36）。

图 12-34　CottonGen 数据库首页

图 12-35　Sol Genomics Network 数据库首页

图 12-36　TPIA　数据库首页

参考文献

HOWE K L, CONTRERAS-MOREIRA B, DE SILVA N, et al., 2020. Ensembl Genomes 2020 - enabling non - vertebrate genomic research [J]. Nucleic acids research, 48 (1)：689-695.

KERSEY P J, ALLEN J E, CHRISTENSEN M, et al., 2014. Ensembl Genomes 2013：scaling up access to genome-wide data [J]. Nucleic acids research, 42：546-552.

MONACO M K, STEIN J, NAITHANI S, et al., 2014. Gramene 2013：comparative plant genomics resources [J]. Nucleic acids research, 42：1 193-1 199.

TELLO-RUIZ M K, NAITHANI S, STEIN J C, et al., 2018. Gramene 2018：unifying comparative genomics and pathway resources for plant research [J]. Nucleic Acids Research, 46 (D1)：1 181-1 189.

13 Linux 系统入门及编程基础

13.1 Linux 操作系统概述

Linux 是一套免费使用和自由传播的类 Unix 操作系统。Linux 以其高效性和灵活性著称，它能够在 PC 计算机上实现全部的 Unix 特性，具有多用户、多任务的能力。Linux 操作系统软件包不仅包括完整的 Linux 操作系统、文本编辑器、高级语言编译器等应用软件，还包括带有多个窗口管理器的 X Window 图形用户界面，如同使用 Windows 一样，允许户口使用窗口、图标和菜单对系统进行操作。

Linux 操作系统包括 4 个主要部分，即内核、Shell、文件系统和实用工具。内核、Shell、文件系统形成了基本的操作系统结构，使用户可以运行程序、管理文件并使用系统。Linux 的内核设计非常精巧，由 5 个子系统组成，分别是进程调度、内存管理、进程间通信、虚拟文件系统和网络接口。内核是操作系统的心脏，是运行程序和管理系统的核心程序。例如，内核硬件方面可以控制硬件设备、管理内存、提供硬件接口、处理基本的 I/O；内核软件方面可以管理文件系统，为程序分配内存和 CPU 时间等。Shell 是系统的用户界面，提供了用户与内核进行交互操作的一种接口。它作为一个命令解释器通过接收用户输入的命令并把它送入内核去执行。另外，Shell 本身是一个用 C 语言编写的程序，它允许用户编写由 Shell 命令组成的程序，尽管它不是 Linux 系统核心的部分，但它是用户使用 Linux 的桥梁。Shell 编程语言具有普通编程语言的很多特点，比如它也有循环结构和分支控制结构等，用这种编程语言编写的 Shell 程序与其他应用程序具有同样的效果。每个 Linux 系统的用户可以拥有自己的用户界面或 Shell，用以满足专门的 Shell 需要，因此 Shell 也有多种不同的版本。文件结构是文件存放在磁盘等存储设备上的组织方法，主要体现在对文件和目录的组织上。目录提供了管理文件的一个方便而有效的途径，用户不但能够从一个目录切换到另一个目录，而且可以设置目录、文件的权限及文件的共享程度。内核、Shell 和文件结构一起形成了基本的操作系统结构，它们使得用户可以运行程序、管理文件以及使用系统。标准的 Linux 系统都具备实用工具的程序。一般来讲，实用工具可分为 3 类，即编辑器、过滤器和交互程序。编辑器顾名思义就是用 Vi、Emacs、Pico 等编辑文件；Linux 的过滤器（Filter）读取从用户文件或其他地方输入的数据，经检查和处理后输出结果；交互程序是用户与机器的信息接口，允许用户发送信息或接收来自其他用户的信息。

13.2 Linux 实战安装操作

13.2.1 Linux 直接安装

通过在官网下载相应版本（https://www.centos.org/download/），一般推荐下载标准安装版（CentOS-7.0-x86_64-DVD-1503-01.iso）。首先，需要使用光驱或 U 盘对已下载的 Linux ISO 文件进行安装，界面说明如下。

（1）Install or upgrade an existing system，安装或升级现有的系统。

（2）Install system with basic video driver，安装过程中采用基本的显卡驱动。

（3）Rescue installed system，进入系统修复模式。

（4）Boot from local drive，退出安装从硬盘启动。

（5）Memory test，内存检测。

一般选用（2）方式安装，随后点击"Skip"，此时出现引导界面，点击"Next"，在跳出的界面中选中"English（English）"，否则会有部分乱码问题，键盘布局选择"US English"，随后选择"Basic Storage Devices"，再点击"Next"，当询问是否忽略所有数据，新电脑安装系统选择"Yes, Discard any Data"，Hostname 填写格式"英文名.姓"，之后的网络设置安装图示顺序点击即可；时区可以在地图上点击，如选择"Shanghai"并取消"System clock uses UTC"，接着设置 Root 的密码；对于硬盘分区，一定要勾选"Use All Space"和"Review and Modify Partitioning Layout"，调整分区时，必须要有"/home"这个分区，如果没有这个分区，安装部分软件会出现不能安装的问题，询问是否格式化分区，需将更改写到硬盘，引导程序安装位置；最重要的一步，也是安装过程最关键的一步，一定要先点击"minimal Desktop"，再点击下面的"Customize now"，接着取消 Applications、Base System 和 Servers 内容的所有选项，并对 Desktops 进行如下设置。取消选项 Desktop Debugging and Performance Tools、Desktop Platform 和 Remote Desktop Clients，而 Input Methods 中仅保留"ibus-pinyin-1.3.8-1.el6.x86_64"，其他的全部取消；接下来选中"Languages"，并选中右侧的"Chinese Support"然后点击"Optional Packages"；调整完成后勾选第 2、第 3 和第 7 项，至此，一个精简的桌面环境就设置完成，安装完成后重启。重启后，在 License Information 界面点击

"Yes",在"Create User"界面的"Username"填写"英文名(不带姓)","Full Name"填写"英文名.姓"(首字母大写),在"Date and Time"界面选中"Synchronize Data and Time Over the Network",点击"Finsh"后系统将重启。第一次登录,登录前不要做任何更改,登录后立刻退出。第二次登录,选择语言,在底部选"Other",选中"汉语(中国)"。登录后,请先点击"不要再问我(D)",再点击"保留旧名称(K)",最后CentOS安装完成。

13.2.2 Windowas上安装VMware虚拟机来安装Linux系统

在宿主机上运行虚拟化软件安装Centos,这对宿主机的配置有一定要求,至少需要满足I5CPU双核、硬盘500G和内存4G以上。镜像CentOS6下载网址(https://mirrors.aliyun.com/centos/)。推荐使用VMware软件。准备好这些之后,打开VMware选择"新建虚拟机",选择"自定义安装",需要注意VMware不同版本的兼容性,如果是VMware高版本创建的虚拟机复制到VMware低版本中会出现不兼容的现象,用VMware低版本创建的虚拟机在VMware高版本中打开则不会出现兼容性问题;随后选择稍后安装操作系统,然后选择Linux下的CentOS;虚拟机名称自拟,VMware的默认位置是在C盘;处理器分配中处理器与核心都选1;内存也是要根据实际的需求分配,如宿主机内存是8G可以给虚拟机分配2G内存;网络连接类型这里选择桥接模式(选择桥接模式的话虚拟机和宿主机在网络上就是平级的关系,相当于连接在同一交换机上),其余两项按虚拟机默认选项即可;磁盘容量暂时分配100G,后期可以随时增加,不要勾选立即分配所有磁盘,否则虚拟机会将100G直接分配给CentOS,会导致宿主机所剩硬盘容量减少,勾选"将虚拟磁盘拆分成多个文件",这样可以使虚拟机方便用储存设备拷贝复制;磁盘名称默认即可;取消不需要的硬件,点击"自定义硬件";选择声卡、打印机等不需要的硬件然后移除;点击"完成",此时已经创建好虚拟机。接下来安装CentOS,连接光盘,右键单击刚创建的虚拟机,选择"设置",先选择"CD/DVD",再选择"使用ISO映像文件",最后选择"浏览找到下载好的镜像文件"。启动时一定要勾选上"连接"后确定,然后点击"开启虚拟机",开启后点击"Install CentOS Linux7",安装CentOS 7,回车进入下一个的界面;选择安装过程中使用的语言,这里选择英文、键盘选择美式键盘,点击"Continue",首先设置时间,时区选择"上海",查看时间是否正确,然后点击"Done",选择需要安装的软件"Software Selection",选择"Server with Gui",然后点击"Done",选择安装位置,在这里可以进行磁盘划分,选择"I Will Configure Partitioning",然后点击"Done",接下来点击左下角"+",选择"/Boot",给Boot分区分200M。最后点击"Add",然后以同样的办法给其他3个区分配好空间后点击"Done",会弹出摘要信息,点击"Accept Changes",设置主机名与网卡信息,点击"Network & Host Name",接着打开网卡,然后查看是否能获取到 IP 地址,更改主机名后点击"Done",最后选择"Begin Installation",设置"Root"密码后点击"Done",随后点击"User Creation"创建管理员用户,输入用户名和密码后点击"Done",等待系统安装完毕重启系统即可。

13.3 文件和目录基本操作命令

13.3.1 文件基本操作命令

Linux 中,文件基本操作命令包括文件内容的浏览,文件的复制、移动、删除和建立等操作,它们通过 cp、mv、rm、touch 等命令实现相应的操作。

(1) cp 命令。当需要进行文件或者目录复制时,可以使用 cp 命令。cp 命令用来将一个或多个源文件或者目录复制到指定的目的文件或目录。cp 命令还支持同时复制多个文件,当一次复制多个文件时,目标文件参数必须是一个已经存在的目录,否则将出现错误。

命令格式:cp [选项] 源文件目标文件。

(2) mv 命令。使用 mv 命令可以移动或者重命名文件或者目录。mv 命令不会影响移动或改名的文件或目录的内容。mv 命令和 cp 命令的区别是,mv 命令执行完成后只会有一份数据,而 cp 命令运行完成后会有两份同样的数据。

命令格式:mv [选项] 源文件目标文件。

(3) rm 命令。当文件和目录已经没有作用时,就需要删除它们以便释放磁盘空间。Linux 中 rm 命令可以永久地删除文件或目录。对于链接文件,只是删除整个链接文件,而原有文件保持不变。

命令格式:rm [选项] 文件列表 | 目录列表。

(4) touch 命令。touch 命令有两个功能:一是用于把已存在文件的时间标签更新为系统当前的时间(默认方式),它们的数据将原封不动地保留下来;二是用来创建新的空文件。

命令格式:touch [选项] 文件名。

13.3.2 目录

目录是一种特殊类型的文件。Linux 系统通过目录将系统中所有的文件系统分级、分层组织在一起,形成了 Linux 文件系统的树形层次结构。本实验主要讲述 Linux 系统下的主要目录及这些目录的作用。

(1) /。根目录,对于一个 Linux 系统来说,有且只能有一个根目录,所有内容都是从根目录开始的。

（2）/bin。存放 Linux 的常用命令，大部分命令都是以二进制文件的形式保存。

（3）/sbin。和/bin 类似，这些文件往往用来进行系统管理，只有 Root 用户可使用。

（4）/dev。dev 是设备（Device）的英文缩写。存放所有与设备有关的文件。

（5）/home。存放每个普通用户的家目录。每个用户都要自己的家目录，位置为"/home/用户名"。

（6）/lib。是库（Library）英文缩写，存放系统的各种库文件。

（7）/etc。系统的一些主要配置文件几乎都放在该目录下，普通用户可以查看这个目录下的文件，但是只有 Root 用户可以修改这些文件。

（8）/proc。系统运行时可以在这个目录下获取进程信息和内核信息，如 CPU、硬盘分区、内存信息等。

（9）/tmp。指临时目录，普通用户或者程序可以将临时文件存入该目录以方便其他用户或程序交互信息。该目录是任何用户都可以访问的。

（10）/var。通常各种系统日志文件、收发的电子邮件等经常变化的文件放在这里。

（11）/root。超级用户的个人目录，普通用户没有权限访问。

对于目录操作命令有以下两种。

一是 mkdir 命令。mkdir 用于创建目录。

命令格式：mkdir [-m<目录属性>] [-p] 目录名。

二是 rmdir 命令。当目录不再被使用时，可以使用 rmdir 命令从文件系统中将其删除。该命令从一个目录中删除一个或多个空的子目录。

命令格式：rmdir [-p] 目录名。

13.4　文件和目录权限管理

当用户正常登录系统使用 Linux 时发现自己不能随便在系统的任意文件夹下建立目录或者文件，有些文件在操作时显示权限不够等问题。这是因为 Linux 系统是一个多用户、多任务系统，在 Linux 系统中每一个文件或目录都有自己的访问权限，这些访问权限决定了谁能访问和如何访问这些文件和目录。文件和目录的权限有 3 种，即可读（r）、可写入（w）和可执行（x）。文件和目录权限的设置对象分为 3 类用户，即文件的所有者、同组用户和其他用户。系统需要为这 3 类用户分别设定所需的文件操作权限。工作过程中，当出现"Permission Deny"的错误提示，可能就是由权限设置不正确造成的，因此，只有正确设置文件和目录的使用权限，才能保障系统信息安全，确保文件正常使用。

在 Linux 中，使用 chmod 命令来修改文件或者目录的访问权限。chmod 命令修改文件或目录权限是可以使用两种方法：文字表示法和数字表示法。

13.4.1 文字表示法

命令格式：chmod［who］［opcode］［mode］文件名 1［文件名 2　…］。

13.4.2 数字表示法

命令格式：chmod 权限代码文件或目录名列表。

综上，本实验介绍如何查看、修改文件或者目录的权限，那么当新建文件或者目录时，如何设置文件和目录的默认权限呢？

简单来说，就是先以 Root 用户身份登录，其次以普通用户身份登录，执行创建目录和文件命令观察生成的目录和文件的权限。可以发现系统创建一个文件或者目录时会通过 umask 命令赋给予它们一个默认的权限。在创建文件或者目录时，系统先检查当前的 umask 的值，从系统默认权限的值中去除 umask 中设置的掩码才能得到文件或者目录的最终访问权限。

默认的 umask 值并不是一成不变的，使用 umask 命令可以显示或更改当前系统的权限掩码值。

命令格式：umask［-S］［权限掩码］。

13.5 Linux 的基本网络配置

实际上，Linux 被归类为网络操作系统，所以网络对其的重要性不言而喻。Linux 网络的基本知识包括主机名、TCP/IP 协议、IP 地址、网络掩码等。

主机名用于表示一台主机的名称，便于区分不同的主机，通常主机名在网络中是唯一的。如果该主机在 DNS 服务器上进行了域名的注册，主机名通常应该与该主机的域名是一样的。TCP/IP 网络是由网关（Gateways）或路由器（Routers）连接的，是目前应用最广泛，也是最重要的网络协议。IP 地址分为 A、B、C 3 类。IP 地址的类别由其第 1 个数字决定。通常以十进制的范围表示类别，具体分类如下。A 类地址为 1~127；B 类地址为 128~191；C 类地址为 192~223；预留地址为 224~255。在各种地址中，都有一些特殊的地址。如 127.0.0.1，这是一个回送地址，它是返回到主机的地址，如果用户还没有连接到网络，就可以使用这个地址进行一些必要的 IP 地址的系统设置。每个连上网际网络的设备都必须拥有它们自己唯一的 IP 地址。这些地址由 4 个小于 256 的整数组成，其间用"."分开。它们是由每个国家的有关单位指定的。网络掩码是用于屏蔽 IP 地址的一部分，使得 TCP/IP 能够区别网络 ID 和宿主机 ID。当 TCP/IP 宿主机要通信时，网络掩码用于判断一个宿主机是在本地网络还是在远程网络。

要进行 Linux 网络配置，首先要了解 Linux 环境下和网络服务相关的配置文件的含义及如何进行配置。在 Linux 环境下，与主机名和 IP 地址设置相关的配置文件主要有以下几种。

13.5.1 /etc/sysconfig/network 文件

/etc/sysconfig/network 主要用于设置 Linux 系统的主机名及系统启动时是否加载网卡信息。

配置文件内容如下。

NETWORKING = yes
HOSTNAME = localhost. localdomain
GATEWAY = 192. 168. 94. 2

13.5.2 /etc/hosts 文件

计算机之间使用 IP 地址进行通信，但 IP 地址太长不易记住，通过为网络中的每台主机起一个易记的主机名，并将主机名与 IP 对应的记录来完成主机名与 IP 地址的转换。在 CentOS 中，/etc/hosts 文件的作用相当于 DNS 提供 IP 地址到 Hostname 的对应，利用该文件进行名称解析时，系统会直接读取该文件的 IP 地址和主机名的对应关系。

配置文件如下。

127. 0. 0. 1 localhost. localdomain localhost
∷ 1 localhost6. localdomain6 localhost6

13.5.3 /etc/sysconfig/network-scripts/ifcfg-ethN 文件

/etc/sysconfig/network-scripts/ifcfg-ethN（N = 0，1，2，3...）文件是网卡信息配置文件，包括网络接口设备、协议类型（静态、动态）、IP 地址、子网掩码、网关、DNS 服务器等。可以直接编辑此文件进行配置更改。

/etc/sysconfig/network-scripts/ifcfg-eth0 配置文件（静态 IP 设置）内容如下。

DEVICE = eth0
ONBOOT = yes
BOOTPROTO = static
IPADDR = 172. 16. 100. 98
NETMASK = 255. 255. 255. 0
GATEWAY = 172. 16. 100. 254

/etc/sysconfig/network-scripts/ifcfg-eth0 配置文件（动态 IP 设置）内容

如下。
  DEVICE=eth0
  ONBOOT=yes
  BOOTPROTO=dhcp
  对于临时设置主机名，使用 hostname 命令；而永久更改主机名，则修改/etc/hosts 和/etc/sysconfig/network 文件。在 Linux 系统下可以使用多种方式配置 IP 地址，如通过 ifconfig 命令查看和修改 IP 地址；通过修改/etc/sysconfig/network-scripts/ifcfg-eth0 文件设置 IP 地址；使用 setup 命令在弹出的"网络配置"窗口中设置 IP 地址；在虚拟机环境下，主机是 Windows7，虚拟机网络设置为桥接模式下修改 IP 地址，使虚拟机与主机设置为同一网段。对于网卡的启动和禁用，在 Linux 系统中，可以使用 ifconfig 和 ifup/ifdown 命令实现。特别是当一个网卡的网络配置文件被修改之后，以及在网卡的网络配置文件中新增或删除了某些设定之后，都要使用 ifdown 和 ifup 命令重新启动网卡。在 Linux 系统中，对于常用网络命令的使用如下。route 命令通常用来进行路由设置，比如查看路由信息，添加或者删除路由条目，还可以设置默认网关。使 ping 命令用于测试两台主机之间底层 IP 连通性。ping 命令使用 ICMP 协议，测试过程是 ping 命令接收一个 IP 地址或者主机名，然后 ping 会向指定的主机发送一个底层（ICMP）回应请求，如果与目标主机连通，则目标主机会回应一个底层（ICMP）回应应答。使用 netstat 命令可以检测 Linux 主机的网络配置和状况，还可以显示路由表、网络接口状态、统计信息等。使用 traceroute 命令可以获得当前主机到目标主机的路由信息，即经过哪些网络节点。使用 arp 命令来配置并查看 arp 缓存。

13.6 Web 服务器的配置和管理

  Web 是 Internet 中最受欢迎的一种多媒体信息服务系统，它采用 C/S 结构，即客户/服务器结构。Web 带来的是世界范围的超级文本服务。用户可通过 Internet 从全世界任何地方调来所希望得到的文本、图像（包括活动影像）和声音等信息。Web 服务器是指驻留于网络中某种类型计算机的程序。当 Web 浏览器连到服务器上并请求文件时，服务器将处理该请求并将文件发送到该浏览器上，附带的信息会告诉浏览器如何查看文件。
  而 Apache 服务器是 Linux 配置 Web 服务器的常用软件。可以从 Apache 官网下载最新的 Apache 安装包进行安装。可使用 configure 命令测试软件安装环境并配置安装参数，在执行 configure 命令之前需要安装 apr-1.5.2.tar.gz、apr-util-1.5.4.tar.gz、pcre-8.38.tar.gz 这 3 个软件包（用户可以从官网下载最新版本的软件包），否则安装 Apache 时会提示错误。执行如下命令。

[root@beiyang httpd-2.4.23]#./configure --prefix=/usr/local/apache --with-apr=/usr/local/apache --with-apr-util=/usr/local/apr-util/ --with-pcre=/usr/local/pcre

命令中用--with 参数指定安装的这 3 个软件包的安装位置，Apache 被安装到/usr/local/apache 目录下。编译并安装 Apache，执行如下命令。

[root@beiyang httpd-2.4.23] make && make install

Apache 服务的守护进程是 httpd，使用 RPM 软件包安装好 Apache 后，可以使用服务控制脚本或者服务方式实现 Apache 服务的启动或者停止。

执行以下命令可以启动或者重新启动 Apache 服务。

[root@localhost~] #/etc/init.d/httpd start，#启动服务。

[root@localhost~] # service httpd start，#启动服务。

[root@localhost~] #/etc/init.d/httpd restart，#重新启动服务。

[root@localhost~] # service httpd restart，#重新启动服务。

执行以下命令可以停止 Apache 服务。

[root@localhost~] #/etc/init.d/httpd stop。

[root@localhost~] # service httpd stop。

关于 Apache 的目录访问控制，设置目录访问控制是提高 Apache 服务器安全级别最有效的手段之一，其中，利用 httpd.conf 配置文件中的 Diretroy 容器可以设置与目录相关的参数和指令，包括认证和访问控制。

<Directory 目录的路径>，目录相关的配置参数和指令如下。

13.6.1 创建个人用户信息设置其网站内容

（1）输入命令创建用户 Jack。

指令：[root@localhost~] # useradd Jack

（2）为用户 Jack 设置其口令。

指令：[root@localhost~] # passwd Jack

（3）在用户目录/home/Jack 中新建 public_html 目录。

指令：[root@localhost~] # mkdir /home/jack/ public_html

（4）修改用户 Jack 的主目录权限，让其他用户都可以进入此目录。

指令：[root@localhost~] #chmod 705 /home/Jack

（5）在 public_html 目录中创建 index.html 文件。

指令：[root@localhost ~] # echo" hello, welcome to Jack's web" >/home/Jack/public_html/index.html

13.6.2 配置 Apache 服务器，修改 httpd.conf 文件

设置访问权限，去除 Directroy 容器中各行的星号，并按照要求设置访问权限。将 <IfModμLe mod_userdir.c> 模块中的 UserDir 的值设置为 "UserDir public_html"。

（1）重新启动 httpd 服务。

命令：[root@ localhost~] #service httpd restart

（2）访问用户 Jack 的个人 Web 站点。在 Windows 计算机中启动 Internrt Explorer。在地址栏输入 "http：//192.168.94.128/~jack"，显示/home/jack/public_html 目录下 index.html 文件的内容。

总的来说，由于 Linux 是一款免费的操作系统，用户可以通过网络或其他途径免费获得，并可以任意修改其源代码，还可以从 Internet 网上下载许多 Linux 的应用程序，这是其他的操作系统所达不到的。正是由于这一点，来自全世界的无数程序员参与了 Linux 的修改、编写工作。这让 Linux 逐渐发展成为功能强大、设计完善的操作系统之一。

对于操作系统来讲，Linux 是一个支持多种 CPU 的跨平台系统，Linux 内核支持多种微处理器架构，包括 Intelk86、ARM、MIPS、PowerPC 和 ALPHA 等。Linux 目前已经被成功地移植到数十种硬件平台上，并且能够在几乎所有流行的 CPU 上运行。Linux 拥有非常丰富的驱动程序资源，支持各种主流硬件设备和最新硬件技术。甚至可以在处理器上没有内存管理单元（MMU）的情况下运行，这些都进一步促进了 Linux 在嵌入式系统中的应用。

参考文献

北京盛浩博远教育科技有限公司，2012. Linux 操作系统管理与网络服务教程 [M]. 北京：清华大学出版社.

高俊峰，2009. 循序渐进 Linux [M]. 北京：人民邮电出版社.

刘忆智，2013. Linux 从入门到精通 [M]. 北京：清华大学出版社.

马季兰，冯秀芳，1999. 操作系统原理与 Linux 系统 [M]. 北京：人民邮电出版社.

彭晓明，王强，2000. Linux 核心源代码分析 [M]. 北京：人民邮电出版社.

邱建新，2016. Linux 操作系统应用项目化教程 [M]. 北京：机械工业出版社.

王春海，2013. Vmware 虚拟化与云计算应用案例详解 [M]. 北京：中国铁道出版社.

魏永明，杨飞月，吴漠霖，1999. Linux 实用教程 ［M］. 北京：电子工业出版社.

杨华中，1996. UNIX 应用教程 ［M］. 北京：人民邮电出版社.

杨云，王秀梅，2013. Linux 网络操作系统及应用教程 ［M］. 北京：人民邮电出版社.

余柏山，2010. Linux 系统管理与网络管理 ［M］. 北京：清华大学出版社.

张勤，鲜学丰，2011. Linux 从初学到精通 ［M］. 北京：电子工业出版社.

14 基因组从头拼接

随着测序技术的不断发展，测序通量不断增大，成本大幅降低，20 世纪 90 年代开始，耗时 13 年，耗资 27 亿美元的"人类基因组计划"，现今只需要 1 天就能完成，且成本低至 1 000 美元，这些技术的发展都宣布了基因组学时代的到来。此外，测序平台已由最初的 Sanger 测序，发展到以 Roche 公司的 454 技术、Illumina 公司的 Solexa 技术、Thermo fisher 公司的 SOLID 技术和 Ion Torrent 技术为代表的高通量测序技术，二代测序因此通量较高，目前以广泛应用于动植物基因组组装。

14.1 测序数据简介

14.1.1 测序类型

目前，原始测序数据的类型主要包括两种，一种是 Single-End 测序（即单端测序），是指测序文库建好后，从插入片段的一端进行序列测序，该方式建库方法简单，操作步骤少，常用于基因组较小的物种、宏基因组、转录组以及小 RNA 测序等。单端测序常见的表示方法为"SE50"，表示的是单端测序，Reads 长度为 50bp。另外一种是 Paired-End 测序（配对末端测序/双末端测序），文库建好后，进行第一链测序，测序完毕，在原位置通过桥式 PCR 扩增生成互补链，再将第一链测序模板链去除，并以互补链为模板进行第二轮测序，以达到插入片段两端均进行测序的目的，常见的表示方法为"PE100"，表示的是双末端测序，Reads 长度为 100bp，由于双末端测序结果定位于文库插入片段两端，因此有助于进行序列拼接。

14.1.2 FASTQ 格式简介

FASTQ 是以文本形式来存储序列信息的格式，后缀名通常为.FASTQ 或者.FQ，与 FASTA 不同的是，它除了存储序列本身以外，还将每个碱基序列的质量参数，目前 FASTQ 格式已成为高通量数据存储的标准格式。早期是由 SANGER 机构开发，但是现在已经变成高通量测序数据存储的标准格式。

FASTQ 格式文件中一个完整的单元分为 4 行（图 14-1），每行的含义如下。

第 1 行必须以"@"开头，后面跟着唯一的序列 ID 标识符，然后跟着可选的序列描述内容，标识符与描述内容用空格分开。

第 2 行为序列字符（核酸为［AGCTN］+，蛋白为氨基酸字符）。

第 3 行必须以“+”开头，后面跟着可选的 ID 标识符和可选的描述内容，如果“+”后面有内容，该内容必须与第 1 行“@”后的内容相同。

第 4 行为碱基质量字符，每个字符对应第二行相应位置碱基或氨基酸的质量，该字符可以按一定规则转换为碱基质量得分，碱基质量得分可以反映该碱基的错误率。这行的字符数与第 2 行中的字符数必须相同。

```
@M,HWI-7001455:411:C8L5FANXX:5:2316:3471:5726 2:N:0:TCCTGAGCGAGTGGAT
CAAATGAATTCACGATGTGTTCTTATTTATACGCCTAGGGCGTTGAAAGTTAAAAGGCCCCGCTTGTCAGTGAATGTTGCTATTCTAGCAAAGGGAAGGT
+
CCGG>GG1FFGGGGGBF;FGDEC1EEFGGGGDGGGDF1FBG<CGGGE11=EGC>GEFGGGGGG<CG@FGC:EFFFGGCFGFCC>GGG>FC08EBGGGDB@
@M,HWI-7001455:411:C8L5FANXX:5:2316:3480:5741 2:N:0:TCCTGAGCGAGTGGAT
CGGAGGTGGGCGCCAATGTTGGGGACTTGTTCTCAAATGCTTCGATCTAAGAACAAGGCAACACAGAAAATGTTAAGTATTAAGGTCCTTCGTCCTTCAT
+
B=CB<DGG0ED9/E/E1FGE>@/>/91::::=FCCF1>F>EGB<B1:01E1E>1:1=E00E;0/EG0;C0=00:CFDB0GGGF>0;8F0D0089..000@
@M,HWI-7001455:411:C8L5FANXX:5:2316:3641:5583 2:N:0:TCCTGAGCGAGTGGAT
TAAAGGAGTAAAAGACCTCACGAAAGGCCCAAGGGCCCAATAACTCGTAAGGTCATTCTTTCGTGGGCCTGGGGAGGAACAACCAGCAAAGCAGCACGAC
+
:AGGGGGGE1EG1FFBG1=F>CCGGB0:FGBGGGBFGBF0CGFD>19==@0111:=FGFCC@/;08/0=/:00</8//<B0;;FGF00;900=000099A
@M,HWI-7001455:411:C8L5FANXX:5:2316:3583:5690 2:N:0:TCCTGAGCGAGTGGAT
CTCGCGCTTTTGGAAAAGACTACATGAGTCCATGGATACCAAGCTAAACTTTAGTCCAGCTTATCATCCGCAAACGGATGGGCAAACGGAAAGAACAAAC
+
AAFDDBGG/FGEDGDGG>GGCGEGGGGGGGGGD>>FGGGGGC@BBGGFGGGGGGEG@FGGEEGGGD>DGGGGG9ECFB/CC0F0FGGFGDGGA00BGGE;0
@M,HWI-7001455:411:C8L5FANXX:5:2316:3651:5726 2:N:0:TCCTGAGCGAGTGGAT
AGCAAAGGCCACAGTACTCCTCGCAAGCTTCGGGGCAGCAGCAAAGCTCTTTCCGGCCGCCAGCTCCAAGGGGCAGAGGCGCCAGGGGCTTCGGAGGAAG
+
BBGGGGGGGGGGGGGGGGGGGGGGGGGGGGGGGGGGGGGGGGGGGGEGGECGGGGGGGGDGGGGGGF>DGGGGGGFFEGGCGGGEGGGDEGGGBGABEG
```

图 14-1　FASTQ 格式文件

14.1.3　测序质量值

测序仪一般是按照荧光信号来判断所测序的碱基是哪一种，例如红黄蓝绿分别对应 ATCG，因此对每个结果的判断都是一个概率问题。最初 Sanger 中心用 Phred Quality Score 来衡量该 Read 中每个碱基的质量，$Q=-10\log P$，其中 P 代表该碱基被测序错误的概率，如果该碱基测序出错的概率为 0.001，则 Q 应该为 30，那么 30+33=63，那么 63 对应的 ASCII 码为“?”，则在该碱基对应的质量值即“?”。而 Solexa 系列测序仪使用不同的公示来计算质量值。

$$Q=-10\log(P/1-P)$$

在二代测序过程中，测序仪会自动为每个碱基计算一个质量值，代表该碱基的可信度，该质量值用 ASCII 码所对应的字母进行标示，不同的测序平台，该质量值标示方法有所不同（图 14-2）。

（1）Sanger 格式（Sanger format）。使用 Phred-33（33 代表 ASCII 码起始为 33）质量值，取植范围为 0~93，用 ASCII 码的 33~126 与之对应，但是测序原始 Reads 的质量值很少超过 60，常用取值范围为 0~40。

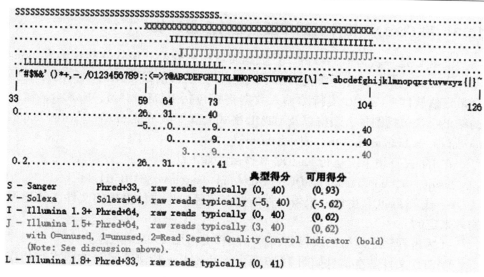

图 14-2 不同版本质量得分与质量字符 ASCII 值的关系

（2）Solexa 格式（Solexa/Ilumina 1.0）。使用 Solexa/Illumina 质量值，取值范围为 -5~62，对应 ASCII 码为 59~126，常用取值范围为 -5~40。

（3）llumina1.3+。使用 Phred+64 质量值，取值范围为 0~62，对应 ASCII 码为 64~126，常用取值范围为 0~40。

（4）Illumina1.5+。使用 Phred+64 质量值，取值范围为 0~62，对应 ASCII 码为 64~126，常用取值范围为 3~40。

（5）Illuminal.8+。使用 Phred+33 质量值，取值范围 0~41 也基本是其常用取值范围，对应 ASCII 码为 33~74。

14.2 测序数据预处理

测序的原始数据（Raw Data）含有接头序列、低质量的序列等，需要去除这些低质量的序列，以获得高质量的有效序列，也称为 Clean Data，一般为 FASTQ 格式。对于基因组 DNA 测序数据一般按照如下标准进行处理。根据 Reads 序列的长度，统一截取 Reads 的一定长度的一段序列（如 1~140bp）；去除质量值连续≤20 个的碱基数达到一定程度的 Reads；去除含 N 的碱基数目总和达到一定比例的 Reads（默认 10%）；去除接头 Adapter 污染；去除 Duplication 污染，去除被多次测到的相同序列。

14.3 用 FastQC 软件对测序数据进行质量评估

FastQC 是一款基于 Java 的二代数据质量控制软件，该软件能在装有 Windows、Linux、Mac 操作系统的计算机上运行，是目前最常用的二代测序数据质量评估软件。FastQC 支持的输入数据格式包括 BAM、SAM、FASTQ，输出的结果报告包括图片、表格以及 HTML 格式，其下载地址 http://www.bioinformatics.babraham.ac.uk/projects/fastqc/。

在 Linux 环境下，运行 FastQC 软件命令如下。

fastqc -o ./tmp.result/fastQC/ -t 6 ./tmp.data/fastq/S101_R1.fq

-o 代表 FastQC 生成的报告文件的储存路径，生成的报告的文件名是根据输入来定的。

-t 为选择程序运行的线程数，每个线程会占用 250MB 内存。

FASTD 文件基本信息如图 14-3 所示。Encoding 指测序平台的版本和相应的编码版本号；Total Sequences 记录了输入文本的 Reads 的数量；Sequence Length 是测序的长度；%GC 是需要重点关注的一个指标，这个值表示的是整体序列中的 GC 含量，这个数值一般是物种特异的，该示例表示了玉米基因组 GC 含量在 55%左右。

Measure	Value
Filename	S101_R1.fq
File type	Conventional base calls
Encoding	Sanger / Illumina 1.9
Total Sequences	23269359
Sequences flagged as poor quality	0
Sequence length	150
%GC	55

图 14-3　FASTQ 文件基本信息

图 14-4 横轴是测序序列第 1 个碱基到第 150 个碱基，纵轴是质量得分，$Q=-10*\log10$（error P）即 20 表示 1%的错误率，30 表示 0.1%。图中每个 boxplot，都是该位置所有序列测序质量的一个统计，上面的 bar 是 90%分位数，下面的 bar 是 10%分位数，中间的横线是 50%分位数，上边是 75%分位数，下边是 25%分位数。图中细线是各个位置的平均值的连线，一般要求此

图中，所有位置的10%分位数大于20，也就是常说的Q20过滤。

✅ Per base sequence quality

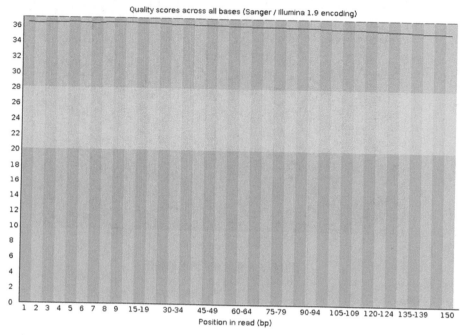

图14-4 所有测序碱基的平均质量值

图14-5中横轴同图14-4，代表不同序列的每个不同碱基位置，纵轴是tail的Index编号，此图主要是为了防止在测序过程中，某些tail受到不可控因素的影响而出现测序质量偏低。蓝色代表测序质量很高，暖色代表测序质量不高，如果某些tail出现暖色，可以在后续分析中把该tail测序的结果全部去除。

假如某一试验测得的1条序列长度为101bp，那么这101个位置每个位置Q值的平均值就是这条Reads的质量值。图14-6横轴是0~40，表示Q值；纵轴是每个值对应的Reads数目；本测序数据中，测序结果主要集中在高分中，证明测序质量良好，可用于下一步分析。

图14-7中，横轴是1~101bp；纵轴是百分比。图中四条线代表A、T、C、G在每个位置平均含量，理论上来说，A和T应该相等，G和C应该相等，但是一般测序的时候，刚开始测序仪状态不稳定，很可能出现上图的情况。像这种情况，即使测序的得分很高，也需要剪切掉开始部分的序列信息，一般出

✅ Per tile sequence quality

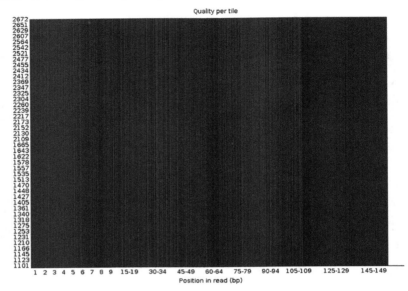

图 14-5　每个 tile 测序的情况

✅ Per sequence quality scores

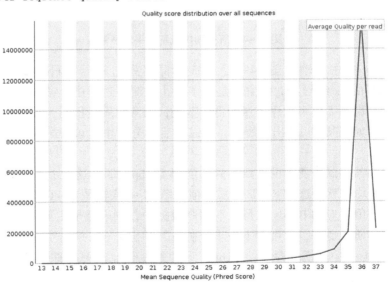

图 14-6　每条序列的测序质量统计

现这种情况,可以剪掉前面 5bp。

😕 Per base sequence content

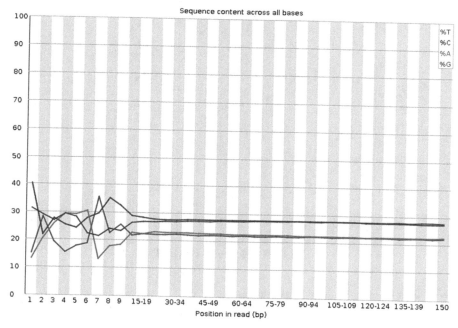

图 14-7 序列碱基含量

图 14-8 中,横轴是 GC 含量为 0%~100%;纵轴是每条序列 GC 含量对应的数量。蓝色的线是程序根据经验分布给出的理论值,红色是真实值,两个应该比较接近才比较好。当红色的线出现双峰,基本肯定是混入了其他物种的 DNA 序列,图 14-8 显示该测序数据的 GC 含量良好。

每次测序仪测出来的长度在理论上应该是完全相等的,但是总会有一些偏差,如图 14-9 所示,150bp 长度的序列是占绝大多数,但是还是有少量的 149bp 和 151bp 的长度,不过数量比较少,不影响后续分析。当测序的长度不同时,如果很严重,则表明测序仪在此次测序过程中产生的数据不可信。

图 14-10 衡量的是序列中两端 Adapter 的情况,如果在当时 FASTQC 分析的时候 "-a" 选项没有内容,则默认使用图例中的 4 种通用 Adapter 序列进行统计。本例中 Adapter 都已经去除,如果有 Adapter 序列没有去除干净的情况,在后续分析的时候需要先使用 Cutadapt 软件进行去接头(https://

· 197 ·

Per sequence GC content

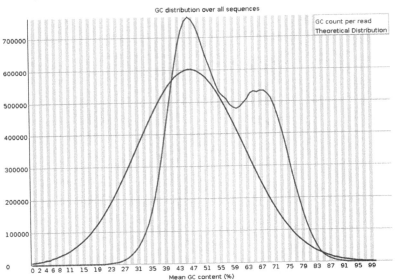

图 14-8 序列平均 GC 含量分布

Sequence Length Distribution

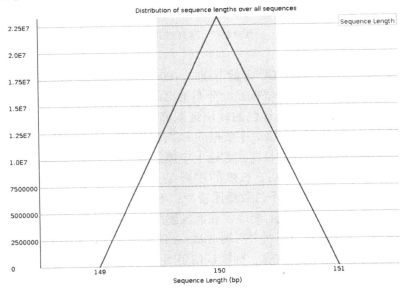

图 14-9 序列长度分布

cutadapt. readthedocs. io/en/stable/）。

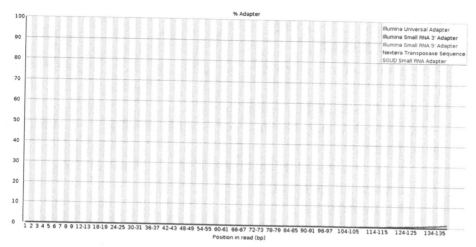

图 14-10　接头序列含量分布

14.4　利用 FASTX_Toolkit 对测序 Reads 进行处理

14.4.1　直观显示测序序列质量值

指令：fastq_quality_converter[-h][-a][-n][-z][-i INFILE][-f OUTFILE]

-h，为打印帮助。

-a，为输出 ASCII 的质量得分（默认）。

-n，为输出质量值数据。

-z，为 GZIP 压缩输出。

-i INFILE，为输入 fasta/fastq 格式的文件。

-o OUTFILE，为输出 fasta/fastq 文件。

14.4.2　屏蔽低质量碱基

指令：fastq_masker[-h][-v][-q N][-r C][-z][-i INFILE][-o OUTFILE]

-q N，为质量门限值，质量值低于这个门限值的将被 Mask 掉，默认值为 10。

-r C，为用 C 替代低质量的碱基，默认用 N 来替代。

-z，为输出用 GZIP 压缩。

-i INFILE，为输入 FASTA 文件。

-o OUTFILE，为输出文件。

-v，为详细报告序列编号，如果使用了"-o"则报告会直接在 STDOUT 中，如果没有则输入到 STDERR。

14.4.3 过滤低质量序列

指令：fastq_quality_filter[-h][-v][-q N][-p N][-z][-i INFILE][-o OUTFILE]

-q N，为最小的需要留下的质量值。

-p N，为每个 Reads 中最少有百分之多少的碱基需要有"-q"的质量值。

-z，为压缩输出。

-v，为详细报告序列编号，如果使用了"-o"则报告会直接在 STDOUT 中，如果没有则输入到 STDERR。

14.4.4 修剪 Reads 的末端

指令：fastq_quality_trimmer[-h][-v][-t N][-l N][-z][-i INFILE][-o OUTFILE]

-t N，为#从 5′端开始，低于 N 的质量的碱基将被修剪掉。

-l N，为修建之后的 reads 的长度允许的最短值。

-z，为压缩输出。

-v，为详细报告序列编号，如果使用了"-o"则报告会直接在 STDOUT 中，如果没有则输入到 STDERR。

14.4.5 FASTQ 转换成 FASTA

指令：fastq_to_fasta[-h][-r][-n][-v][-z][-i INFILE][-o OUTFILE]

-r，为序列用序号重命名。

-n，为保留有 N 的序列，默认不保留。

-z，为压缩输出。

14.4.6 从 3′开始进行碱基序列剪切

指令：fastx_trimmer[-h][-f N][-l N][-t N][-m MINLEN][-z][-v][-i INFILE][-o OUTFILE]

-f N，为从第几个碱基开始保留，默认第 1 个。

-l N，为后面从第几个碱基开始保留，默认全部碱基都保留。

-t N，为序列尾部修剪掉 N 个碱基。

-m MINLEN，为修剪掉长度小于 MINLEN 的序列。

14.4.7 对 FASTQ 格式文件的质量值进行统计

指令：fastx_quality_stats[-h][-N][-i INFILE][-o OUTFILE]fastq

-i INFILE，为输入 FASTQ 文件。
-o OUTFILE，为输出的文本文件名字。
-N，为使用新的输出格式，默认使用以前的格式。
默认格式输出文件如下（每项代表输出文件的一列）。
Column 为 1~36。
count 为本列有多少碱基。
min 为本列的碱基质量最小值。
max 为本列的碱基质量最大值。
sum 为本列的碱基质量的总和。
mean 为本列的碱基质量平均值。
Q_1 为 1/4 碱基质量值。
med 为碱基质量值的中位数。
Q_3 为 3/4 碱基质量值。
IQR 为 Q_1~Q_3。
lW 为´Left-Whisker´ value(for boxplotting)。
rW 为´Right-Whisker´ value(for boxplotting)。
A_Count 为本列 A 的数目。
C_Count 为本列 C 的数目。
G_Count 为本列 G 的数目。
T_Count 为本列 T 的数目。
N_Count 为本列 N 的数目。
max-count 为碱基数目的最大值。
新的输出格式包括循环数和最大数目。
对每个循环的碱基（ALL/A/C/G/T/N）进行分析。
count 为本列碱基的数目。
min 为本列碱基质量的最小值。
max 为本列碱基质量的最大值。
sum 为本列碱基质量的综合。
mean 为本列碱基质量的平均值。
Q_1 为 1/4 碱基质量值。
med 为碱基质量值的中位数。
Q_3 为 3/4 碱基质量值。
IQR 为 Q_1~Q_3。
lW 为 'Left-Whisker' value(for boxplotting)。

rW 为 'Right-Whisker' value(for boxplotting)。

14.4.8 绘制碱基质量分布盒式图

指令：fastq_quality_boxplot_graph.sh[-i INPUT.TXT][-t TITLE][-p][-o OUTPUT]

-p，产生 PS 文件，默认产生 PNG 图像。

-i INPUT.TXT，为输入文件为 fastx_quality_stats 的输出文件。

-o OUTPUT，为输出文件的名字。

-t TITLE，为输出图像的标题。

14.4.9 绘制碱基分布图

指令：fastx_nucleotide_distribution_graph.sh[-i INPUT.TXT][-t TITLE][-p][-o OUTPUT]

-p，产生.PS 文件，默认产生 PNG 图像。

-i INPUT.TXT，为输入文件为 fastx_quality_stats 的输出文件。

-o OUTPUT，为输出文件的名字。

-t TITLE，为输出图像的标题。

14.4.10 去掉接头序列

指令：fastx_clipper[-h][-a ADAPTER][-D][-l N][-n][-d N][-c][-C][-o][-v][-z][-i INFILE][-o OUTFILE]

-a ADAPTER，为接头序列（默认为 CCTTAAGG）。

-l N，为忽略那些碱基数目少于 N 的 reads，默认为 5。

-d N，为保留接头序列后的 N 个碱基默认为 "-d 0"。

-c，为放弃那些没有接头的序列。

-C，为只保留没有接头的序列。

-k，为报告只有接头的序列。

-n，为保留有 N 多序列，默认不保留。

-v，为详细报告序列编号。

-z，为压缩输出。

-D，为输出调试结果。

-M N，为要求最小能匹配到接头的长度 N，如果和接头匹配的长度小于 N 不修剪。

-i INFILE，为输入文件。

-o OUTFILE，为输出文件。

14.5 基于 SOAPdenovo 软件的基因组拼接

SOAPdenovo（目前最新版是 2012 年升级的 SOAPdenovo2）是由华大基因开发的组装短 Reads 的软件，它以 Kerm 为节点单位，利用 de Bruijn 图的方法实现全基因组的组装，和其他短序列组装软件相比，它可以进行大型基因组（如人类基因组）的组装，组装结果更加准确可靠，可以通过组装的结果非常准确地鉴别出基因组上的序列结构变异，为构建全基因组参考序列和以低测序成本对未知基因组实施精确分析创造了可能。下载地址 http://sourceforge.net/projects/soapdenovo2/files/SOAPdenovo2/bin/r240/SOAPdenovo2-bin-LINUX-generic-r240.tgz/download。

SOAPdenovo 软件可安装于 64 位的 Linux 操作系统，需要最小 5GB 的内存，对于大的基因组，如人的基因组组装，则需要 150GB 内存。软件安装命令如下。

$ tar-zxvf SOAPdenovo2-bin-LINUX-generic-r240.tar.gz

$ cd SOAPdenovo2-bin-LINUX-geneeric-r240

解压后有 SOAPdenovo-63mer、SOAPdenovo-127mer 两个命令文件，前者容许 Kmer 值小于等于 63；后者容许 Kmer 值小于等于 127，但是内存消耗较前者大 2 倍以上，即使所设置的 Kmer。

14.5.1 SOAPdenovo2 运行及相关参数

SOAPdenovo2 可以 1 步进行，也可以分 4 步进行。

14.5.1.1 1 步进行

命令：$ ./SOAPdenovo-63mer all -s lib.cfg -K 29 -D 1 -o ant >>ass.log

-s，指定 Configs 文件路径。

-0，指定 graph 的前缀。

-K，指定 Kmer 值，最小值 13，最大值 63 或 127，奇数，默认值 23。

-p，指定 cpus 的数目，默认值是 8。

-a，指定初始内存使用量，以 GB 为单位，默认值是 0。

-R，通过 Reads 解决重复问题，默认值是 NO。

-k，指定 Reads 映射至 Contigs 上的 Kmer 值。

-F，修补 Scaffolds 中的 Gaps，默认值是 NO，不修补。

-u，在组装成 Scaffolds 之前是否 Mask 覆盖度低或者高的 Contigs，默认值是 Mask。

-w，保留 Scaffolds 中的弱连接的 Contigs，默认值是 NO。

-G，容许期望值及实际修补 Gaps 数量的最大差异值，默认值是 50nt。

-L，指定组装 Scaffolds 的最短 Contigs 序列长度，默认值是 K+2。

-C，组装 Scaffolds 时最低 Contigs 覆盖度，默认值是 0.1。

-C，组装 Scaffolds 时的最高 Contigs 覆盖度，默认值是 2。

-N，进行统计分析的基因组大小，默认值是 0，即不统计分析。

14.5.1.2 4 步进行

（1）Pregraph。建立 Kmer 值 de Bruijn 图。

命令：$ SOAP de novo-63pre graph-s contig_file-o prefix_graph-K 63

-s，指定 Reads 的 Configs 文件。

-0，指定输出图片的前缀。

-K，指定 Kmer 值，奇数。

（2）Contig。从分支处打断，将无歧义的序列生成 Contigs。

命令：$ SOAPdenovo-63mer contig-g ant -D 1 -M 3>contig.log

-g，指定 graph 的路径。

-D，去除频数不大于该值的由 Kmer 连接的边，默认值为 1，即该边上每个点的频数都≤1 时才去除。

-M，连接 Contig 时合并相似序列的等级，默认值为 1，最大值 3。

（3）map。将 Reads 映射至 Contigs 上。

命令：$ SOAPdenovo-63mer map -s lib23.cfg -g ant >map.log

-s，指定 Configs 文件的路径。

-g，指定 Graph 的路径。

（4）Scaff。构建 Scaffolds。

命令：$ SOAPdenovo-63mer scaff -g ant -F >scaff.log

-g，指定 Graph 的路径。

-F，进行 Scaffolds 的 Gaps 修改。

14.5.2 参数配置文件

软件预设的配置文件（Config File），配置文件内容及各说明参考如下，需要使用者根据实际情况进行修改。

maximal read length=150，Read 的最大长度。

max_rd_len=50，该值一般设置的比实际 read 读长稍微短一些，截去测序最后的部分，具体长度根据测序质量决定。

[LIB]，文库信息以此开头。

avg_ins=200，文库平均插入长度，一般取插入片段分布图中给出的文库大小。

reverse_seq=0，序列是否需要被反转，目前的测序技术，插入片段大于等于 2k 的采用了环化，所以对于插入长度≥2k 文库，序列需要反转，reverse _seq=1，小片段设为 0。

asm_flags=3，该文库中的 Read 序列在组装的过程（contig/scaff/fill）中用到。设为 1 只用于构建 Contig；设为 2 只用于构建 Scaffold；设为 3 同时用于构建 Contig 和 Scaffold；设为 4 只用于补洞。

rank=1，rank 该值取整数，决定了 Reads 用于构建 Scaffold 的次序，值越低，数据越优先用于构建 Scaffold。设置了同样 rank 的文库数据会同时用于组装 Scaffold。一般将短插入片段设为 1；2k 片段设为 2；5k 片段设为 3；10k 片段设为 4；当某个档的数据量较大时，也可以将其分为多个档，同样，当某档数据量不足够时，可以将多个档的数据合在一起构建 Scaffold。这里说的数据量够与不够是从该档的测序覆盖度和物理覆盖度两个方面来考虑。

pair_num_cutoff=3，可选参数，pair_num_cutoff 该参数规定了连接两个 Contig 或者是 Pre-scaffold 的可信连接的阈值，即当连接数大于该值，连接才算有效。短插入片段（<2k）默认值为 3，长插入长度序列默认值为 5。

map_len=32，map_len 该参数规定了在 Map 过程中 Reads 和 Contig 的比对长度必须达到该值（比对不容 Mismacth 和 Gap），该比对才能作为一个可信的比对。可选参数，短插入片段（<2k）一般设置为 32，长插入片段设置为 35，默认值是 K+2。

q1=/path/ ** LIBNAMEA **/fastq_read_1.fq，Read 1 的 FASTQ 格式的序列文件，"/path/ ** LIBNAMEA **/fastq_read_1.fq"为 read 的存储路径。

q2=/path/ ** LIBNAMEA **/fastq_read_2.fq，Read 2 的 FASTQ 格式的序列文件，与 Read 1 对应的 Read 2 文件紧接在 Read 1 之后。

f1=/path/ ** LIBNAMEA **/fasta_read_1.fa，Read 1 的 FASTA 格式的序列文件。

f2=/path/ ** LIBNAMEA **/fasta_read_2.fa，Read 2 的 FASTA 格式的序列文件。

q=/path/ ** LIBNAMEA **/fastq_read_single.fq，单向测序得到的 FASTQ 格式的序列文件。

f=/path/ ** LIBNAMEA **/fasta_read_single.fa，单向测序得到的 FASTA 格式的序列文件。

p=/path/ ** LIBNAMEA **/pairs_in_one_file.fa，双向测序得到的一个 FASTA 格式的序列文件。

14.5.3 SOAPdenovo2 结果文件

SOAPdenovo2 分 4 步分别对应的输出文件如下。

（1）Pregraph 共生成 7 个文件。*.kmerFreq、*.edge、*.preArc、

.markOnEdge、.path、*.vertex、*.preGraphBasic。

（2）Contig 共生成 4 个文件。*.Contig、*.ContigIndex、*.updated.edge、*.Arc。

（3）Map 共生成 3 个文件。*.readOnContig、*.peGrads、*.readInGap。

（4）Scaff 生成 6 个文件。*.newContigIndex、*.links、*.scaf、*.scaf_gap、*.scafSeq、*.gapSeq。

在所有的结果文件中，主要有 2 个文件 *.Contig 为组装的 Contig 序列文件，为 FASTA 格式；*.scafSeq 为 FASTA 格式的 Scaffold 序列文件，Contig 之间的间隙一般用字母 N 进行填充。对于得到的 *.scafSeq 文件还需要用 GapCloser 去合并其中的 Gap，最后的 Contig 文件则是对用 N 进行补齐后的 Scaffold 文件通过打断 N 区的方法得到。

参考文献

冯世鹏，汤华，周犀，等，2019. 实用生物信息学 [M]. 北京：电子工业出版社.

Fast Q C. 2020. https://www.bioinformatics.babraham.ac.uk/projects/fastqc/.

http://hannonlab.cshl.edu/fastx_toolkit/

http://maq.sourceforge.net/fastq.shtml

https://blog.csdn.net/huyongfeijoe/article/details/51613827

https://en.wikipedia.org/wiki/Phred_quality_score

LI D, LIU C M, LUO R, et al., 2015. MEGAHIT: an ultra-fast single-node solution for large and complex metagenomics assembly via succinct de Bruijn graph [J]. Bioinformatics, 31 (10): 1 674-1 676.

15 转录组数据从头拼接

转录组（Transcriptome）一词，是由美国约翰霍普金斯大学的 Victor E Velculescu 等于 1997 年提出的，它是指特定组织的特定细胞在特定发育时期或生理状态下所转录出来的所有 RNA 集合，主要包括 mRNAs, Small RNAs, tRNAs, Tibosomal RNA 和 Long Non-coding RNAs 等。RNA-seq 技术，作为近年来发展起来的以高通量测序为基础，对 cDNAs 进行测序的技术，由于其通量高，不需要依赖现有的基因组序列，高准确性以及所包含信息丰富（包含 SNPs 等）等优点，已广泛应用于模式及非模式生物的转录组研究中。对于有参考基因组的生物有机体特定发育时期或特定生理状态下的特定细胞进行 RNA 测序，能够使我们从整体水平了解生物有机体基因的表达情况、不同处理下基因的差异表达、基因的可变剪切及 SNPs 等信息进行挖掘。对于无参考基因组的物种来说，通过 RNA 测序，对转录组进行 de novo 拼接，可以帮助研究者获得该物种的单拷贝基因序列（Unigenes），进而对这些 Unigenes 进行注释，获取相应的简单重复序列等信息，能够丰富该物种的基因组信息，对今后遗传研究以及挖掘有利等位基因能够起到十分重要的作用。

本实验以无参考基因组物种为模拟对象，对转录组测序数据利用 Trinity 软件进行 de novo 拼接，利用 RSEM 软件进行转录本表达量计算，利用 TransDecoder 软件预测可能的蛋白质编码区。

15.1 Trinity 软件的下载和安装

Trinity 软件是一款针对 Illumina RNA-seq 进行转录组序列拼接的软件，其下载地址是 https://github.com/trinityrnaseq/trinityrnaseq/releases，截至 2021 年 1 月 21 日，最新的 Trinity 版本为 2020 年 7 月 1 日更新的 v2.11.0 版本，其安装和运行主要依赖 Linux 操作系统。其安装命令如下。

$ tar-zxvf trinityrnaseq-v2.11.0.FULL.tar.gz
$ cd trinityrnaseq-v2.11.0/
$ make

Trinity 安装比较简单，仅需要在安装目录下进行 make 即可。该命令编译了由 C++ 编写的 Inchworm 和 Chrysalis，而使用 Java 编写的 Butterily 则不需要编译，可以直接使用，但需要 Java-1.7 支持。安装成功后，使用 ./Trinity 命令，将会出现如图 15-1 所示。

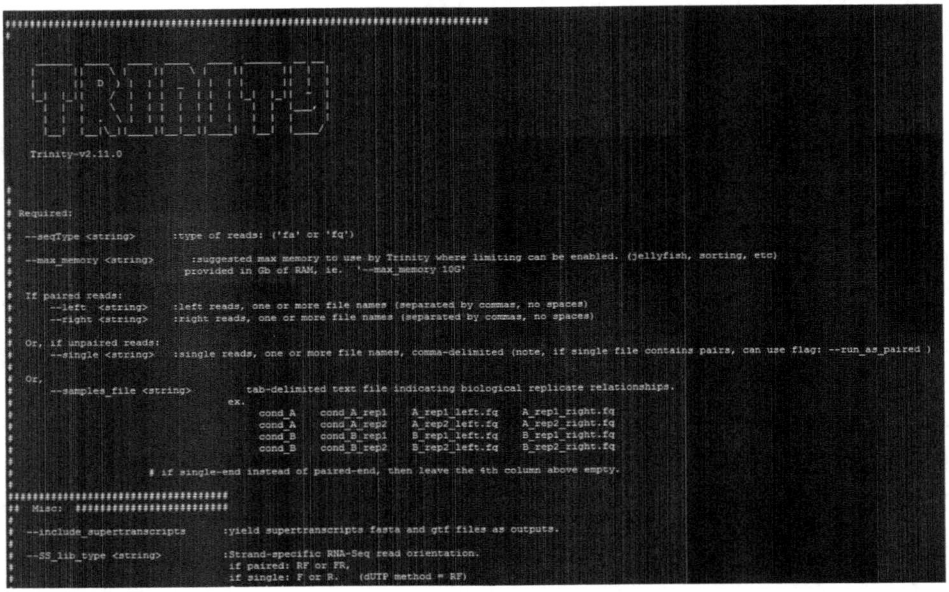

图 15-1 Trinity 成功安装界面

15.2 Trinity 使用的常用例子及相应的参数

15.2.1 Trinity 常用命令

测序数据经过去接头，将低质量碱基序列进行切除等一系列预处理后得到的 Clean Reads，可以通过如下命令进行转录本序列拼接。

命令：$ Trinity --seqType fq --left reads_1.fq --right reads_2.fq --CPU 6 --max_memory 20G

程序运行完以后，拼接好的转录本序列将会储存在 trinity_out_dir 文件夹的 Trinity.fasta 文件中，打开文件其结果如下。

>TRINITY_DN0_c0_g1_i1 len=1894 path=［1872：0-1893］［-1, 1872, -2］
GTATACTGAGGTTTATTGCCTGTAACGGGCAAACTCGAGCAGTTCAATCACGAGGAGATT
ACCAGAAAACACTCGCTATTGCTTTGAAAAAGTTTAGCCTTGAAGATGCTTCAAAATTCA
TTGTATGCGTTTCACAGAGTAGTCGAATTAAGCTGATTACTGAAGAAGAATTTAAACAAA
TTTGTTTTAATTCATCTTCACCGGAACGCGACAGGTTAATTATTGTGCCAAAAGAAAAGC
CTTGTCCATCGTTTGAAGACCTCCGCCGTTCTTGGGAGATTGAATTGGCTCAACCGGCAG

CATTATCATCACAGTCCTCCCTTTCTCCTAAACTTTCCTCTGTTCTTCCCACGAGCACTCA
GAAACGAAGTGTCCGCTCAAATAATGCGAAACCATTTGAATCCTACCAGCGACCTCCTA
GCGAGCTTATTAATTCTAGAATTTCCGATTTTTTCCCCGATCATCAACCAAAGCTACTGG
AAAAAACAATATCAAACTCTCTTCGTAGAAACCTTAGCATACGTACGTCTCAAGGGCACA

15.2.2 Trinity 常用参数设置

15.2.2.1 必须设置的参数

-seqType，Reads 的类型为 C、C、F、OR F，一般情况下 FA 以及 FQ 形式比较常见。

-max_memory，为 Trinity 能使用的最大内存数量，往往需要根据数据量进行设置，默认为全部可用的系统内存。单位为 Gb。

-left，左边的 Reads 的文件名，如果对多组数据进行分析，则使用空格将文件名隔开。

-rigth，右边的 Reads 的文件名，如果对多组数据进行分析，则使用空格将文件名隔开。

-single，不成对的 Reads 的文件名

15.2.2.2 可选参数

-SS_lib_type，Reads 的方向。成对的 Reads 为 RF 或 FR；不成对的 Reads 为 F 或 R。在数据具有链特异性的时候，设置此参数，则正义和反义转录子能得到区分。默认情况下，不设置此参数，Reads 被当作非链特异性处理。RF 为 Reads1.FQ 文件的序列和基因序列反向互补，Reads2.FQ 文件的序列和基因序列一致，这是一般情况下链特异性测序的类型；FR 与 RF 相反，Reads1.Q 文件的序列和基因序列一致，Reads2.FQ 文件的序列和基因序列反向互补。

-output，输出结果文件夹。默认情况下生成 trinity_out_dir 文件夹并将输出结果保存到此文件夹中。

-CPU，使用的 CPU 线程数，一般情况下，线程越多，软件运行速度越快，默认为 2。

-min_contig_length，报告出最短的 Contig 长度，低于此长度的 Contig 序列将不会出现在结果文件中，默认为 200bp。

-jaccard_clip，如果两个转录本之间有 UTR 区重叠，则这两个转录子很有可能在 *de novo* 组装的时候被拼接成一条序列，称为融合转录本（Fusion Transcript）。如果有 FASTQ 格式的 Paired Reads，并尽可能减少此类组装错误，则选用此参数。值得说明的是，适合于基因在基因组比较稠密，转录子经常在 UTR 区域重叠的物种，比如真菌基因组。而对于脊椎动物和植物，则不推荐使用此参数。要求 FASTQ 格式的 Paired Reads 文件（文件中 Reads 名分别以/1

和/2 结尾，以利于软件识别），同时还需要安装 Bowtie 软件用于 Reads 的比对。单独使用具有链特异性的 RNA-seq 数据的时候，能极大地减少 UTR 重叠区很小的融合转录子。此选项耗费运算，若没必要，则不用此参数。

-timmomatic，运行 Trimmomatic 对 Reads 进行低质量碱基的去除。

-quality_trimming_params，设置运行 Trimmomatic 的参数。不进行设置，则默认如下。ILLUMINACLIP：/optbiosoft/trinitymaseq-2.0.6/rinity-pluginsTrim-momaticadapters/TruSeq3-PE.fa：2：30：10

SLIDINGWINDOW：4：5 LEADING：5 TRAILING：5 MINLEN：25

-normalize_reads，对 Reads 进行标准化，适用于数据量较多的时候，比如 Reads 数超过 300Mb 时。

-normalize_max_read_cov，对 Reads 进行标准化时最大的 Read 覆盖度，默认为 50。

-normalize_by_read_set，单独对每对 FASTQ 数据进行标准化，然后再合并结果。这是由于对 Reads 的标准化操作时，输入的数据量越大，则越耗内存，当内存不足时，使用此参数来减少内存消耗。

-KMER_SIZE，设置 Kmer 大小。默认为 25。可以设置的最大值为 32。

-long_reads，输入一个 FASTA 文件。该文件包含 Pacbio 测序的 Reads 数据。可以是 CCSreads 或修正后的 CLRreads。

-genome_guided_bam，输入一个 BAM 文件。该文件是将 RNA-seq reads 比对到基因组得到的 SORTED BAM 文件。用于进行有基因组指导的 Tinity 组装。加入该参数，则不需要使用-left/-righth/-single/等参数。

同时使用-trimmomatic 和-normalize_reads 参数无效。

-genome_guided_max_intron，允许的最大的 inton 长度。当加入-left/righth/-single/参数时，则必须加入该参数。

-genome_guided_min_coverage，鉴定基因组上一个表达区需要的最小覆盖度。默认为 4。

-genome_guided_min_reads_per_partition，对 Reads 进行分块组装时，每块最小的 Reads 数目。默认为 10。

-no_cleanup，保留所有的中间输入文件。

-full_cleanup，仅保留 Trinity fasta 文件，并重命名成目标输出文件 Trinity.FASTA。

-cite，显示 Trinity 文献引证和一些用到的软件工具。

-version，报告 Trinity 版本并输出。

-show_full_usage_info，显示 Trinity 完整的用法。

15.2.2.3 Inchworm 和 K-mer 计算相关选项

-min_kmer_cov，使用 Inchworm 来计算 K-mer 数量时候，设置 Kmer 的最小值，默认为 1。

-inchworm_cpu，Inchworm 使用的 CPU 线程数，默认为 6 和-CPU 设置的值中的小值。

15.2.2.4 Chrysalis 相关选项

-max_reads_per_graph，在一个 Bruijn 图中锚定的最大的 Reads 数目，默认为 200 000。

-no_run_chrysalis，运行 Inchworm 完毕，在运行 chrysalis 之前停止运行 Trinity。

15.2.2.5 Butterfly 相关选项

-bfly_opts，Butterfly 额外的参数。

-max_number_of_paths_per_node，从 nodeA - B，最多允许多少条路径，默认为 10。

-group_pairs_distance，最大插入片读长度，默认为 500。

-path_reinforcement_distance，延长转录本路径时候，Reads 间最小的重叠碱基数，默认双端序列为 75bp，单端为 25bp。

-no_triplet_lock，不锁定 triplet-supported nodes。

-bilyHeapSpaceMax，运行 Buterly 时 Java 最大的堆积空间，默认为 4G。

-bflyHeapSpaceInit，Java 初始的堆积空间，默认为 1G。

-bflyGCThreads，Java 进行无用信息的整理时间时使用的线程数，默认由 java 来决定。

-bflyCPU，运行 Buterily 时使用的 CPU 线程数、默认为 2。

运行 butterfly 总的线程数为 CPU 参数的值与该参数值的乘积。

-bflyCalculateCPU，计算 Buttery 所运行的 CPU 线程数，公式 80×max_memory/axbflyHeapSpaceMax。

-no_run_butterfly，在 Chrysalis 运行完毕后，停止运行 Buterfly。

15.2.2.6 Grid-computing 选项

-grid_computing_module，选定 Perl 模块，在/Users/bhaas/SVN/trinityrnaseq/trunk/PerlLibAdaptors/。

15.2.3 转录组拼接结果统计

Trinity 软件自带的 perl 脚本可以对拼接结果进行统计，前往 ./trinityrnaseq-v2.11.0/util 文件夹，运行 TrinityStats.pl 脚本，将会对转录组拼接结果进行统计，一般产生的结果如下，不同的组装结果可能会有不同的数据输出。

命令：$ TRINITY_HOME/util/TrinityStats. pl. /trinity_out_dir/Trinity. fasta

输出示例如下。

################################
Counts of transcripts, etc.
################################
Total trinity 'genes': 377   #所拼接的 unigenes 数量
Total trinity transcripts: 384   #转录本的总数量
Percent GC: 38.66   #拼接的转录本的平均 GC 含量
##
Stats based on ALL transcript contigs:
##
Contig N10: 3373   #N10
Contig N20: 2605
Contig N30: 2219
Contig N40: 1936
Contig N50: 1703
Median contig length: 772
Average contig: 1047.80
Total assembled bases: 402355
##
Stats based on ONLY LONGEST ISOFORM per 'GENE':
##
Contig N10: 3373
Contig N20: 2605
Contig N30: 2216
Contig N40: 1936
Contig N50: 1695
Median contig length: 772
Average contig: 1041.98
Total assembled bases: 392826

15.2.4 常用名词的解释

（1）Contig。拼接软件基于 Reads 之间的重叠区域，拼接获得的序列，称为 Contig（重叠群）。

（2）Contig N50。Reads 拼接后会获得一些不同长度的 Contig。将所有的 Contig 长度相加，能获得一个 Contig 的总长度。然后将所有的 Contig 按照从长到短进行排序，如获得 Contig1，Contig2，Contig3…Contig100。将 Contig 按照这个顺序依次相加，当相加的长度达到 Contig 总长度的 50% 时，最后一个架上的 Contig 长度即为 Contig N50。例如，Contig1＋Contig2＋Contig3＋Contig5＝Contig 总长度×0.5 时，Contig4 的长度即为 Contig N50。Contig N10…Contig N40 的含义以此类推。

一般情况下，Contig N50 可以作为基因组拼接结果好坏的一个标准，N50 越长证明拼接的效果越好。

15.3 利用 RSEM 软件进行表达量计算

为了对 Trinity 软件拼接的转录本序列进行表达量计算，可以通过下载最新版本的 RSEM（http：//deweylab.github.io/RSEM/）软件进行。对转录本序列进行表达量计算，首先需要通过将原始的 RNA-seq 得到的 Reads 比对到 Trinity 拼接的转录本序列，然后通过计算每个 Contig 上 RNA-seq 片段的数目对表达量进行计算，Trinity 软件内置的比对程序为"Bowtie"。安装并将可执行程序路径加入系统环境变量 PATH 中。当然，若使用最新版本 Trinity，可以不需要额外安装 RSEM 软件。在 biosoft 文件夹下安装 RSEM 软件的命令如下。

```
$ tar-zxf RSEM-1.3.3.tar.gz
$ cd /biosoft/RSEM-1.3.3
$ make
$ echo 'PATH= $ PATH:/biosoft/RSEM-1.3.3 >> ~/.bashr'
$ source ~/.bashrc
```

典型的对 Trinity 软件拼接的转录本序列进行表达量计算的命令如下。

$ {TRINITY_HOME}/util/align_and_estimate_abundance.pl -seqType fq -left RNASEQ_data/Sp_ds.left.fq.gz - right RNASEQ_data/Sp_ds.right.fq.gz -transcripts trinity_out_dir/Trinity.fasta -output_prefix Sp_ds -est_method RSEM -aln_method bowtie -trinity_mode -prep_reference -output_dir Sp_ds.RSEM

15.3.1 必须设置的参数

-transcripts <string>，输入转录本序列文件。

-seqType<string>，输入的数据类型，其值为 FQ 或 FA。

-left<string>和 right<string>，如果是双端数据，使用这连个参数输入 RNA-seq 的数据。

-single<string>，如果是单端数据，使用这个参数输入 RNA-seq 的数据。

-est_method<string>，设置表达量评估方法。其值为 RSEM | eXpres。

-aln_method<string>，如果是 BAM 文件，则使用这个参数来输入 BAM 文件。该参数的值也可以为 Bowtie | Bowtie2 | BAM 文件。默认设置下，该参数值是 Bowtie。该值是 Bowtie 或 Bowtie2，则会使用相应的软件来将测序数据比对到转录子序列上。若-est_method 参数的值是 RSEM，该参数则需要为 Bowtie。

15.3.2 可选参数

-output_dir<string>，将结果写入到指定文件夹。

-SS_lib_type<string><string>，链特异性参数。

-thread_count<int>，运行的线程数，默认为 4，线程数越多，运行速度越快。

-prep_reference<string>，进行索引文件准备。

-trinity_mode | --gene_trans_map，将 Reads 比对到转录子序列上，并进行表达量计算。前者会自动创建后缀为 gene_trans_map 的文件并进行运算。后者则是需要输入该文件。

-coordsort_bam，程序会输出一个比对 BAM 结果文件。若加入该参数，同时会输出一个 SORTED BAM 文件。

-max_ins_size<int>，最大的插入片段长度。用于设置 Bowte-X 参数。

-fragment length<int>，为单端数据设置 Fragment Length。例如，设置为300。该参数用于计算转录子的有效长度。若不进行设置，则该参数的值等同于单端 Reads 的读长。

一般情况下，测序数据更容易匹配到 Transcript 序列的中部；若 Fragment 长度越长，则越容易匹配到 Tanscripis 的中部。因此，RSEM 进行 Read Count 统计时，会统计 Transcriptp 中间 Transcripts Length-Fragment Length" 长度 Read Counts，以获得更准确的表达量。

程序运行结束后，RSEM 软件将会产生 2 个主要的结果文件，Sp_ds.isoforms.results 和 Sp_ds.genes.results，包含了不同的剪切异构体或者基因的 rna-seq 片段统计以及均一化后的表达量值，其中 Sp_ds.isoforms.results 示例结果见图 15-2。

transcript_id	gene_id	length	effective_length	expected_count	TPM	FPKM	IsoPct
TRINITY_DN0_c0_g1_i1	TRINITY_DN0_c0_g1	1894	1629.48	62	432.83	401.52	100
TRINITY_DN0_c1_g1_i1	TRINITY_DN0_c1_g1	271	28.49	7	2795.3	2593.09	100
TRINITY_DN100_c0_g1_i1	TRINITY_DN100_c0_g1	320	62.6	2	363.44	337.15	100
TRINITY_DN100_c1_g1_i1	TRINITY_DN100_c1_g1	948	683.48	18	299.59	277.91	100
TRINITY_DN100_c2_g1_i1	TRINITY_DN100_c2_g1	789	524.48	17	368.72	342.05	100
TRINITY_DN101_c0_g1_i1	TRINITY_DN101_c0_g1	956	691.48	36	592.24	549.4	100
TRINITY_DN101_c1_g1_i1	TRINITY_DN101_c1_g1	279	33.31	4	1365.9	1267.09	100
TRINITY_DN101_c2_g1_i1	TRINITY_DN101_c2_g1	250	17.44	0	0	0	0
TRINITY_DN102_c0_g1_i1	TRINITY_DN102_c0_g1	4736	4471.48	369	938.75	870.84	100

图 15-2 示例结果

15.4 使用 Transdecoder 预测蛋白编码区

TansDecoder 主要用于转录本序列中编码区的预测。TansDecoder 基于以下几点原则来预测编码区。

一是寻找 triniy transcripts 中最长的 ORF。若为链特异性测序，则需要加入参数-S 参数来仅对正义链进行 ORF 预测。

二是提取长度较长的一部分 ORF 来进行 Martov model 参数构建。

三是根据 Markov model（log liklihood ratio based on coding/noncoding）对 6 个读码框中的长 ORF 进行打分，报告最高得分的 ORF。

四是可以选择使用 Pfam domain 匹配的方法来增加预测的 ORFs 数目。

15.4.1 TransDecoder 的下载和安装

TransDecoder 的正常使用需要调用 cd-hit-est 命令，因此必须安装 cd-hit-est。若需要最大化捕获 ORFs，TansDecoder 支持使用 Pfam Domain Search，则需要使用 Hmmscan 进行 Pfam search，搜索有生物学功能 ORFs，而不是考虑 Liklihood Sore，需要安装 Hmmscan。

15.4.1.1 安装 Hmmscan

命令如下。

```
$ wget ftp://selab.janelia.org/pub/software/hmmer3/3.0/hmmer-3.0.tar.qz
$ tar-zxf hmmer-3.0.tar.gz
$ cd hmmer-3.0/
$ ./configure
$ make
```

```
$ make install
$ echo 'PATH=$PATH：./hmmer-3.0/bin'>> ~/.bashrc
```

15.4.1.2 安装 TransDecoder

从 https：//github.com/TransDecoder/TransDecoder/releases 下载最新版的 TransDecoder，安装文件下载后利用如下命令进行操作。

命令如下。

```
$ mkdir -p ~/opt/biosoft
$ cd ~/opt/biosoft
$ wget https：//github.com/TransDecoder/TransDecoder/archive/TransDecoder-v5.5.0.zip
$ unzip TransDecoder-v5.5.0.zip
$ mv TransDecoder-TransDecoder-v5.5.0 TransDecoder-v5.5.0
```

15.4.2 TransDecoder 的使用

15.4.2.1 对长的开放阅读框进行提取

命令：$ ./TransDecoder.LongOrfs -t target_transcripts.fasta

target_transcripts.fasta 为 Trinity 拼接的转录本序列。

（1）必须参数。

-t<string>，目标转录本序列，为 FASTA 格式。

（2）可选参数。

-gene_trans_map <string>，gene-to-transcript 对应的比对文件。

-m<int>，最小氨基酸长度（默认为 100 个氨基酸）。

-G<string>，输入遗传密码类型，默认为 Universal。其他的值有 Euplotes、Tetrahymena、Candida、Acetabulania。

-S<string>，对链特异性的组装结果进行编码区预测。设置此参数后仅仅对 Top Strand 进行编码区预测。

-output_dir | -O<string>，指定输出文件路径。

-genetic_code<string>，与-G 参数一致。

在默认条件下，TransDecoder.LongOrfs 程序只对长度大于 100 个氨基酸的 ORFs 进行提取，可以通过如上所述的-m 参数进行调整，但是随着氨基酸长度阈值的降低，假阳性率会有所提高。

15.4.2.2 （可选）BlastP 搜索和 Pfam 搜索

（1）BlastP 搜索。蛋白库搜索，Swissprot（速度较快）or Uniref90（速度较慢，但是结果会更加全面）

命令：$ blastp -query transdecoder_dir/longest_orfs.pep -db uniprot_sprot.

fasta -max_target_seqs 1 -outfmt 6 -evalue 1e-5 -num_threads 10 > blastp.outfmt6

（2）Pfam 搜索。肽或蛋白域预测，需要安装 Hmmer3 和 Pfam 数据库。

命令：$ hmmscan --cpu 8 --domtblout pfam.domtblout /path/to/Pfam-A.hmm transdecoder_dir/longest_orfs.pep

15.4.2.3 预测可能的编码区域

命令：$./TransDecoder.Predict -t target_transcripts.fasta

-t <string>，目标转录本序列。

-retain_long_orfs_mode <string>，Dynamic 或者 Strict 模式。

-retain_long_orfs_length<int>，在 Strict 模型下，保留所有达到阈值长度的核苷酸序列并将其标注为编码氨基酸序列。

-retain_pfam_hits<string>，利用 Hmmscan 软件对 Pfam 数据库进行搜索得到的结果列表。

-retain_blastp_hits<string>，BLASTP 输出文件需要以 -OUTFMT 6 格式该软件才能进行识别，所有的具有 BLASTP 比对结果的 ORFs 都将保留在结果中。

-single_best_only，每个转录本只保留最长的单一 ORF。

-output_dir | -O<string>，指定输出文件路径。

-G<string>，输入遗传密码类型，默认为 Universal。其他的值有 Euplotes、Tetrahymena、Candida、Acetabulania。

-no_refine_starts，使用 PWM 算法，利用 ORF 的部分 5'序列进行起始密码子优化，默认运行该参数。

高级运行参数如下。

-T <int>，最长的用于马科夫模型测试的 ORFs（默认为前 500）。

-genetic_code <string>，与 TransDecoder.LongOrfs 中的参数一致。

最终的结果文件如下。

longest_orfs.pep，最长标准的 ORF，不管是否编码。

longest_orfs.gff3，在转录本中发现的所有 ORF 位置。

longest_orfs.cds，所有检测到 ORF 的核酸编码序列。

longest_orfs.cds.top_500_longest，前 500 个最长的 ORF，用于训练一个编码序列的马尔科夫模型。

hexamer.scores，每个 k-mer 的对数似然得分（Coding/Random）。

longest_orfs.cds.scores，每个 ORF 同 6 个阅读框间对数似然得分的总和。

longest_orfs.cds.scores.selected，根据得分标准所选出的 ORF。

longest_orfs.cds.best_candidates.gff3，转录本中选出的 ORF 位置。

transcripts.fasta.transdecoder.pep，最终候选 ORF 的蛋白质序列；所有较

长 ORF 中的较短候选序列已被移除。

transcripts.fasta.transdecoder.cds，最终候选 ORF 的编码区的核酸序列。

transcripts.fasta.transdecoder.gff3，最终被选中的 ORF 在目的转录本中的位置。

transcripts.fasta.transdecoder.bed，用来描述 ORF 位置的 BED 格式文件，最好用 GenomeView 或 IGV 来查看。

15.5 IGV 查看

IGV（Integrative Genomics Viewer）是一款本地即可使用的基因组浏览器，其下载地址为 http://software.broadinstitute.org/software/igv/download。可以通过该软件查看转录组序列的 ORF 预测结果，命令如下。

$ java -jarPATH TO GENOMEVIEW/genomeview.jar transcripts.fasta transcripts.fasta.transdecoder.bed

在基因组中查看 ORF 命令如下。

$ java -jar $ GENOMEVIEW/genomeview.jar test.genome.fasta transcripts.bed transcripts.fasta.transdecoder.genome.bed

参考文献

BORODINA T, ADJAYE J, SULTAN M, 2011. A strand-specific library preparation protocol for RNA sequencing [J]. Methods Enzymol, 500: 79-98.

GRABHERR MG, HAAS BJ, YASSOUR M, et al., 2011. Full-length transcriptome assembly from RNA-seq data without a reference genome [J]. Nat Biotechnol. 29 (7): 644-652.

https://github.com/TransDecoder/TransDecoder/wiki

https://github.com/trinityrnaseq/RNASeq_Trinity_Tuxedo_Workshop/wiki/Trinity-De-novo-Transcriptome-Assembly-Workshop

JAMES T R, HELGA T, WENDY W, et al., 2011. Integrative Genomics Viewer [J]. Nature Biotechnology, 29: 24-26.

LANGMEAD B, TRAPNELL C, POP M, et al., 2009. Ultrafast and memory-efficient alignment of short DNA sequences to the human genome [J]. Genome Biol, 10. R25 https://doi.org/10.1186/gb-2009-10-3-r25.

Velculescu VE, Zhang L, Zhou W, et al., 1997. Characterization of the yeast transcriptome [J]. Cell, 88: 243-251.

16 全基因组关联分析

16.1 关联分析概念与优势

关联分析（Association Analysis）是以连锁不平衡为基础，采用统计方法，通过不同基因位点间等位基因的连锁不平衡，分析表型与标记间的相关性，进而鉴定与表型变异相关基因位点的一种基因定位分析策略，最早在人类中进行疾病研究，随着测序成本降低，逐渐在植物中被广泛使用，且在植物数量性状研究中取得了显著成效。

关联分析与连锁分析（传统 QTL 定位）的共同点是均需获得基因型和表型数据，然后将两者用统计学方法联系起来，鉴定控制某一特定性状的显著标记。他们主要区别如下：一是理论基础不同，传统 QTL 以连锁分析为基础，通过实验检测重组率，进而转化为目的性状 QTL 和分子标记在染色体上的遗传距离，当遗传距离小到一定程度时即为连锁，遗传距离越小越好，小到最后的 QTL 可以被图位克隆，而关联分析是以连锁不平衡为基础。二是作图群体不同，传统 QTL 是以两个亲本产生的分离群体为研究对象，如果群体不足够大，检测到的重组就非常有限，作图精度低，而关联分析是以自然群体为研究对象，通过历史的突变和重组为基础进行研究，定位精度高。随着测序技术发展与测序成本降低，很多植物的参考基因组被相继完成和释放，植物基因组学研究逐渐由质量性状向数量性状转移，特别是生物信息学和大量 SNPs 的开发，使得关联分析成为国际上植物基因组学研究的热点之一。

与连锁分析相比，关联分析具有以下优点。一是研究时间短：不以双亲产生的分离后代为材料，以现有的自然群体或种质资源为材料，能大大缩短研究时间。二是检测广度大：可同时检测一个基因座的多个等位基因，而连锁分析只能检测 1 个位点的 2 个等位基因。三是定位精度高：可达到单基因（或单碱基）水平，如玉米自交系的精度可达 1 500bp，而连锁分析是在一个小群体内，发生的重组次数有限，定位精度低，一般为 10~30cM。四是对网络代谢调控系统不清楚的候选基因，可利用候选基因关联分析来验证其功能。

16.2 关联分析研究策略及应用

根据扫描范围，关联分析可分为 2 种策略：全基因组关联分析（Genome-Wide Associations，GWAS）和候选基因关联分析（Candidate Gene Associations）。全基因组关联分析（GWAS）是利用覆盖物种全基因组的分子标记，检验每个分子标记与特定表型间的关联程度，从而发掘与表型变异显著相关的基因位点。近十多年来，该方法已在多种植物中被广泛用于剖析重要性状的遗传基础、挖掘优良等位变异及鉴定候选基因（此处不详细介绍，仅举 2 例）。例如，Setter 等（2011）对干旱胁迫下玉米花丝和穗部代谢物进行全基因组关联分析，证实了脱落酸含量与干旱胁迫抗性显著相关，并鉴定了一些新的玉米干旱胁迫抗性基因位点。Li 等（2013）利用基因组重测序及 RNA 测序，通过对 368 个玉米自交系胚含油量相关性状的全基因组关联分析，发现了可以解释 83% 表型变异的 26 个显著关联基因位点。候选基因关联分析则是事先确定若干候选基因，通过检验候选基因的多态性序列与性状的关联程度，分析特定代谢通路中与给定性状有关的基因。Thomsberry 等（2001）最早通过候选基因关联分析，研究了玉米 *D8* 基因的序列多态性，发现 *D8* 基因与玉米株高、开花期相关性状显著关联。Belo 等（2008）利用全基因组关联分析对玉米籽粒油酸含量进行研究，将主效位点定位到第 4 染色体上，并确定了编码脂肪酸脱氢酶的 *fad2* 为其候选基因。关联分析是一种十分有效的发掘复杂数量性状优异基因的方法，与连锁分析相比，具有分辨率高，研究周期短，能同时检测多个等位基因等优点，甚至可检测到单基因，近些年，通过 GWAS 鉴定到单基因的报道逐渐增多。例如，水稻上，罗立军课题组通过对 270 份种质资源的粒长和粒宽进行全基因组关联分析，克隆到一个对粒型有重要调控作用的基因 *OsSNB*，该基因通过调控 *GS5* 和 *TGW6* 的转录水平进而影响粒型。大豆上，河南农业大学张丹利用 GWAS 克隆到油分含量相关的基因 *GmOLEO*1，该基因可以通过影响甘油三酯的代谢来增加种子的油含量。玉米上，储昭辉课题组利用华中农业大学严建兵提供的关联群体，成功从玉米中克隆到纹枯病抗病基因，并揭示了该基因产物增强植物抗病性的新机制。但大多情况下，关联分析与传统 QTL 定位相互结合，克服相互缺点，可极大地促进复杂数量性状的遗传解析。

目前已在拟南芥、水稻、玉米、小麦、大豆等众多植物中对多种不同性状进行了 GWAS 研究。以玉米为例，国内外应用最多的关联群体为严建兵教授等构建，该群体是在收集全球代表性玉米自交系材料的基础上，通过表型和基因型分析所构建的一套包含 500 多个具有广泛多样性和适应性的玉米自交系构成的关联分析群体。该群体目前已经获得多套基因型，包括 Illumina

MaizeSNP50 BeadChip、RNA 测序（授粉后 15d 的籽粒）、GBS 及 Affymetrix 芯片等平台进行了基因分型并结合有效的缺失数据填补方法，最终产生最小等位基因频率大于 0.05 的 125 万个 SNPs 和重测序数据。据不完全统计，该群体已在国内数十家单位共享，被用于不同性状不同研究方向的 40 余项研究，大大促进了人们对玉米复杂性状的遗传基础解析（表 16-1）。

表 16-1 玉米关联群体性状研究及文章发表情况

性状分类	编号	表型	材料数（个）	标记数（个）	显著 QTL 数（个）	杂志	发表年份
分子细胞水平	1	籽粒油分组分	368	1.03M	26	Nat Genet	2013
	2	α 生育酚	508	55K	32	PLoS One	2012
	3	籽粒代谢物	368	1.03M	1 459	Nat Commun	2014
	4	淀粉含量	263	55K	4	Front Plant Sci	2016
	5	玉米进化	540	1.25M	25	Mol Plant	2017
	6	类黄酮	368	550K	13	BMC Plant Biol	2017
	7	生育酚	508	550K	89	Plant Biotechnol J	2018
	8	籽粒油分组分	368	550K	—	Plant J	2019
	9	初级代谢物	513	1.25M	—	Plant J	2018
	10	选择性剪接	368	22K	—	Plant Cell	2018
	11	诱导率	513	206K	14	Front Plant Sci	2018
	12	氨基酸	513	1.25M	17	Plant Biotechnol J	2017
	13	籽粒油分组分	74	14K	—	PLoS One	2011
	14	育性	513	55K	30	Theor Appl Genet	2015
与环境作用性状	15	丝黑穗病	144	55K	19	Plant Sci	2012
	16	干旱	368	550K	—	PLoS Genet	2013
	17	粗缩病	527	550K	17	PLoS One	2015
	18	大斑病	999	56K	22	BMC Plant Biol	2015
	19	适应性	368	550K	—	Mol Plant	2015
	20	干旱	140	156K	68	Nat Genet	2016
	21	干旱	318	150K	123	Theor Appl Genet	2016
	22	纹枯病	318	550K	—	Nat Genet	2019
	23	干旱	368	550K	—	Nat Commun	2015
	24	病害	389	—	389	PLoS One	2013
发育/农艺性状	25	开花期	508	550K	41	PNAS	2013
	26	代谢物	368	—	—	Sci Rep	2016
	27	17 个农艺性状	513	550K	—	PLoS Genet	2014
	28	株型相关性状	284	550K	17	中国农业科学	2018
	29	开花期	368	550K	53	J Integr Plant Biol	2018

(续表)

性状分类	编号	表型	材料数(个)	标记数(个)	显著QTL数(个)	杂志	发表年份
产量相关性状	30	穗行数	513	55K	17	Theor Appl Genet	2015
	31	籽粒大小、粒重	521	55K	—	Nat Genet	2019
	32	转录组	368	550K	—	Nat Commun	2013
	33	籽粒大小	540	—	729	Plant Physiol	2017
	34	籽粒大小、粒重	121	—	—	BMC Plant Biol	2010
	35	穗部性状	368	550K	—	PLoS Genet	2015
	36	粒形	121	—	—	Theor Appl Genet	2010
	37	叶绿素含量	404	588	41	江苏农业学报	2016
	38	叶绿素含量	538	550K	18	中国农业科学	2019
	39	叶绿素含量	287	550K	9	生物技术通报	2017
	40	种子萌发性状	476	1.25M	6	作物学报	2018

16.3 群体结构对关联分析影响及对策

群体结构指群体内存在等位基因频率不同的亚群，如果群体结构在统计分析中没有得到很好的控制就会造成伪关联或者假阳性。要想获得高的统计功效，只能通过采用无群体结构的群体进行关联分析或者发展新的统计模型来控制群体结构。在关联分析中，尤其对于小样本群体，某性状（如玉米开花期）的功能等位基因的分布如果和群体结构高度相关就会造成假阳性，因此独立的大样本群体很适合做关联分析。此外，可以使用一些特殊的试验设计来对群体结构进行控制。例如，较为熟知的巢式关联作图（Nested Association Mapping，NAM）群体和多亲本高世代互交（Multiparent Advanced Generation Inter-Cross，MAGIC）群体。NAM 群体（US-NAM）最早在玉米中提出，该群体由来源不同、变异广泛、代表最大遗传多样性的 25 个玉米自交系与共同亲本 B73 杂交并连续自交多代发展而来的 25 个重组自交系（Recombinant Inbred Lines，RIL）群体构成，每个群体大小约 200 株，共包含 5 000 份 RILs，该群体最大的好处是综合考虑了连锁与连锁不平衡信息，为研究者提供了关联分析和连锁分析的联合作图资源。研究者已经利用该群体对玉米株型、玉米大斑病、小斑病、灰斑病、籽粒成分、碳氮代谢物等性状进行了遗传研究并发现对育种有重要应用价值的信息。另一个玉米 NAM 群体（CN-NAM）由中国农科院王天宇课题组发展，使用来自中国育种上广泛使用的不同杂种优势群的 11 个优良玉米自交系作为母本和共同的父本黄早四杂交产生 F_1，然后通过单粒传法自交7代得到11个RIL群体，每个RIL群体大小180左右，总计约2 000份RILs，然后该团队结合US-NAM和CN-NAM群体，通过GBS测序并发展了新的统计方法对开花期等农艺性状进行遗传研究。目前多种作物也相继构建了NAM群体，然而NAM群体也有其缺点，如该群体所用的亲本较少，多样性相对较低，加上重组自交系有一个共同的亲本，因此极端不平衡的亲本贡献可能会造成对QTL检测的低功效等一些统计学问题。因此，两个策略可以解决以上问题。一是若该NAM群体的总大小不变，而是包括50~100个RIL群体，每个RIL群体包括50~100份重组自交系材料，作图效果或许会更好。二是发展新的群体，比如MAGIC群体，可以让其亲本间的基因信息充分交流（交换重组），使其亲本的贡献尽可能平衡。关于MAGIC群体，目前在拟南芥、小麦、水稻、玉米等作物中均有报道。植物MAGIC群体最早在拟南芥发展，通过19份广泛变异的拟南芥进行杂交和互交产生324个F_4异交家系，再连续自交6代形成1 026个自交MAGIC材料（MAGIC Lines，MLs），最后只有527份材料基因分型成功并用于定位研究。玉米中，也报道了一个MAGIC群体，即8个玉米自交系按照漏斗式育种计划得到双交体、四交体、八交体$\{[(AxB/CxD)+(AxC/BxD)+(AxD/BxC)]/[(ExF/GxH)+(ExG/FxH)+(ExH/FxG)]\}$，然后自交6代最终得到1 636份自交系，并成功对其中的529份材料及亲本进行测序和表型鉴定，结合测序及转录组数据，剖析了产量及开花期等性状的遗传结构。华中农业大学严建兵团队与其合作单位在对玉米黄改系改良的育种过程发展了类MAGIC群体（也可叫人工合成群体），即利用中国玉米育种上广泛使用的24个骨干亲本（以黄改系为主，辅以旅大红骨、自330等材料）进行双列杂交，然后互交8代，再自交6代形成的包含1 400多份自交系的群体，此群体除了在育种过程中对植株结构及穗部性状进行改良，还可以结合高通量测序技术对重要性状的QTL进行解析，将来更好的指导育种以加强我国尤其是黄淮海地区的玉米育种。不管NAM群体还是MAGIC群体，测序的自交系还可以相互杂交或与他自交系组配杂交群体，为以后杂种优势的研究提供了有用的资源。尽管NAM群体和MAGIC群体在关联分析中对控制群体结构有很好的效果，但是构建这样的群体费时费力，尤其是对变异不大的性状，构建当前规模的这样群体可能并不划算。基于此，肖英杰等对包括10个现有独立RIL群体组成的新群体（为方便3种群体的比较，称该群体为Random-Open-Parents Association Mapping，ROAM）并发展了新的算法来解析玉米穗部性状遗传结构，发现该群体可以显著提高QTL检测的统计功效（Statistical Power），因此，整合来自不同单位的多个可用遗传资源为挖掘重要性状的优良等位基因及对作物育种具有很重要的指导意义。表16-2对3种群体的特点进行了比较和总结。

表 16-2　3 种多亲本群体设计的主要特性比较

	NAM 群体	MAGIC 群体	ROAM 群体
Cross pattern	Interconnect	Interconnect	Disconnect
Genetic heterogeneity	High	High	High
Founder allelic spectrum	Extremely imbalanced	Balanced	Approximate balanced
Population size	Large	Intermediate	Large/Very large
Statistical algorithm complexity	Low	High	Intermediate
Analysis platform	Available	Available	Available
Mapping resolution	High	High	High
Statistical power	High	High	High
Population developmental cost	High	Very high	Low
Collaborative Research	Possible	No	Suitable

16.4　关联分析模型发展与模型选择

16.4.1　GWAS 模型发展历程

随着测序技术的发展和测序成本的降低，很多作物都已经测序并具有参考基因组，因此在全基因组水平进行关联分析成为可能，同时数以万计的标记基因型对关联分析运算速度提出了很大的挑战，同时对已经存在的尤其是具有复杂的群体结构和亲缘关系的群体，发展新的统计方法不仅能大大提高关联分析的计算速度，同时可以提高至少不降低关联分析的统计功效。相比于只包含一个检测标记 T 测验的简单模型，Q 和 Q+K 模型均被证明能够很好地控制假阳性，尤其是当材料间亲缘关系比较复杂的时候，K 矩阵的引入使得关联分析的结果更好。对于质量性状关联分析通常采用 Logistic 回归模型；涉及数量性状时，可以采用一般线性模型（General Linear Model，GLM）和混合线性模型（Mixed Linear Model，MLM）两种方法。一般线性模型以群体结构矩阵 Q 或主成分分析矩阵（PCA）为协变量，提高计算精度；混合线性模型是联合利用群体结构矩阵 Q（或 PCA）和亲缘关系矩阵（kinship，K）为协变量来抑制假关联的出现。针对数量性状受到多因素影响的特点，混合线性模型被广泛应用于数量性状的关联分析。在植物的关联分析中，余建明等人开发的混合线性模型（Mixed Linear Model，MLM）能够很好地控制假阳性。此后，MLM 则被广泛用于植物的 GWAS 分析中，随着测序技术发展和测序成本降低，测序数据日益增多，2006 年之后一系列 GWAS 模型诸如 MLM 等相关模型被发展，诸如

Standard MLM、GRAMMAR、EMMA、EMMAX、P3D & CMLM、FaST-LMM、GEMMA、FaST-LMM-Select、ECMLM、SUPER、AD-test、FarmCPU，均被用于对 GWAS 计算速度和统计功效的改进。具体来说，标准 MLM 模型对大样本计算时间较长。为提升计算速度，最早 EMMA 算法通过简化矩阵运算，缩短了运算时间。随着样本量和标记密度的不断增加，越来越多基于不同假设的高效模型被相继开发，诸如 EMMAX、FaST-LMM 和 GEMMA 等。EMMAX 是关联分析速度提升的一个代表性算法，在棉花和水稻等植物复杂性状的关联分析中得到了广泛应用。FaST-LMM 基于对超大型数据集进行快速 GWAS 分析，它成功应用于群体大小为 500~1 500 的水稻群体的叶结构性状、代谢物等上百个性状相关位点的检测。FaST-LMM 成功应用在水稻、番茄等植物的 mGWAS、tGWAS 等 GWAS 扩展分析。

虽然上述方法显著提高了运算速度，但是对检测效力的改善有限。于是，张志武率先提出低秩矩阵的压缩混合线性模型（CMLM），这个模型使用分组的遗传效应代替个体的遗传效应，可提高 5%~15% 的统计功能。在此基础上进一步发展出 ECMLM 模型。随后，一些诸如 FaST-LMM-Select，SUPER 及 BOLT-LMM 等一系列提高统计功效的模型相继出现。在兼顾运算速度与检测效力的前提下，刘晓磊等（2016）基于固定模型和随机模型循环迭代开发的 FarmCPU，可同时处理大群体和海量标记的检测。Huang 等针对 FarmCPU 进行了优化，针对基于贝叶斯的固定模型替换随机模型、基于 LD 信息使用 bin 替换在基因组上均匀分布的 QTN 开发了 BLINK，其检测功效和运算速度均优于 FarmCPU。图 16-1 和表 16-3 展示了近 15 年来各种 GWAS 方法的计算速度和统计功效的比较。

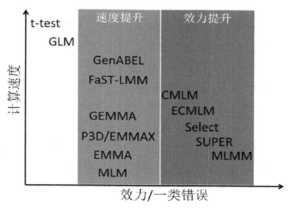

图 16-1 近 15 年不同 GWAS 方法计算速度与统计功效比较

表 16-3 近 15 年基于混合线性模型（MLM）的不同 GWAS 方法比较

年份	方法	简单遗传相似性矩阵	计算加速 近似/两步法	计算加速 矩阵优化	计算加速 低秩亲缘关系	避免无穷小结构假设	计算速度	统计功效
2006	Standard MLM					+	Low	High
2007	GRAMMAR		+				Very fast	Intermediate
2008	EMMA	+		+		+	Intermediate	High
2010	EMMAX	+	+	+			Fast	High/Intermediate
2010	P3D & CMLM		+		+		Fast	High/Intermediate
2011	FaST-LMM	+		+		+	Fast	High
2012	GEMMA	+		+			Fast	High
2012	FaST-LMM-Select	+		+	+	+	Very fast	High
2014	ECMLM		+		+		Intermediate	High/Intermediate
2014	SUPER	+		+	+	+	Fast	High
2016	FarmCPU[a]						Fast	High

注：[a] 表示该算法不是基于 MLM 模型发展而来。

16.4.2 模型选择疑问

近年来，为了提高计算速度、减少运算时间，涌现出众多基于不同的遗传或统计学假设的混合线性模型方法，GWAS 研究者往往难以选择，需要综合考虑数据量、计算速度、统计效力和使用便捷性等因素。对于样本量数以万计的群体，FaST-LMM 因其计算资源少，运行速度快，是较好的选择。对于标记密度大（数百万）的 GWAS 分析，则可采用 EMMAX 分析。对于基因组大，样本多的重测序 GWAS 研究，可选择 SUPER、FarmCPU 和 BLINK 等软件，除运行速度快之外，还可检测到更多已知位点。值得提醒的是，为保证结果的准确性和可靠性，较多研究者在进行 GWAS 分析时，往往喜欢比较多个模型并筛选出最合适的模型并对相应 GWAS 结果进行后续分析。

目前已有将多个模型集合为一个软件的分析工具，比如常见的 GAPIT 和 TASSEL 软件，这两个软件也是较为主流的软件。GAPIT 整合了 EMMAX、FaST-LMM、Farm-CPU、Blink 等众多模型，而且可以进行基因型、表型诊断，PCA 分析，关联分析等，分析结果还可以直接用于发表文章的图片格式。TASSEL 软件可进行 SNP calling、LD 分析、PCA 分析、群体结构分析、Kinship 分析等，因其提供对用户友好的图形化界面，操作简单，适用于不会代码操作的人群，广受欢迎。

16.4.3 阈值确定

为了控制假阳性，筛选出真阳性的显著关联位点，需要通过多重检验矫正来确定合理的显著性阈值。阈值的设定原则与所研究物种、群体大小及研究目的密切相关。例如，只是描绘特定性状的遗传结构可选用宽松的阈值，若是筛选验证的候选位点则需要设定较为严格的阈值。目前常用的方法有 Bonferroni 矫正、False Discovery Rate（FDR）以及置换检验。在这三种方法中，Bonferroni 矫正最严格，它的矫正公式为 0.05/（标记总数）。相对于 Bonferroni 矫正，FDR 较为宽松，它针对每个性状单独计算一个 FDR 值，随标记数与性状变化，方式更灵活。置换检验这种方法灵活而稳健但计算量很大，比较耗时。Bonferroni 矫正和 FDR 是植物 GWAS 分析中常用的确定显著性阈值方法。此外，考虑到很多标记间存在高度的连锁不平衡，则采用先计算有效标记数，使用（1/有效标记数）作为显著性阈值，也有直接使用（1/标记总数）作为阈值。研究者可根据自己研究目的，灵活选择。

16.5 GWAS 数据分析流程

16.5.1 GWAS 分析基本流程

（1）群体构建。选择尽可能大的群体作为研究样本，并评估多样性及适应性。

（2）性状获得。表型调查及收集，建立目标性状数据库，包括农艺性状、代谢组、表型组等，随后进行异常值剔除、方差分析、遗传力计算、相关性分析等一般统计分析、最佳线性无偏值的估计等。

（3）基因型获得。样本 DNA 提取、测序并进行质量控制以达到基因分型的要求，对基因型数据进行检测和质量控制以达到后续关联分析的要求。

（4）基于得到的基因型评估群体结构矩阵（Q matrix）、亲缘关系矩阵（K matrix）、主成分（PCA）、计算有效标记数等。

（5）关联分析。利用合适的统计模型对 SNP 和目标性状进行关联分析。

（6）候选基因鉴定及验证。对关联分析的结果进行高级分析、鉴定候选基因并对其进行单倍型分析或功能验证。

16.5.2 关联分析技术路线

关联分析技术路线如图 16-2 所示。

16.6 GWAS 操作演示

16.6.1 表型获得及分析

不同性状的鉴定方法不同，研究者可根据研究对象，使用最为流行且最能被大众接受的方法（参考文献中的描述或者多个实验室正在使用的方法）对感兴趣的目标性状进行调查采集，获得较为准确的表型数据集。表型的准确性是 GWAS 研究成功的关键，是保证鉴定到真实位点的前提。除常见的农艺性状外，目前还有代谢组、离子组，表型组等。研究者也应该注意取样的一致性，是否设置重复，是否布置多个环境等。

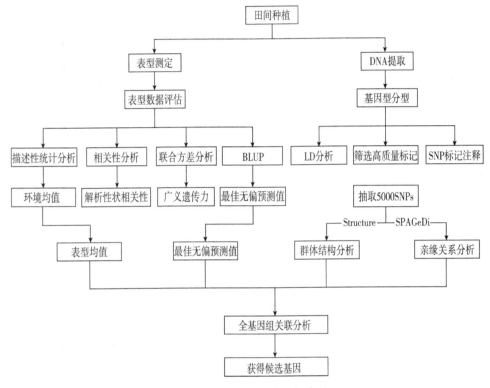

图 16-2 关联分析的一般流程

收集到表型数据后，作者应进行异常值剔除（可通过一个样本单个重复下多个观测值的平均值±1.5×标准差进行剔除）、变幅、正态性检验（偏度、峰度）、正态分布，相关性分析，遗传力计算，方差分析等统计学分析，这些分析可通过 R 语言、SPSS、SAS、Origin、Excel 等软件完成（演示略）。

16.6.2 基因型获得及相应参数计算

基因型主要来源于 DNA 或 RNA 基因分型结果，首先从所研究对象相应组织的 DNA 或 RNA 进行提取和质检，然后进行建库（无条件可送去公司）测序或基因芯片分析。然后对下机的原始 SNP 数据过滤、基因型填充并获得高质量基因型，随后进行进化树分析、主成分分析、群体遗传结构分析、连锁不平衡分析和 GWAS 分析。

注：不管哪种软件，首先均需要参考相应软件的说明书，按说明书要求的格式制作软件的输入文件，下面就群体结构（Structure 软件）、Kinship 矩阵计算（SPAGeDi 软件）、PCA（GCTA 软件）、有效标记数计算（GEC 软件）、GWAS 软件（TASSEL）分别进行演示。

16.6.3　Structure 软件（群体结构）
16.6.3.1　软件原理

应用 STRUCTRE 软件（Pritchard 2000），是对群体进行基于数学模型的类群划分，并计算材料相应的 Q 值（第 i 材料其基因组变异源于第 k 群体的概率）。分析的大致理念是，首先假定样本存在 K 个等位变异频率特征类型数（即服从 Hardy-Weinberger 平衡的亚群，这里 K 可以是未知的），每类群标记位点由一套等位变异频率表征，将样本中各材料归到（或然率用 Bayesian 方法估计）第 k 个亚群，使得该亚群群体内位点频率都遵循同一个 Hardy-Weinberg 平衡。

16.6.3.2　软件下载及安装（以 structure2.2 为例）

官网：http://pritch.bsd.uchicago.edu/software/structure22/，下载后可直接在 Windows 系统进行安装。安装后桌面会出现相应图表，双击即可打开。

16.6.3.3　操作基本流程

（1）点击"Create a New Project"。填写完成 Project Information、Information of Input Data Set、Format of Input Data Set。

（2）点击"Set up Parameters"。

（3）点击"Results"。

16.6.3.4　准备输入文件

以二倍体物种为例，行为材料名，列为标记名，因为是二倍体，所以每个材料应为 2 行，该标记为纯合时，同一标记对应的相同材料名的 2 行应相同；该标记为杂合时，同一标记对应的相同材料名的 2 行不相同；缺失用"-9"表示（图 16-3）。

16.6.3.5　软件运行

（1）导入数据（图 16-4）。

（2）建立项目并输入项目信息按界面提示完成项目的建立和项目信息的输入（图 16-5）。

（3）输入文件基本信息的确认（图 16-6）。

（4）运算参数设定。这里的 2 个参数一般设置为 10 000 以上（图 16-7）。

（5）运行并进行参数设定。（根据自己需要设定，K 值一般设置 1~10，重复次数设定为 3 次，方便后面确定 K 值时，取均值（图 16-8、图 16-9）。

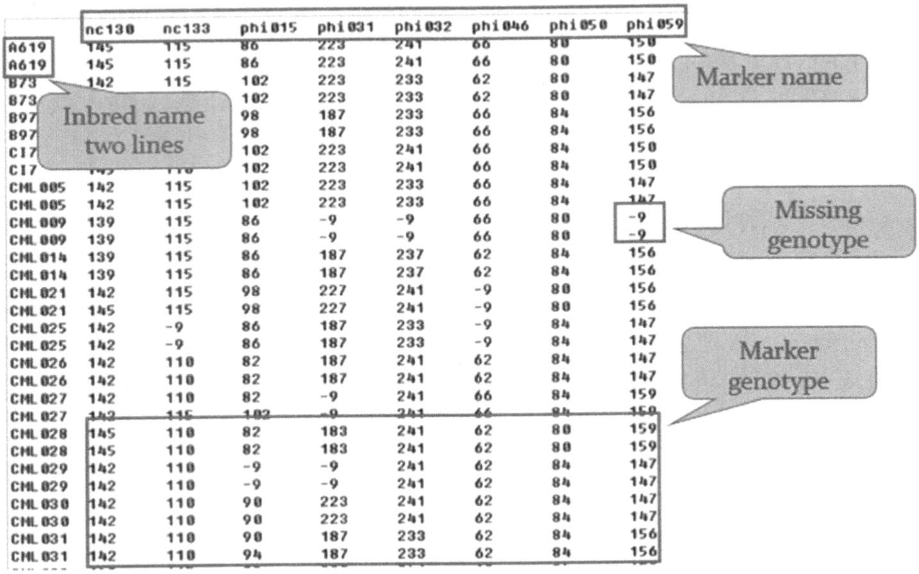

图 16-3 准备输入文件

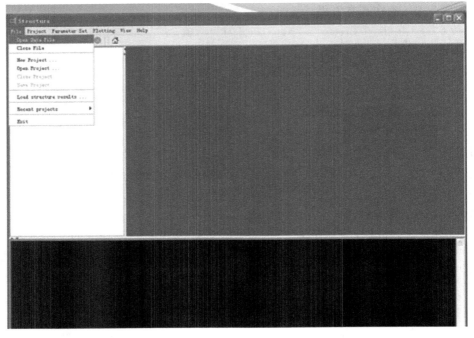

图 16-4 导入数据界面

16 全基因组关联分析

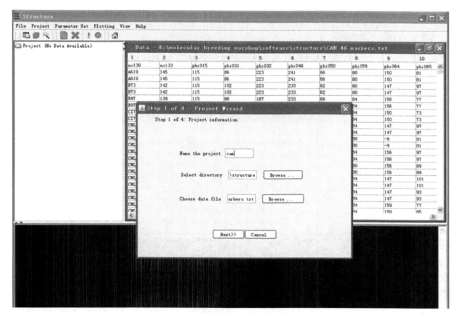

图 16-5　建立项目并输入项目信息

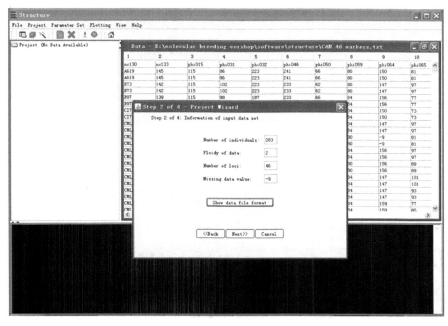

图 16-6　确认文件信息

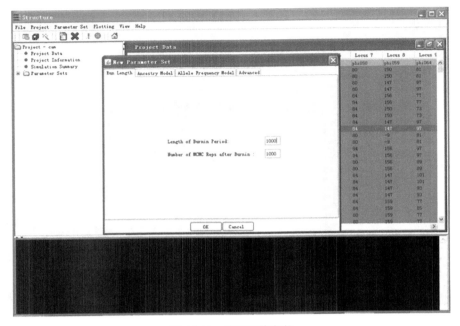

图 16-7　设定运算参数

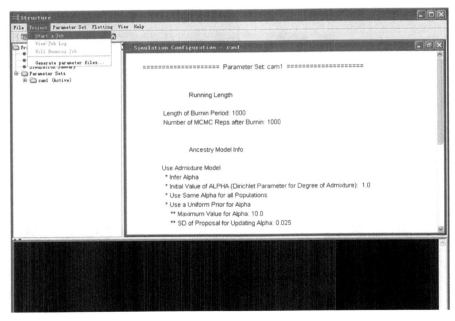

图 16-8　运行界面

16 全基因组关联分析

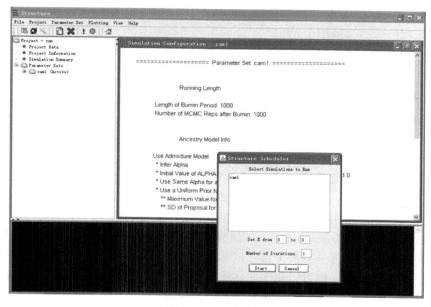

图16-9 设定参数

16.6.3.6 结果处理（图16-10）

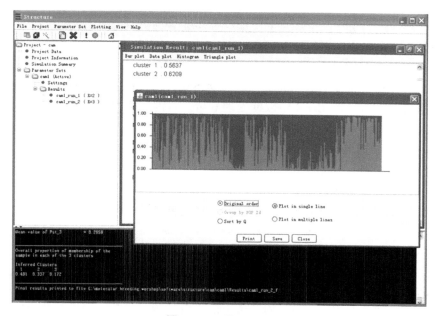

图16-10 结果处理

· 233 ·

16.6.3.7 K值确定

根据以下公式确定 K 值。

$$L'(K) = L(K) - L(K-1)$$
$$|L''(K)| = |L'(K+1) - L'(K)|$$
$$\Delta K = m|L''(K)|/s[L(K)]$$
$$\Delta K = m(|L(K+1) - 2L(K) + L(K-1)|)/s[L(K)]$$

注：$s[L(K)]$ 为标准差，K 值确定方法具体请参考文献（Evanno, 2005）。

16.6.3.8 重新作图及 TASSEL 格式整理

当 K 值确定后，在相应 K 值下，则可从结果中提取到 TASSEL 可以用的格式，并且可以重新用 Distruct 软件包进行绘图（软件自带图片不好看，而且只是一次 K 的结果，Distruct 软件可以将多次 K 值结果进行均值化），将软件说明书中提到的相应部分替换为自己的相应数据即可。生成的图片可直接用于文章发表，生成的结果也可以用于 TASSEL 软件。

注意：如果 STRUCTURE 按正常操作进行却不能运行，可以重新加载项目，无须重新建立项目。

16.6.4 SPAGeDi 软件（亲缘关系）

16.6.4.1 软件下载

下载地址为 http://www.ulb.be/sciences/ecoevol/spagedi.html，软件不需要安装，可直接双击运行。

16.6.4.2 数据格式整理

SSR 和 SNP 都是共显性标记，以下为 SSR 数据格式，如果是 SNP，ATGC 可分别用 1234 表示。Excel 中数据处理好后，右键保存为 TXT 格式（Tab 制表符格式）（图 16-11）。

16.6.4.3 参数选择

(1) 选 1 kinship coefficient。

(2) 选 4 Jackknief over loci。

(3) 选 3 Report matrices with pairwise spatial distances and genetic coefficients。

(4) 选 3 mutilocus estimates <matrix and columnar forms>。

16.6.4.4 结果文件处理

将生成的 TXT 文件用 Excel 打开，然后将矩阵数据部分复制到 Excel 中，对于小于 0 的数据用 0 代替，对角线上的空着的用 1 代替，最后对整个矩阵乘 2 即可，此时可用于 TASSEL 分析。

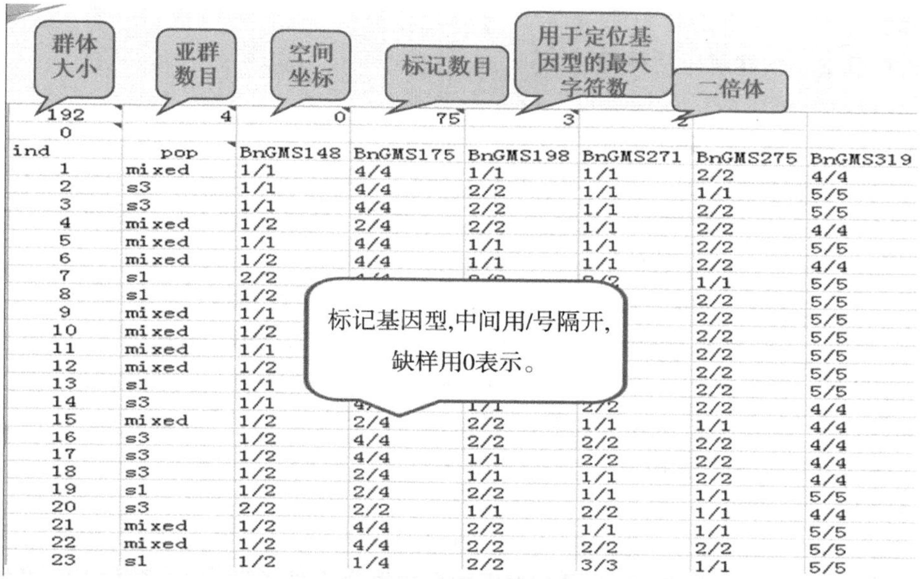

16 全基因组关联分析

图 16-11 数据格式整理

16.6.5 GCTA 软件（PCA 分析）

PCA 分析的整体思路：Snp Raw Data——转成 plink 二进制格式——然后用 Gcta 生成 Matrix——然后用 R 作图。

16.6.5.1 软件下载

官网，https：//cnsgenomics.com/software/gcta/#Overview。

软件下载地址 https：//cnsgenomics.com/software/gcta/#Download（图 16-12）。

图 16-12 GCTA 软件下载

用户根据需要，下载相应版本，本文以 Windows 版本为例进行下载并解压缩。

16.6.5.2 软件解压后使用
该软件解压后，无须安装，可直接使用。

16.6.5.3 准备二进制文件
如果是 HMP 文件，先导入 TASSEL 软件，再导出 PLINK 可以识别的格式（*.MAP 和 *.BED 文件，* 为生产的文件名称，这里假定文件名为 200），然后再直接使用 PLINK 软件（需要下载 PLINK 软件）。

指令：./plink -file 200 -noweb -make-bed -out 200.bfile

其中，200 是基因型转换后的 BED 和 MAP 文件；"200.BFILE" 是结果文件的前缀，运行完之后会生产 200.BFILE 命名的 3 个文件（200.BFILE.BED, 200.BFILE.BIM 和 200.BFILE.FAM）；

16.6.5.4 生成用于 PCA 分析的 Matrix
（1）第 1 步。

指令：./gcta_1.02/gcta.exe -bfile 200.bfile -make-grm -out 200.bfile

其中，"200.bfile" 是步骤 3 中生成的二进制文件前缀；"200.bfile" 是输出文件的前缀，运行完之后会生成 200.BFILE.GRM.GZ 文件；

（2）第 2 步。

指令：./gcta_1.02/gcta.exe -grm 200.bfile -pca 10-out 200.bfile

其中，"200.bfile" 是上一步骤的结果文件前缀，"-pca" 后面的数字是需要的分组数，"-out" 是输出文件的前缀，运行完会生成 2 个文件（200.BFILE.EIGENVAL 和 200.BFILE.EIGENVEC）；为 200.BFILE.EIGENVEC 文件添加表头，前 2 列的表头自定义，之后是打算分成的组名，例如，PC1，PC2，PC3……PC10，该文件可用于 TASSEL 软件，对群体结构进行控制；得到的 200.BFILE.EIGENVEC 即可用于下一步 R 或 Excel 软件作图使用（如不能直接打开，可拖入已经打开的 excel 软件中）。

16.6.6 GEC 软件（有效标记数计算）
16.6.6.1 软件下载
GEC 软件（Genetic Type 1 Error Calculator, http://statgenpro.psychiatry.hku.hk/gec/）官网下载软件 gec.zip，然后解压。

16.6.6.2 软件解压后使用
该软件解压后，无须安装，可直接使用。

16.6.6.3 准备二进制文件
如果是 HMP 文件，先导入 TASSEL 软件，再导出 PLINK 可以识别的格式（*.MAP 和 *.BED 文件，* 为生产的文件名称，这里假定文件名为 156599,

改文件为笔者之前曾经计算 GWAS 用的基因型文件，含 156599 个 SNPs），然后再直接使用 PLINK 软件（需要下载 PLINK 软件）。

命令：./plink --file 156599 --noweb --make-bed --out 156599A

其中，156599 是基因型转换后的 BED 和 MAP 文件；156599A 是结果文件的前缀，运行完之后会生产 156599A 命名的 3 个文件（156599A.BED，156599A.BIM 和 156599A.FAM）；

16.6.6.4　有效标记数计算

（1）需要 156599 文件夹，里面 3 个文件为 PLINK 产生（156599A.BED，156599A.BIM 和 156599A.FAM）。

（2）需要参数文件为 PARAM.TXT。

参数内容如下（默认）。

-effect-number

-noweb

-plink-binary（这里输入 156599 文件夹的路径，不需要括号）\ 156599

-genome

-out hap

（3）需要运行 run.win.bat。

命令：java -jar -Xms512m -Xmx2048m ./GEC.jar param.txt

需要特别说明的是，Windows 下运行的时候容易闪退，那么这个时候点击"run.win.bat"后，放鼠标放在标题栏按住，让窗口不退出即可运行。

16.6.6.5　结果解读

生成 2 个结果文件（hap.BLOCK.TXT 和 hap.SUM），打开结果文件 hap.SUM。从结果文件中可以看出，观察标记数 N 为 156599 个，有效标记数 EN 为 67607.62 个，有效率为 0.43，软件给出了建议的 P 值（0.05/EN）和显著的 P 值（1/EN）。一般 GWAS 分析，使用显著 P 值即可（图 16-13）。

	Observed_Number	Effective_Number	Effective_Ratio	Suggestive_P_Value	Significant_P_Value	Highly_Significant_P_Value
1	156599	67607.62	0.43	1.48E-5	7.40E-7	1.48E-8

图 16-13　结果解读

16.6.7　GWAS（TASSEL 软件为例）

首先，导入基因型数据、表型数据、Q 阵、Kinship 矩阵及 PCA 矩阵（特别强调，这几个文件里材料名要完全一致，因为 TASSEL 识别大小写，如材料名为 DAN340 和 Dan340, 软件会认为是 2 个材料); 其次选择相应的模型进行分析, 详细如下。

16.6.7.1 导入基因型文件

缺失 N 表示; 也可以是 HMP 格式, HMP 格式参见网上要求, 缺失用 NN 表示 (图 16-14)。

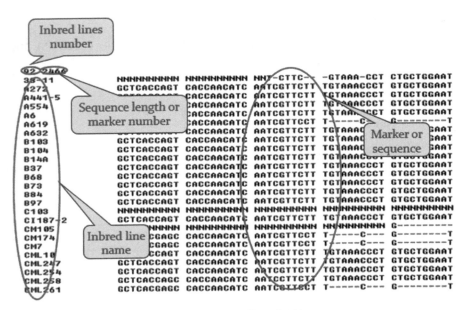

图 16-14 导入基因型文件

16.6.7.2 导入其他文件

表型文件、PCA、Q 矩阵、K 矩阵。

(1) 表型文件格式 (缺失值用-999 表示) (图 16-15)。

(2) 群体结构 Q 矩阵格式 (PCA 格式与此类似) (图 16-16)。

(3) Kinship 矩阵格式 (图 16-17)。

16.6.7.3 分析

文件导入后则可进行分析。

(1) Q 模型。按住"Crtl", 对基因型文件+表型文件+Q 矩阵, 进行取交集 (点 Data 面板的"∩"符号), 然后对生产的新文件, 点 Analysis 面板内的 GLM 进行 GLM 模型分析。

(2) PCA 模型。按住"Crtl", 对基因型文件+表型文件+PCA 矩阵, 进行

16 全基因组关联分析

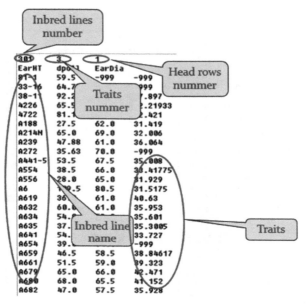

图 16-15 表型文件格式

```
286      3        2
Q1       Q2       Q3
STIFF_STALK   NONSTIFF        TROPICAL
33-16    0.014    0.972    0.014
38-11    0.0030   0.993    0.0040
4226     0.071    0.917    0.012
4722     0.035    0.854    0.111
A188     0.013    0.982    0.0050
A214N    0.762    0.017    0.221
A239     0.035    0.963    0.0020
A272     0.019    0.122    0.859
A441-5   0.0050   0.531    0.464
A554     0.019    0.979    0.0020
A556     0.0040   0.994    0.0020
A6       0.0030   0.03     0.967
A619     0.0090   0.99     0.0010
A632     0.993    0.0040   0.0030
A634     0.897    0.1      0.0030
A635     0.825    0.171    0.0040
A641     0.517    0.481    0.0020
A654     0.083    0.915    0.0020
A659     0.0060   0.991    0.0030
A661     0.111    0.852    0.037
A679     0.862    0.127    0.011
A680     0.993    0.0040   0.0030
A682     0.0020   0.997    0.0010
```

图 16-16 群体结构 Q 矩阵格式

· 239 ·

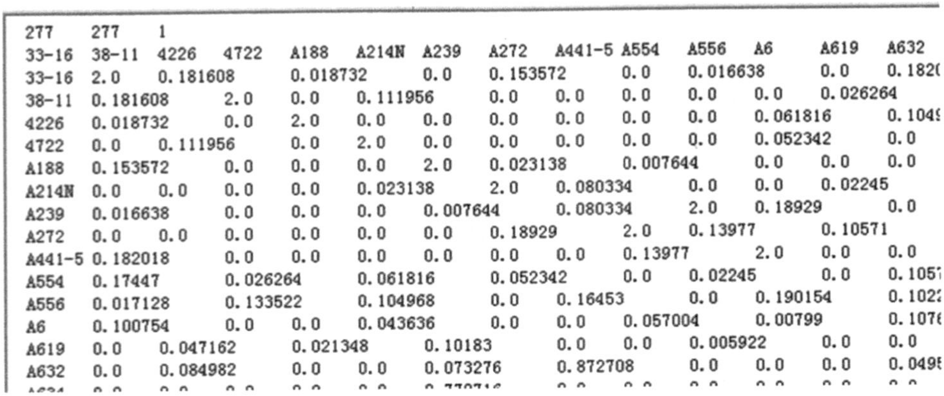

```
277     277     1
33-16   38-11   4226    4722    A188    A214N   A239    A272    A441-5  A554    A556    A6      A619    A632
33-16   2.0     0.181608        0.018732        0.0     0.153572        0.0     0.016638        0.0     0.182
38-11   0.181608        2.0     0.0     0.111956        0.0     0.0     0.0     0.0     0.0     0.026264
4226    0.018732        0.0     2.0     0.0     0.0     0.0     0.0     0.0     0.0     0.061816        0.104
4722    0.0     0.111956        0.0     2.0     0.0     0.0     0.0     0.0     0.0     0.052342        0.0
A188    0.153572        0.0     0.0     0.0     2.0     0.023138        0.007644        0.0     0.0     0.0
A214N   0.0     0.0     0.0     0.0     0.023138        2.0     0.080334        0.0     0.0     0.02245
A239    0.016638        0.0     0.0     0.0     0.007644        0.080334        2.0     0.18929         0.0
A272    0.0     0.0     0.0     0.0     0.0     0.0     0.18929         2.0     0.13977        0.10571
A441-5  0.182018        0.0     0.0     0.0     0.0     0.0     0.0     0.13977         2.0     0.0     0.0
A554    0.17447         0.026264        0.061816        0.052342        0.0     0.02245         0.0     0.105
A556    0.017128        0.133522        0.104968        0.0     0.16453         0.0     0.190154        0.102
A6      0.100754        0.0     0.0     0.043636        0.0     0.0     0.057004        0.00799         0.107
A619    0.0     0.047162        0.021348        0.10183         0.0     0.0     0.005922        0.0     0.0
A632    0.0     0.084982        0.0     0.0     0.073276        0.872708        0.0     0.0     0.0     0.049
```

图 16-17　Kinship 矩阵格式

取交集（点 Data 面板的“∩”符号），然后对生成的新文件，点 Analysis 面板内的 GLM 选择 GLM 模型，进行分析。

（3）Q+K 模型。按住“Crtl”，选择 Q 模型产生的文件+K 矩阵，然后点 Analysis 面板内的 MLM 选择 MLM 模型，进行分析。

（4）PCA+K 模型。按住“Crtl”，选择 PCA 模型产生的文件+K 矩阵，然后点 Analysis 面板内的 MLM 选择 MLM 模型，进行分析。

（5）K 模型。按住“Crtl”，选择基因型文件+表型文件，取交集（点 Data 面板的“∩”符号），产生一个新的文件，然后继续按住“Crtl”，选中刚才产生的文件+K 矩阵，点 Analysis 面板内的 MLM 进行 MLM 模型分析。

Data 面板如图 16-18 所示。

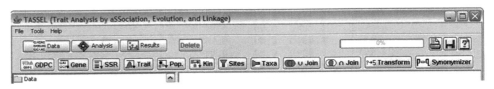

图 16-18　Data 面板

Analysis 面板如图 16-19 所示。

Results 面板如图 16-20 所示。

不管以上哪种分析方法，均由 2 种保存结果文件的方式，一是直接在软件中保存（适合单个性状，且标记密度少的情况，可以直接在软件中看结果的 QQ 图和 Manhattan 图）；二是另存为单独结果文件（适合性状多，标记密度大

图 16-19　Analysis 面板

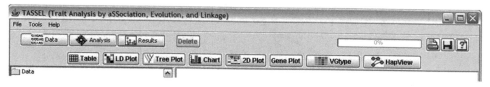

图 16-20　Results 面板

的情况，需要对结果文件进行处理，变为一个性状的结果文件，并进行 QQ 图和 Manhattan 图的绘制）

注意：只要没有 K 矩阵，均选择 GLM 模型；有 K 矩阵参与，均为 MLM 模型。

16.6.8　关联分析结果筛选与分析

使用 R 语言（可以自写程序，也可选择用 R 语言的 CMplot 软件包）进行 QQ 和 Manhattan 图绘制，使用 Perl（需要自写程序）进行显著位点提取。

（1）多种模型结果比较（以 3 种模型 Q、K、Q+K 为例）。图 16-21 3 种模型的比较，可以看出，Q 模型假阳性较高，K 模型和 Q+K 模型，结果相当，但 Q+K 模型更好（更靠近 y=x）。

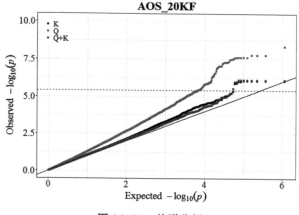

图 16-21　关联分析

（2）QQ 图绘制（R 语言绘制，可用于文章发表）（图 16-22）。

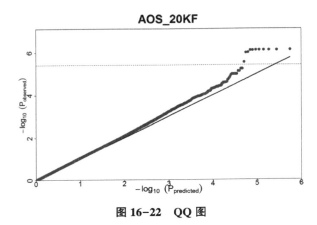

图 16-22　QQ 图

（3）Manhattan 图绘制（R 语言绘制，可用于文章发表）（图 16-23）。

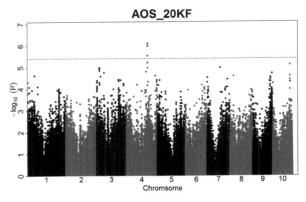

图 16-23　Manhattan 图

（4）显著性结果筛选。可以在 TASSEL 软件中直接设定阈值，也可以不设定，运算出结果后，自写 Perl 代码，从 GWAS 结果文件筛选显著性结果。根据个人情况进行选择。

（5）候选基因提取。对于显著性结果，对于每一个 SNP，要定义置信区间（一般为显著 SNP 上下游 1 个 LD 衰减距离，以玉米为例，比如某套基因型对关联群体评估后的 LD 衰减距离是 50kb，那么在其上下游各 50kb，即 100kb 的区间为其置信区间），然后在 Gramene 网站（http：//gramene.org/）搜索置信区间内的候选基因及功能注释。然后再结合其他手段选择感兴趣的基因进行候选基因关联分析、单倍型分析、功能验证等。

16.7 结论与展望

近年来，随着测序技术的发展与测序成本的降低，在许多动植物复杂数量性状的遗传研究中已通过 GWAS 鉴定出大量位点，但也存在一些问题需要未来解决。

一是对某一特定性状的显著位点，仅能解释部分表型变异，这种现象称"缺失遗传力"问题，该问题依然是当前 GWAS 研究难以解决的问题。二是当前 GWAS 模型大多为加性模型，难以对位点间的互作进行分析（如加性×加性互作、加性×显性互作、显性×加性互作、显性×显性互作）。三是存在统计功效有限及无法鉴定一个基因内的多个等位基因（目前对 SNP 基因型，比较流行的做法是当有 3 个以上的等位基因时，一般将该 SNP 当缺失处理）、群体中的微效等位基因等问题。四是稀有等位基因，在对基因型进行质量控制时，往往被删除，如何检测稀有等位基因是目前 GWAS 解决的问题之一。五是随着组学技术的发展，GWAS 群体多组学数据的逐渐积累，可为 GWAS 弥补这些不足提供机会。比如基于基因表达量的 eGWAS 分析和基于代谢组学的 mGWAS 分析及基于蛋白质组学的分析等。

参考文献

刘小磊，2016. 一种交替运用固定效应和随机效应模型优化全基因组关联分析的算法开发 [D]. 武汉：华中农业大学.

杨小红，严建兵，郑艳萍，等. 2007. 植物数量性状关联分析研究进展 [J]. 作物学报，33（4）：523-530.

张雪海，2016. 玉米耐旱全基因组关联分析及基于高通量表型组的动态生长遗传结构解析 [D]. 武汉：华中农业大学.

ALQUDAH A M, SALLAM A, STEPHEN B P, et al., 2020. GWAS, Fast-forwarding gene identification and characterization in temperate Cereals, lessons from Barley - A review [J]. Journal of Advanced Research, 22: 119-135.

AULCHENKO Y S, DE KONING D J, HALEY C, 2007. Genomewide rapid association using mixed model and regression: a fast and simple method for genomewide pedigree - based quantitative trait loci association analysis [J]. Genetics, 177 (1): 577-585.

BELó A, ZHENG P, LUCK S, et al., 2008. Whole genome scan detects an allelic variant of fad2 associated with increased oleic acid levels in maize

[J]. Molecular Genetics and Genomics, 279 (1): 1-10.

DELL A M, GATTI D M, PEA G, et al., 2015. Genetic properties of the MAGIC maize population: a new platform for high definition QTL mapping in Zea mays [J]. Genome Biology, 16 (1): 167.

JIANG D, WANG M, 2018. Recent developments in statistical methods for GWAS and high-throughput sequencing association studies of complex traits [J]. Biostatistics & Epidemiology, 2: 132-159.

KALER A S, PURCELL L C, 2019. Estimation of a significance threshold for genome-wideassociation studies [J]. BMC Genomics, 20 (1): 618.

KANG H M, SUL J H, SERVICE S K, et al., 2010. Variance component model to account for sample structure in genome-wide association studies [J]. Nature Genetics, 42 (4): 348-354.

KANG H M, ZAITLEN N A, WADE C M, et al., 2008. Efficient control of population structure in model organism association mapping [J]. Genetics, 178 (3): 1 709-1 723.

KOVER P X, VALDAR W, TRAKALO J, et al., 2009. A Multiparent Advanced Generation Inter-Cross to fine-map quantitative traits in Arabidopsis thaliana [J]. PLoS Genetics, 5 (7): e1000551.

LI C, LI Y, BRADBURY P J, et al., 2015. Construction of high-quality recombination maps with low-coverage genomic sequencing for joint linkage analysis in maize [J]. BMC Biology, 13: 78.

LI H, PENG Z, YANG X, et al., 2013. Genome-wide association study dissects the genetic architecture of oil biosynthesis in maize kernels [J]. Nature Genetics, 45 (1): 43-50.

LI M, LIU X, BRADBURY P, et al., 2014. Enrichment of statistical power for genome-wide association studies [J]. BMC Biology, 12: 73.

LI N, LIN B, WANG H, et al., 2019. Natural variation in ZmFBL41 confers banded leaf and sheath blight resistance in maize [J]. Nature Genetics, 51 (10): 1 540-1 548.

LIPKA A E, TIAN F, WANG Q, et al., 2012. GAPIT: genome association and prediction integrated tool [J]. Bioinformatics, 28 (18): 2 397-2 399.

LISTGARTEN J, LIPPERT C, KADIE C M, et al., 2012. Improved linear mixed models for genome-wide association studies [J]. Nat Methods,

9: 525-526.

LIU H J, LUO X, NIU L Y, et al., 2016. Distant eQTLs and non-coding sequences play critical roles in regulating gene expression and quantitative trait variation in maize [J]. Molecular Plant, 10 (3): 414-426.

LIU X, HUANG M, FAN B, et al., 2016. Iterative Usage of Fixed and Random Effect Models for Powerful and Efficient Genome-Wide Association Studies [J]. PLoS Genetics, 12 (1): 1 005 767.

LU Y, ZHANG S, SHAH T, et al., 2010. Joint linkage-linkage disequilibrium mapping is a powerful approach to detecting quantitative trait loci underlying drought tolerance in maize [J]. Proceeding of the National Academy of Sciences of the USA, 107 (45): 19 585-19 590.

MA X, FENG F, ZHANG Y, et al., 2019. A novel rice grain size gene OsSNB was identified by genome-wide association study in natural population [J]. PLoS Genetics, 15 (5): 1 008 191.

THORNSBERRY J M, GOODMAN M M, DOEBLEY J, et al., 2001. Dwarf8 polymorphisms associate with variation in flowering time [J]. Nature Genetics, 28 (3): 286-289.

WANG Q, TIAN F, PAN Y, et al., 2014. A SUPER powerful method for genome wide association study [J]. PLoS One, 9 (9): 107 684.

XIAO Y, LIU H, WU L, et al., 2017. Genome-wide Association Studies in Maize: Praise and Stargaze. [J]. Molecular Plant, 10 (3): 359-374.

XIAO Y, TONG H, YANG X, et al., 2016. Genome-wide dissection of the maize ear genetic architecture using multiple populations [J]. The New Phytologist, 210 (3): 1 095-1 106.

YANG N, LIU J, GAO Q, et al., 2019. Genome assembly of a tropical maize inbred line provides insights into structural variation and crop improvement [J]. Nature Genetics, 51 (6): 1 052-1 059.

YANG N, LU Y, YANG X, et al., 2014. Genome wide association studies using a new nonparametric model reveal the genetic architecture of 17 agronomic traits in an enlarged maize association panel [J]. PLoS Genetics, 10 (9): 1 004 573.

YANG X, GAO S, XU S, et al., 2010. Characterization of a global germplasm collection and its potential utilization for analysis of complex quantitative traits in maize [J]. Molecular Breeding, 28: 511-526.

YU J, BUCKLER E S. 2006. Genetic association mapping and genome organization of maize [J]. Current Opinion in Biotechnology, 17 (2): 155-160.

YU J, HOLLAND J B, MCMULLEN M D, et al., 2008. Genetic design and statistical power of nested association mapping in maize [J]. Genetics, 178 (1): 539-551.

YU J, PRESSOIR G, BRIGGS W H, et al., 2006. A unified mixed-model method for association mapping that accounts for multiple levels of relatedness [J]. Nature Genetics, 38 (2): 203-208.

ZHANG D, ZHANG H, HU Z, et al., 2019. Artificial selection on GmOLEO1 contributes to the increase in seed oil during soybean domestication [J]. PLoS Genetics, 15 (7): 1 008 267.

ZHANG Z, ERSOZ E, LAI C Q, et al., 2010. Mixed linear model approach adapted for genome-wide association studies [J]. Nature Genetics, 42 (4): 355-360.